高等职业院校学生专业技能抽查标准与题库丛书

应用化工技术

童孟良　唐淑贞　江金龙　等编著

湖南大学出版社

内 容 简 介

本书是湖南省高等职业院校学生专业技能抽查标准与题库丛书之一，主要内容包含化工基础实验、化工 DCS 操作和化工现场操作 3 个技能抽查模块，27 个技能点；模块一包含测试题 39 道，模块二包含测试题 65 道，模块三包含测试题 46 道，共计 150 道试题。

图书在版编目（CIP）数据

应用化工技术/童孟良，唐淑贞，江金龙等编著. —长沙：湖南大学出版社，2016.8

（高等职业院校学生专业技能抽查标准与题库丛书）

ISBN 978 - 7 - 5667 - 1184 - 7

Ⅰ.①应…　Ⅱ.①童…　②唐…　③江…　Ⅲ.①应用—化工技术—高等职业教育—教材　Ⅳ.①TQ

中国版本图书馆 CIP 数据核字（2016）第 189038 号

高等职业院校学生专业技能抽查标准与题库丛书

应用化工技术
YINGYONG HUAGONG JISHU

编　　著：童孟良　唐淑贞　江金龙　等

责任编辑：罗素蓉　尚楠欣　　　　责任校对：全　健

印　　装：长沙宇航印刷有限责任公司

开　　本：787×1092　16 开　印张：17.25　字数：410 千

版　　次：2016 年 8 月第 1 版　印次：2016 年 8 月第 1 次印刷

书　　号：ISBN 978 - 7 - 5667 - 1184 - 7

定　　价：45.00 元

出 版 人：雷　鸣

出版发行：湖南大学出版社

社　　址：湖南·长沙·岳麓山　　　邮　编：410082

电　　话：0731 - 88822559(发行部)，88821006(编辑室)，88821006(出版部)

传　　真：0731 - 88649312(发行部)，88822264(总编室)

网　　址：http://www.hnupress.com

电子邮箱：presscheny@hnu.cn

高等职业院校学生专业技能抽查标准与题库丛书

编　委　会

本册主要研究与编著人员

总　序

　　当前,我国已进入深化改革开放、转变发展方式、全面建设小康社会的攻坚时期。加快经济结构战略性调整,促进产业优化升级,任务重大而艰巨。要完成好这一重任,不可忽视的一个方面,就是要大力建设与产业发展实际需求及趋势要求相衔接、高质量、有特色的职业教育体系,特别是大力加强职业教育基础能力建设,切实抓好职业教育人才培养质量工作。

　　提升职业教育人才培养质量,建立健全质量保障体系,加强质量监控监管是关键。这就首先要解决"谁来监控""监控什么"的问题。传统意义上的人才培养质量监控,一般以学校内部为主,行业、企业以及政府的参与度不够,难以保证评价的真实性、科学性与客观性。而就当前情况而言,只有建立起政府、行业(企业)、职业院校多方参与的职业教育综合评价体系,才能真正发挥人才培养质量评价的杠杆和促进作用。为此,自2010年以来,湖南职教界以全省优势产业、支柱产业、基础产业、特色产业特别是战略性新兴产业人才需求为导向,在省级教育行政部门统筹下,由具备条件的高等职业院校牵头,组织行业和知名企业参与,每年随机选取抽查专业,随机抽查一定比例的学生。抽查结束后,将结果向全社会公布,并与学校专业建设水平评估结合。对抽查合格率低的专业,实行黄牌警告,直至停止招生。这就使得"南郭先生"难以再在职业院校"吹竽",从而倒逼职业院校调整人、财、物力投向,更多地关注内涵和提升质量。

　　要保证专业技能抽查的客观性与有效性,前提是要制订出一套科学合理的专业技能抽查标准与题库。既为学生专业技能抽查提供依据,同时又可引领相关专业的教学改革,使之成为行业、企业与职业院校开展校企合作、对接融合的重要纽带。因此,我们在设计标准、开发题库时,除要考虑标准的普适性,使之能抽查到本专业完成基本教学任务所应掌握的通用的、基本的核心技能,保证将行业、企业的基本需求融入标准之外,更要使抽查标准较好地反映产业发展的新技术、新工艺、新要求,有效对接区域产业与行业发展。

　　湖南职教界近年探索建立的学生专业技能抽查制度,是加强职业教育质量监管,促进职业院校大面积提升人才培养水平的有益尝试,为湖南实施全面、客观、科学的职业教育综合评价迈出了可喜的一步,必将引导和激励职业院校进一步明确技能型人才培养的专业定位和岗位指向,深化教育教学改革,逐步构建起以职业能力为核心的课程体系,强化专业实践教学,更加注重职业素养与职业技能的培养。我也相信,只要我们坚持把这项工作不断完善和落实,全省职业教育人才培养质量提升可期,湖南产业发展的竞争活力也必将随之更加强劲!

　　是为序。

郭开朗

2011年10月10日于长沙

目　次

第一部分　应用化工技术专业专业技能抽查标准

第二部分　　应用化工技术专业专业技能抽查题库

第一部分　应用化工技术专业专业技能抽查标准

一、适应专业与对象

（1）适应专业

本标准适应于高职应用化工技术专业。

（2）适应对象

高等职业院校三年一期全日制在籍学生。

二、专业技能基本要求

本专业技能抽查标准设置了化工基础实验、化工 DCS 操作和化工现场操作等 3 个技能抽查模块，27 个技能点，其中化工基础实验模块包含 7 个技能点，化工 DCS 操作模块包含 4 个技能点，化工现场操作模块包含 16 个技能点。

模块一　化工基础实验

本模块包含反应装置的选择和使用、加热方式的选择和使用、化合物的提纯、物性数据的测定、化合物的合成、化学分析、仪器分析等 7 个技能点。主要用来考核学生掌握基础化学合成常用仪器的选择、使用和操作等基本技能，理解实验操作参数对产品质量、安全生产、环境保护的影响，掌握化学品成分分析技能的情况。同时考核学生的流程意识、规范操作意识，安全、节约、环保等职业素养。

1. J-1-1　反应装置的选择和使用

①技能要求：能根据不同的反应类型来正确选择和使用简单反应装置、普通回流反应装置、带干燥管的回流反应装置、带分水器的回流反应装置、带刺形分馏柱的反应装置、恒温水浴反应装置和带搅拌器、测温仪及滴液漏斗的回流反应装置。

②素养要求：具备安全意识，安装、使用和拆卸玻璃反应装置严格遵守操作规程，正确处理有毒原料及反应产物的泄漏；如实填写操作记录单。

2. J-1-2　加热方式的选择和使用

①技能要求：能根据不同的温度、原料、产品来正确选择酒精灯、酒精喷灯、电热套、水浴、油浴、沙浴等加热方式。能按操作规程正确组装和使用各种加热装置。

②素养要求：具备安全意识，正确使用易燃易爆加热燃料，规范进行带电和高温操作。

3. J-1-3　化合物的提纯

①技能要求：能正确使用电子天平、台秤、电热套、酒精灯、铁架台、表面皿、烧杯、保温漏斗、普通漏斗、分液漏斗、布氏漏斗、抽滤瓶和循环水真空泵等仪器和设备；能够提纯粗食盐、粗乙酰苯胺等化合物。

②素养要求：具备安全意识，操作中轻拿轻放各类玻璃仪器；具备节约环保意识，定点收集和处理废液、废渣；如实填写操作记录单，提纯过程中保持操作环境的整洁。

4. J-1-4 物性数据的测定

①技能要求：能正确使用毛细管、酒精灯、铁架台、带塞温度计、精密温度计、直形冷凝管、蒸馏头、圆底烧瓶、电热套、量筒、阿贝折光仪等仪器设备进行物质的熔点、沸点、折射率等物性数据的测定。

②素养要求：具备安全意识，操作中轻拿轻放各类玻璃仪器；具备规范操作意识，规范操作各种仪器、设备；如实填写操作记录单，测定过程中保持操作环境的整洁。

5. J-1-5 化合物的合成

①技能要求：能根据不同化合物的合成方法，正确使用酒精灯、电热套、烧杯、表面皿、抽滤瓶、普通漏斗、布氏漏斗、循环水真空泵、直形冷凝管、球形冷凝管、圆底烧瓶、蒸馏烧瓶、锥形瓶、铁架台、分液漏斗、保温漏斗、刺形分馏柱、空气冷凝管、温度计等仪器和设备；能合成硫代硫酸钠、硫酸亚铁铵、乙酸异戊酯、乙酰苯胺等化合物。

②素养要求：具备规范操作意识；具备使用与储存各种有毒有害物料的安全素养；具备节约、环保意识，减少实验中废液和废渣的产生；如实填写操作记录单，合成过程中保持操作环境的整洁。

6. J-1-6 化学分析

①技能要求：能正确操作滴定分析的基本仪器设备；能正确使用指示剂并准确判断滴定终点；能正确使用常用的化学分析方法进行产品定量分析；能正确记录原始数据，进行数据处理并出具检验报告。

②素养要求：具备规范操作意识，规范操作分析天平；具备安全意识，正确使用盐酸等腐蚀性试剂，规范进行电热板或电炉的操作；具备节约、环保意识，注意试剂回收，不随便倾倒废液；如实记录实验数据，分析过程中保持操作环境的整洁。

7. J-1-7 仪器分析

①技能要求：能正确进行试样的预处理；能按操作规程正确使用各种仪器，如酸度计、紫外可见分光光度计、原子吸收分光光度计等；能正确维护保养各类仪器，并能进行一般的故障分析；能正确使用各种仪器分析方法进行产品定量分析；能正确记录原始数据，进行数据处理。

②素养要求：具备规范操作意识，严格遵守各种仪器的操作规程；具备安全用电意识；具备环保意识，按要求排放废液；如实记录实验数据，分析过程中保持操作环境的整洁。

模块二 化工 DCS 操作

本模块包含化工生产典型设备的冷态开车、正常停车、事故处理、随机工况 DCS 操作等 4 个技能点。主要考核学生运用仿真软件，进行离心泵、列管式换热器、精馏塔、间歇釜反应器及固定床反应器 DCS 操作的技能。

1. J-2-1 冷态开车

①技能要求：会识读工艺流程图；能熟练进行化工生产典型设备的冷态开车；能对主要工艺指标（液位、压力、流量、温度等）进行合理调整。

②素养要求：严格遵守操作规程，充分满足各过程或步骤的起始条件；具有良好的安全生产意识，确保开车准备工作到位，如氮气置换；具有全局观念，把握各控制器的粗调与细调，保持操作的相对平稳，避免对下一工序造成影响。

2.J-2-2　正常停车

①技能要求：会识读工艺流程图；能熟练进行化工生产典型设备的正常停车。

②素养要求：严格遵守操作规程，充分满足各过程或步骤的起始条件；养成良好的操作习惯，低点排液，高点排气，对泵的泄液、罐的泄压泄液进行彻底。

3.J-2-3　事故处理

①技能要求：会识读工艺流程图；能对化工生产典型设备的常见事故进行分析判断，并采取有效措施处理；能对主要工艺指标（压力、液位、流量、温度等）进行合理调整。

②素养要求：具有良好的操作习惯和安全生产意识，事故处理迅速果断，准确无误，避免影响生产或造成二次事故。

4.J-2-4　随机工况

①技能要求：会识读工艺流程图；能对精馏塔、固定床进行随机工况处理；能对主要工艺指标（液位、压力、流量、温度等）进行合理调整。

②素养要求：具有良好的操作习惯和安全生产意识，对随机工况处理迅速果断；具有全局观念，把握各控制器的调节方法，保持操作的平稳，避免对下一工序造成影响。

模块三　化工现场操作

本模块包含原料配制及投料，换热设备操控，釜和罐设备的液位测控，系统试压，检漏和置换，流体流量测控，系统压力测控，系统温度测控，化工工艺流程图的识读，现场及总控配合操作，塔设备操控，反应釜操控，非均相物系分离设备操控，干燥设备操控，液体输送设备操控，气体输送设备操控，常用化工仪表的使用等16个技能点。通过现场操作，考核学生认识、操作与维护设备的能力，控制各项工艺参数的能力，正确判断运行状态的能力，优化操作控制能力；同时考核学生规范操作、安全生产、节能环保等职业素养。

1.J-3-1　原料配制及投料

①技能要求：能根据任务描述正确进行配料计算，能确认原料、辅料和公用工程介质是否满足任务要求；会正确使用原料槽、加料泵、进料阀、天平、液位计等常用的配料、投料设备和仪器；会识读工艺流程图、设备布置图、管道布置图；会根据物料的理化性质选择适当的投料工具和方法。

②素养要求：按照化工生产HSE管理要求，规范操作，形成良好的工作习惯。

2.J-3-2　换热设备操控

①技能要求：能根据换热器的工作原理进行列管式换热器、板式换热器、套管换热器等常见换热设备的选型和操作；能进行换热器和疏水阀的基本操作及强化传热操作；能正确进行换热器内的逆、并流操作，换热器间的串、并联操作，以及各换热体系间逆、并流操作；能正确操控再沸器、预热器、蒸发加热器、反应釜内加热、电加热炉等加热设备；能对再沸器、预热器、蒸发加热器、反应釜内加热、电加热炉的加热功率（温控）进行正确调控。

②素养要求：按照化工生产HSE管理要求，规范操作，形成良好的工作习惯。

3.J-3-3　釜和罐设备的液位测控

①技能要求：能正确理解釜、罐设备液位测控的实际意义；能正确进行常见液位计的安装和读数；能确认仪表联锁、报警设定值及控制阀阀位；能通过现场或远程控制，及时跟踪监测各釜、罐设备的液位变化，并对其进行正确快速的调节，使系统稳定运行。

②素养要求:按照化工生产 HSE 管理要求,规范操作,形成良好的工作习惯。

4. J-3-4　系统试压、检漏和置换

①技能要求:能正确认识试压、检漏操作在化工生产中的安全、环保和节能意义;根据工艺流程图、设备管道布置图,能正确辨识各设备、管件和阀门;根据任务描述,能对系统中密闭设备、管件和各类阀门进行正确的试压、检漏操作;能正确更换密封失效设备、管件和阀门;能正确完成相关机、泵、管线、容器等设备的清洗、排空、置换操作。

②素养要求:按照化工生产 HSE 管理要求,规范操作,形成良好的工作习惯。

5. J-3-5　流体流量测控

①技能要求:能正确理解流体流量测控对产品质量、系统压力和温度、液位等的重要影响,如精馏塔塔顶回流比对塔顶产品浓度的影响,如冷凝器中冷却水流量对出口流体温度的影响等;能正确安装和使用孔板流量计、转子流量计、涡轮流量计等常见流量计;能确认仪表联锁、报警设定值及控制阀阀位;能通过就地或远程控制,及时跟踪监测流体的流量变化,并对其进行正确快速的调节,维持系统稳定。

②素养要求:按照化工生产 HSE 管理要求,规范操作,形成良好的工作习惯。

6. J-3-6　系统压力测控

①技能要求:能正确理解压力对反应效率、分离效率等的重要影响;能正确安装和使用加压或减压操作系统的压力表;能确认仪表联锁、报警设定值及控制阀阀位;能通过就地或远程控制,及时跟踪监测系统的压力变化,并对其进行正确快速的调节,维持系统压力稳定。

②素养要求:按照化工生产 HSE 管理要求,规范操作,形成良好的工作习惯。

7. J-3-7　系统温度测控

①技能要求:能正确理解温度测控对反应效率、换热效率、分离效率等的重要影响;会正确进行温度测控仪表的安装和读数,能确认仪表联锁、报警设定值及控制阀阀位;能通过就地或远程控制,及时跟踪监测系统的温度变化,并对其进行正确快速的调节,维持系统温度稳定。

②素养要求:按照化工生产 HSE 管理要求,规范操作,形成良好的工作习惯。

8. J-3-8　化工工艺流程图的识读

①技能要求:能正确、熟练识读化工工艺流程图;了解和掌握物料的流程,设备的种类,阀门及仪表控制点的功能、类型和控制部位,掌握开、停工顺序。

②素养要求:按照化工生产 HSE 管理要求,规范操作,形成良好的工作习惯。

9. J-3-9　现场及总控配合操作

①技能要求:能识读工艺流程图、设备布置图、管道布置图和仪表联锁图;能操作总控仪表和计算机控制系统进行实时数据采集及过程监控,并能指挥进行参数调节;能在现场对就地控制系统进行跟踪监控和调节;能进行总控室控制台 DCS 与现场控制台通讯,实现各操作工段切换、远程监控、流程组态的上传下载等。

②素养要求:按照化工生产 HSE 管理要求,规范操作,形成良好的工作习惯。

10. J-3-10　塔设备的操控

①技能要求:能根据现场装置,进行吸收塔、解吸塔、精馏塔和萃取塔的基本操作;能掌握吸收塔、解吸塔、精馏塔、萃取塔的内部构造,会进行常见塔设备的运行控制(如:知道填料吸收塔和解吸塔中填料的类型和作用;知道板式精馏塔的塔板数及每块塔板的结构和作用等);会进行吸收塔、解吸塔、精馏塔和萃取塔上的温度计、压力表等仪表的测控。

②素养要求:按照化工生产 HSE 管理要求,规范操作,形成良好的工作习惯。

11. J－3－11　反应釜的操控

①技能要求：能正确掌握各类反应釜的材质、构造、反应性能、适用范围和基本的维护及清洗；能根据反应条件，正确选择反应釜，并能正确进行运行控制。

②素养要求：按照化工生产 HSE 管理要求，规范操作，形成良好的工作习惯。

12. J－3－12　非均相物系分离设备的操控

①技能要求：能掌握板框过滤机、旋风分离器、布袋分离器、湿法除尘器等常见非均相物系分离设备的结构尺寸、内部构造及工作原理；会正确操控常见非均相物系分离设备，如能对板框过滤机板、框进行排序，能掌握板框过滤机的操作技能（装合、过滤、洗涤、卸渣）及清洗技能（卸下滤框、滤板、滤布进行清洗，清洗时滤布不要折），能掌握离心分离设备的操作技能和清洗技能等。

②素养要求：按照化工生产 HSE 管理要求，规范操作，形成良好的工作习惯。

13. J－3－13　干燥设备操控

①技能要求：能掌握喷雾干燥器、气流干燥器、流化床干燥器、厢式干燥器、转筒干燥器等常见干燥设备的内部构造、工作原理及适用场合；会正确选用和操控常见干燥设备，如能正确控制干燥介质的流速和温度，能掌握提高热能利用率的方法，能根据干燥产品和物料性质选用合适的干燥设备，能进行干燥器物料衡算和热量衡算。

②素养要求：按照化工生产 HSE 管理要求，规范操作，形成良好的工作习惯。

14. J－3－14　液体输送设备操控

①技能要求：能根据现场装置，掌握离心泵、齿轮泵等常见液体输送设备的作用及其在化工生产过程中的主要用途；会进行离心泵、齿轮泵的开停车及流量调节控制；能正确判断并处理离心泵、齿轮泵的气缚、气蚀故障。

②素养要求：按照化工生产 HSE 管理要求，规范操作，形成良好的工作习惯。

15. J－3－15　气体输送设备的操控

①技能要求：根据现场装置，能掌握真空泵、空压机和风机等常见气体输送设备的作用及其在化工生产过程中的主要用途；能进行常见气体输送设备的选型、开停车操作及压力调节；能掌握常见气体输送设备在其装置流程中的作用及其在运行中的注意事项。

②素养要求：按照化工生产 HSE 管理要求，规范操作，形成良好的工作习惯。

16. J－3－16　常用化工仪表的使用

①技能要求：根据现场装置，会正确操作电动调节阀、差压变送器、光电传感器、热电阻、压力变送器、功率表、无纸记录仪、闪光报警器及各类就地弹簧指针表等；能进行化工显示仪表的调节控制和基本维护。

②素养要求：按照化工生产 HSE 管理要求，规范操作，形成良好的工作习惯。

三、专业技能抽查方式

根据专业技能基本要求，本专业技能抽查设计了化工基础实验、化工 DCS 操作和化工生产现场操作与维护三个模块，每个模块下设若干操作试题。三个模块均为必考模块，每个学生抽考一个模块下的一套试题，三个模块都要抽考到。抽查时，要求学生能按照相关操作规范独立完成给定任务，并体现良好的职业精神与职业素养。

四、参照标准或规范

①《化工总控工国家职业标准》。

② SHS　01004－2004　《压力容器维护检修规程》。

③ SHS　01005－2004　《工业管道维护检修规程》。

④ SHS　01006－2004　《管式加热炉维护检修规程》。

⑤ SHS　01007－2004　《塔类设备维护检修规程》。

⑥ SHS　01008－2004　《固定床反应器维护检修规程》。

⑦ SHS　01009－2004　《管壳式换热器维护检修规程》。

第二部分　应用化工技术专业专业技能抽查题库

模块一　化工基础实验

1. 试题编号：T-1-1　重结晶提纯乙酰苯胺

考核技能点编号：J-1-2、J-1-3

（1）任务描述

某工厂合成了一批粗乙酰苯胺，由于工艺控制不够严谨，导致有部分杂质生成，请取4.00g粗乙酰苯胺样品，以水作为溶剂，用重结晶操作技术提纯，并填写操作记录单。

表1-1-1　T-1-1操作记录单

序号	项目	数据（性状）
1	粗乙酰苯胺量(g)	
2	粗乙酰苯胺颜色	
3	乙酰苯胺产品量(g)	
4	乙酰苯胺产品形状	
5	乙酰苯胺产品颜色	

（2）实施条件

表1-1-2　T-1-2实施条件

项　目	基本实施条件
场　地	有机化学实训室，至少包含8个工位
仪器设备	电子天平(1台,公用)、100 mL烧杯(1个)、250 mL烧杯(1个)、表面皿(1个)、电热套(1台)、酒精灯(1盏)、铁架台(1个)、保温漏斗(1个)、普通漏斗(1个)、抽滤瓶(1个)、布氏漏斗(1个)、循环水真空泵(1台,公用)、干燥箱(1台)、玻璃棒(1根)、火柴(1盒)
试　剂	活性炭、粗乙酰苯胺、去离子水、标签纸、ϕ12 cm滤纸和ϕ7 cm滤纸
测评专家	每4个工位至少配备1名考评员，考评员要求具备三年以上从事与化学实验相关工作的经历或实训指导经历。实训室还须配备1名实训教师

（3）考核时量

90分钟。

（4）评价标准

表1-1-3 T-1-1评价标准

评价内容及配分		评分标准			得分
操作规范（65分）	实训准备（10分）	1. 检查仪器、设备和试剂（6分） 2. 清洗布氏漏斗、抽滤瓶等仪器（4分）			
	称量加热溶解（6分）	1. 用电子天平称取4.00 g粗乙酰苯胺，放入250 mL烧杯中，加入60 mL去离子水（3分） 2. 把烧杯放入电热套内，接通电源，调节电压加热并用玻璃棒轻轻搅拌使乙酰苯胺充分溶解（3分）			
	脱色（9分）	1. 将烧杯搬离电热套，先加入5 mL去离子水，再加入适量的活性炭（3分） 2. 稍加搅拌后，继续煮沸2分钟（3分） 3. 热过滤前保温（3分）			
	热过滤（26分）	1. 组装热过滤装置（6分） 2. 往保温漏斗中加入约80%容量的水，并用酒精灯加热支管（4分） 3. 折叠扇形滤纸（4分） 4. 当夹套中的水沸腾时，把折叠好的扇形滤纸放入保温漏斗中，并把溶液倾入漏斗中趁热过滤，滤液用洁净的100 mL烧杯接收（4分） 5. 待所有的溶液过滤完后，用少量的热去离子水洗涤250 mL烧杯和滤纸并过滤（2分） 6. 拆卸热过滤装置（4分） 7. 熄灭酒精灯，倒出保温漏斗中的热水（2分）			
	结晶抽滤（14分）	1. 所得滤液在室温下自然冷却、结晶（4分） 2. 滤液接近室温，结晶析出完全（2分） 3. 组装抽滤装置，减压抽滤产品（4分） 4. 用干燥的滤纸收集抽干的产品（2分） 5. 拆卸抽滤装置（2分）			
产品质量（15分）	物理性状（7分）	产品白色片状（7分），其他颜色形状（4分）			
	产品产量（8分）	2.00 g≤m<3.80 g	1.00 g≤m<2.00 g	m<1.00 g	
		8分	6分	4分	
职业素养（20分）		1. 着装符合职业要求（5分） 2. 正确操作仪器、设备和使用药品试剂（5分） 3. 操作环境整洁、有序（5分） 4. 文明礼貌，服从安排（5分）			
总　　分					

2. 试题编号：T-1-2　乙酰苯胺熔点的测定

考核技能点编号：J-1-2、J-1-4

（1）任务描述

某工厂合成了一批乙酰苯胺，销售时需要产品的物理性状说明，如产品的熔点、密度等。请取乙酰苯胺样品，用提勒管式熔点测定方法，以甘油作为浴液测出乙酰苯胺的熔点，并填写记录单。

表1-2-1　T-1-2操作记录单　　　　　　　　　　　　℃

项　目	1	2	3
初熔点			
平均初熔点			
终熔点			
平均终熔点			
熔程			

（2）实施条件

表1-2-2　T-1-2实施条件

项　目	基本实施条件
场　地	有机化学实训室，至少包含8个工位
仪器设备	铁架台（1个）、提勒管（1支）、带塞温度计（1支）、毛细管（φ1 mm，公用）、酒精灯（1盏）、玻璃管（40 cm，1支）、橡皮筋（公用）、普通滤纸（5 cm×5 cm，公用）、表面皿（1个）、玻璃塞（1个）
试　剂	甘油、乙酰苯胺
测评专家	每4个工位至少配备1名考评员，考评员要求具备三年以上从事与化学实验相关工作的经历或实训指导经历。实训室还须配备1名实训教师

（3）考核时量

90分钟。

（4）评价标准

表1-2-3　T-1-2实施条件

评价内容及配分		评分标准	得分
操作规范（65分）	实训准备（6分）	检查所有仪器、设备和试剂（6分）	
	填装样品（15分）	1. 取部分乙酰苯胺样品放在洁净而干燥的表面皿中，用玻璃塞碾成粉末并聚成小堆（3分） 2. 点燃酒精灯，取一支毛细管，将其中的一端伸入酒精灯火焰中融熔封口（4分）	

续表

评价内容及配分		评分标准		得分
操作规范（65分）		3. 融熔封口完毕,把毛细管另一端(即开口端)向样品堆中插几次,至样品在毛细管中的高度约 3 mm(4 分) 4. 取长玻璃管垂直竖立在干净的台面上,将毛细管开口端朝上,封口端朝下,由玻璃管上口投入,使其自由落下,反复操作几次,至样品紧密结实地填装在毛细管底部,高度为 2～3 mm(4 分)		
	组装装置（14分）	1. 把提勒管安装固定在铁架台上,装入甘油,甘油的高度高出提勒管的支管约 1 cm 为宜(3 分) 2. 用橡皮筋把填装好样品的毛细管捆绑在带塞温度计上,毛细管内样品应位于温度计测温球的中部(5 分) 3. 把捆绑好毛细管的带塞温度计安装到提勒管内,测温球应位于提勒管的中部。温度计的刻度值面向操作者,毛细管应附在温度计的侧面(6 分)		
	观测熔点（15分）	1. 用酒精灯在提勒管支管的弯曲处加热升温(4 分) 2. 当样品有明显的局部液化现象时,样品开始熔化,记录初熔温度(6 分) 3. 继续加热,当样品完全熔化呈透明状态时,记录此时温度也就是终熔温度(5 分)		
	重复测定熔点数据（15分）	1. 当浴液温度下降 10℃ 以上时,才可以进行下一次熔点的测定操作(3 分) 2. 按填装样品、组装装置和观测熔点的操作步骤进行第二次熔点的测定操作(10 分) 3. 熔点测定完毕,冷却浴液,倒出浴液,装置恢复原状(2 分)		
测定结果（15分）	初熔温度（7分）	$108.0℃ \leqslant T < 114.0℃$	其他温度数据	
		7 分	3 分	
	终熔温度（8分）	$110℃ \leqslant T < 116.0℃$	其他温度数据	
		8 分	4 分	
职业素养（20分）		1. 着装符合职业要求(5 分) 2. 正确操作仪器、设备和使用药品试剂(5 分) 3. 操作环境整洁、有序(5 分) 4. 文明礼貌,服从安排(5 分)		
总　　分				

3. 试题编号:T-1-3 分液漏斗的使用

考核技能点编号:J-1-3

(1)任务描述

某工厂用浓硫酸作催化剂合成了一批乙酸异戊酯粗产品,还没有出釜提纯,由于合成中加入了催化剂以及生成中间副产物等,需要在实验室用分液漏斗简单处理来检验产品的粗产量。请取刚合成的乙酸异戊酯粗产品样品30.0 mL,用分液漏斗通过水洗涤、碳酸氢钠溶液洗涤和饱和氯化钠溶液洗涤来检验乙酸异戊酯的粗产量,并填写记录单。

表1-3-1 T-1-3操作记录单

序号	项目	数据(性状)
1	粗乙酸异戊酯(mL)	
2	粗乙酸异戊酯颜色	
3	去离子水(mL)	
4	10%碳酸氢钠溶液(mL)	
5	饱和氯化钠溶液(mL)	
6	产品乙酸异戊酯(mL)	

(2)实施条件

表1-3-2 T-1-3实施条件

项 目	基本实施条件
场 地	有机化学实训室,至少包含8个工位
仪器设备	铁架台(1个)、铁圈(1个)、500 mL烧杯(1个)、50 mL量杯(2个)、100 mL分液漏斗(1个)、60 mL锥形瓶(1个)、滤纸(公用)
试 剂	去离子水(公用)、10%碳酸氢钠溶液、饱和氯化钠溶液、乙酸异戊酯粗产品(公用)
测评专家	每4个工位至少配备1名考评员,考评员要求具备三年以上从事与化学实验相关工作的经历或实训指导经历。实训室还须配备1名实训教师

(3)考核时量

90分钟。

(4)评价标准

表1-3-3 T-1-3评价标准

评价内容及配分		评分标准	得分
操作规范(65分)	实训准备(6分)	检查所有仪器、设备和试剂(6分)	
	分液漏斗用前准备(15分)	1. 用去离子水清洗分液漏斗,取下旋塞细端伸出部分圆槽内的小橡皮圈及旋塞,用滤纸吸干旋塞及旋塞孔道中的水(4分) 2. 在旋塞微孔的两侧涂上一层薄薄的凡士林,然后小心将其插入旋塞孔道中并旋转几周,至凡士林分布均匀透明为止(5分)	

续表

评价内容及配分		评分标准		得分
操作规范（65分）		3. 在旋塞细端伸出部分的圆槽内,套上一个小橡皮圈,以防操作时旋塞脱落(2分) 4. 关闭旋塞,在分液漏斗中装入清水,观察旋塞两端有无渗漏现象,如有渗漏必须重新涂凡士林(2分) 5. 打开旋塞,看清水能否通畅流下,如果不能通畅流下,则要用细铁丝处理旋塞堵塞的孔道,处理完毕,关闭旋塞(2分)		
	水洗 (15分)	1. 用量筒量取 30.0 mL 粗产物乙酸异戊酯和 30.0 mL 去离子水依次倒入分液漏斗中,盖好顶塞(2分) 2. 用右手握住顶塞,左手握住旋塞,倾斜分液漏斗并充分振摇,以使两种液体充分接触(5分) 3. 振摇几次后,打开顶塞,排出因震荡而产生的气体(2分) 4. 反复振摇几次后,将分液漏斗放在铁圈中,取下顶塞,让液体静置,自然分层(2分) 5. 当两层液体界面清晰后,把分液漏斗下端靠在 500 mL 烧杯的内壁上,然后缓慢旋开旋塞,放出下层液体。当液面间的界线接近旋塞孔道的中心时,迅速关闭旋塞(4分)		
	碳酸氢钠洗涤 (10分)	按"水洗"操作步骤用碳酸氢钠溶液洗涤粗产物(10分)		
	饱和氯化钠洗涤 (19分)	1. 按"水洗"操作步骤用饱和氯化钠溶液洗涤粗产物(10分) 2. 洗涤完毕,把漏斗中的上层液体从上口倒入 60 mL 锥形瓶中(2分) 3. 分液漏斗使用完毕。先用去离子水洗净,然后用滤纸擦干旋塞及旋塞孔道中的凡士林,最后在顶塞和旋塞处垫上纸条,以防久置粘牢(7分)		
测定结果 (15分)	产品质量 (7分)	产品无色透明(7分),有其他颜色(4分)		
	产品产量 (8分)	18.00 mL≤m<30.00 mL	5.00 mL≤m<18.00 mL	
		8分	6分	
职业素养 (20分)		1. 着装符合职业要求(5分) 2. 正确操作仪器、设备和使用药品试剂(5分) 3. 操作环境整洁、有序(5分) 4. 文明礼貌,服从安排(5分)		
总　　分				

4. 试题编号：T-1-4　乙酸异戊酯的合成

考核技能点编号：J-1-1、J-1-2、J-1-3、J-1-5

(1)任务描述

某香料厂新进了一批合成乙酸异戊酯的原料，需要先在实验室内做合成测试，以检验原料的质量与合成产品的质量及产率。请取 18 mL 异戊醇、24 mL 冰醋酸，在实验室内合成乙酸异酯，并填写记录单。

表 1-4-1　T-1-4 操作记录单　　　　　　　　　　　　　　　　　　　　　mL

序号	项目	数据(性状)
1	异戊醇	
2	冰醋酸	
3	去离子水	
4	粗产品乙酸异戊酯	

(2)实施条件

表 1-4-2　T-1-4 实施条件

项　目	基本实施条件
场　地	有机化学实训室，至少包含 8 个工位
仪器设备	铁架台(1 个)、铁圈(1 个)、电热套(1 台)、100 mL 圆底烧瓶(1 个)、分水器(1 个)、80 cm 球形冷凝管(1 支)、100 cm 橡胶管(接冷却水用,2 根)、25 mL 量筒(2 个)、100 mL 分液漏斗(1 个)、60 mL 锥形瓶(1 个)、500 mL 烧杯(1 个)、100 mL 烧杯(1 个)、普通漏斗(1 个)、玻璃棒(1 支)
试　剂	浓硫酸、异戊醇(公用)、冰醋酸(公用)、沸石、去离子水(公用)
测评专家	每 4 个工位至少配备 1 名考评员，考评员要求具备三年以上从事与化学实验相关工作的经历或实训指导经历。实训室还须配备 1 名实训教师

(3)考核时量

90 分钟。

(4)评价标准

表 1-4-3　T-1-4 评价标准

评价内容及配分		评分标准	得分
操作规范(65分)	实训准备(6分)	检查所有仪器、设备和试剂(6分)	
	酯化反应(26分)	1. 用量筒分别量取 18 mL 异戊醇和 24 mL 冰醋酸加入到干燥的 100 mL 圆底烧瓶中(3分) 2. 振摇几次，再缓慢滴加 5 滴浓硫酸，加入 5 粒沸石(2分) 3. 定好热源，然后按照从左至右，从下至上的顺序安装带分水器的回流反应装置(6分) 4. 用普通漏斗往分水器中充水，高度比支管口略低 1 cm(2分)	

续表

评价内容及配分		评分标准		得分
操作规范 （65分）	分液漏斗 用前准备 （14分）	5. 接通冷水（2分） 6. 接通电源，用电热套加热反应，反应时间约 45min（2分） 7. 反应过程中，控制加热量至物料微沸，并调节分水器中的水位平稳（5分） 8. 反应完毕，稍冷后拆除反应装置（4）		
	分液漏斗 用前准备 （14分）	1. 用去离子水清洗分液漏斗，取下旋塞细端伸出部分圆槽内的小橡皮圈及旋塞，用滤纸吸干旋塞及旋塞孔道中的水分（3分） 2. 在旋塞微孔的两侧涂上一层薄薄的凡士林，然后小心将其插入旋塞孔道中并旋转几周，至凡士林分布均匀透明为止（5分） 3. 在旋塞细端伸出部分的圆槽内，套上一个小橡皮圈，以防操作时旋塞脱落（2分） 4. 关闭旋塞，在分液漏斗中装入清水，观察旋塞两端有无渗漏现象，如有渗漏必须重新涂凡士林（2分） 5. 打开旋塞，看清水能否通畅流下，如果不能通畅流下，则要用细铁丝处理旋塞堵塞的孔道，处理完毕，关闭旋塞（2分）		
	水洗 （19分）	1. 把反应好的乙酸异戊酯粗产物和用量筒量取的 30.0 mL 去离子水依次倒入分液漏斗中，盖好顶塞（2分） 2. 用右手握住顶塞，左手握住旋塞，倾斜分液漏斗并充分振摇，以使两种液体充分接触（4分） 3. 振摇几次后，打开顶塞，排出因震荡而产生的气体（2分） 4. 反复振摇几次后，将分液漏斗放在铁圈中，取下顶塞，让液体静置，自然分层（2分） 5. 当两层液体界面清晰后，把分液漏斗下端靠在 500 mL 烧杯的内壁上，然后缓慢旋开旋塞，放出下层液体。当液面间的界线接近旋塞孔道的中心时，迅速关闭旋塞（3分） 6. 把上层粗产品从上口倒入 60 mL 锥形瓶中（2分） 7. 分液漏斗使用完毕。先用去离子水洗净，然后用滤纸擦干旋塞及旋塞孔道中的凡士林，最后在顶塞和旋塞处垫上纸条，以防久置粘牢（4分）		
测定 结果 （15分）	粗产品 质量 （7分）	粗产品无色透明（7分），有其他颜色（4分）		
	粗产品 产量 （8分）	18.00 mL≤m<35.00 mL	2.00 mL≤m<18.00 mL	
		8分	6分	
职业 素养 （20分）		1. 着装符合职业要求（5分） 2. 正确操作仪器、设备和使用药品试剂（5分） 3. 操作环境整洁、有序（5分） 4. 文明礼貌，服从安排（5分）		
总 分				

5. 试题编号：T-1-5　乙酰苯胺的合成

考核技能点编号：J-1-1、J-1-2、J-1-3、J-1-5

（1）任务描述

某工厂新进了一批合成乙酰苯胺的原料，需要先在实验室内做合成测试，以检验原料的质量与合成产品的质量及产率。请取 5 mL 苯胺、7.5 mL 冰醋酸，在实验室内合成乙酰苯胺，并填写记录单。

表 1-5-1　T-1-5 操作记录单

序号	项目	数据（性状）
1	新蒸苯胺(mL)	
2	冰醋酸(mL)	
3	锌粉(玻璃勺)	
4	粗乙酰苯胺颜色	
5	粗乙酰苯胺质量(g)	

（2）实施条件

表 1-5-2　T-1-5 实施条件

项　目	基本实施条件
场　地	有机化学实训室，至少包含 8 个工位。
仪器设备	铁架台(1个)、电热套(1台)、100 mL 圆底烧瓶(1个)、100 cm 分馏柱(1支)、150℃温度计(1支)、100 cm 橡胶管(1根)、25 mL 量筒(2个)、循环水真空泵(1台，公用)、抽滤瓶(1个)、布氏漏斗(1个)、100 mL 烧杯(1个)、玻璃棒(1根)、纱手套(1双)、φ12 cm 滤纸和φ7 cm 滤纸(公用)
试　剂	新蒸苯胺(公用)、冰醋酸(公用)、锌粉(公用)、去离子水(公用)
测评专家	每 4 个工位至少配备 1 名考评员，考评员要求具备三年以上从事与化学实验相关工作的经历或实训指导经历。实训室还须配备 1 名实训教师

（3）考核时量

90 分钟。

（4）评价标准

表 1-5-3　T-1-5 评价标准

评价内容及配分		评分标准	得分
操作规范(65分)	实训准备(6分)	检查所有仪器、设备和试剂(6分)	
	酰化反应(35分)	1. 用量筒分别量取 5 mL 新蒸苯胺和 8 mL 冰醋酸加入到圆底烧瓶中，再加入一玻璃勺锌粉(5分) 2. 先定好热源，然后再按照从左至右，从下至上的顺序安装反应装置(10分)	

续表

评价内容及配分		评分标准		得分
操作规范 (65分)		3. 接通电源,用电热套缓慢加热反应,控制加热量,使刺形分馏柱的顶部温度保持在 105 ℃左右(10分) 4. 当刺形分馏柱顶部温度开始下降、圆底烧瓶内出现白雾或者分馏出来的液体略大于理论产水量时,停止加热,反应完成,时间为 40~60 min(10分)		
	结晶抽滤 (24分)	1. 稍冷至刺形分馏柱内无蒸汽时,带好纱手套,趁热拆卸反应装置(9分) 2. 把圆底烧瓶内的反应物料慢慢倒入盛有 100 mL 冷水的烧杯中(5分)。 3. 静置,自然冷却至室温,结晶完全(2分) 4. 组装抽滤装置,减压抽滤粗乙酰苯胺产品(5分) 5. 用干燥的滤纸收集粗乙酰苯胺产品(3分)		
测定结果 (15分)	粗产品质量 (7分)	粗产品白色块状(7分),有其他颜色(4分)		
	粗产品产量 (8分)	3.5 g≤m＜8.50 g	1.50 g≤m＜3.50 g	
		8分	6分	
职业素养 (20分)		1. 着装符合职业要求(5分) 2. 正确操作仪器、设备和使用药品试剂(5分) 3. 操作环境整洁、有序(5分) 4. 文明礼貌,服从安排(5分)		
总　　分				

6. 试题编号:T-1-6　莫尔盐的制备

考核技能点编号:J-1-1、J-1-2、J-1-3、J-1-5

(1)任务描述

某化工厂需莫尔盐作为制取其他铁化合物的原料。请取 4.00 g 铁粉和一定量的稀硫酸、硫酸铵固体作为原料,用水作溶剂,采用溶解、过滤、蒸发结晶等操作技术来制备莫尔盐,并填写记录单。

表 1-6-1　T-1-6 操作记录单

序号	项目	数据(性状)
1	铁粉的质量(g)	

续表

序号	项目	数据（性状）
2	硫酸铵的质量(g)	
3	莫尔盐的质量(g)	
4	莫尔盐的颜色	

（2）实施条件

表 1-6-2 T-1-6 实施条件

项　目	基本实施条件
场　地	无机化学实训室，至少包含8个工位
仪器设备	电子天平(1台,公用)、循环水真空泵(1台,公用)、火柴(公用)、φ7 cm 圆形滤纸(公用)、方形滤纸(公用)100 mL 烧杯(1个)、50 mL 量筒(1个)、蒸发皿(1个)、玻璃棒(1根)、酒精灯(1盏)、铁三脚(1个)、抽滤瓶(1个)、布氏漏斗(1个)、石棉网(1张)
试　剂	铁粉(公用)、硫酸铵固体(公用)、去离子水(公用)、工业酒精(公用)、H_2SO_4(3 mol/L)
测评专家	每4个工位至少配备1名考评员，考评员要求具备三年以上从事与化学实验相关工作的经历或实训指导经历。实训室还须配备1名实训教师

（3）考核时量

90 分钟。

（4）评价标准

表 1-6-3 T-1-6 评价标准

评价内容及配分		评分标准	得分
操作规范 (65分)	实训准备 (10分)	1. 检查所有仪器、设备和试剂(6分) 2. 清洗烧杯、布氏漏斗、抽滤瓶等仪器(4分)	
	制备硫酸亚铁 (15分)	1. 用电子天平称取 4.00 g 铁粉，放入 100 mL 烧杯中并加入 30 mL 3 mol /L H_2SO_4 溶液(6分) 2. 把烧杯置于石棉网上，用酒精灯加热，并不断搅拌(9分)	
	溶解硫酸亚铁固体，抽滤 (12分)	1. 当反应物料不再有气泡产生时，用去离子水稀释至 60 mL，搅拌使析出的固体溶解(8分) 2. 组装抽滤装置趁热抽滤，抽滤完毕，把滤液立即转移到蒸发皿中(4分)	
	配制 $(NH_4)_2SO_4$ 饱和溶液 (10分)	1. 称取 $(NH_4)_2SO_4$ 固体 9.4 g(4分) 2. 加入约 13 mL 去离子水，使其配成饱和溶液，加入到装有 $FeSO_4$ 溶液的蒸发皿中并搅拌(6分)	

续表

评价内容及配分		评分标准		得分
操作规范（65分）	蒸发结晶（18分）	1. 将上述装有混合溶液的蒸发皿置于石棉网上，用酒精灯加热蒸发浓缩至表面出现晶体膜为止（8分） 2. 静置、冷却即得 $FeSO_4 \cdot (NH_4)_2SO_4 \cdot 6H_2O$ 晶体（4分） 3. 倾去母液，减压抽滤即得精制莫尔盐（6分）		
产品质量（15分）	产品产量（10分）	$10.00\ g \leqslant m < 25.00\ g$	$2.00\ g \leqslant m < 10.00\ g$	
		10分	6分	
	产品外观（5分）	产品为浅蓝绿色晶体（5分），其他颜色（3分）		
职业素养（20分）	1. 着装符合职业要求（5分） 2. 正确操作仪器、设备和使用药品试剂（5分） 3. 操作环境整洁、有序（5分） 4. 文明礼貌，服从安排（5分）			
总分				

7. 试题编号:T-1-7 原料盐的精制

考核技能点编号:J-1-2、J-1-3

（1）任务描述

某化工厂的烧碱车间运来一批原料盐，但盐中含有钙、镁、铁、钾的硫酸盐和氯化物等可溶性杂质以及泥沙等不溶杂质。请取 10.00 g 原料盐，用水作溶剂，采用溶解、过滤、蒸发结晶等操作技术进行精制，并填写记录单。

表1-7-1 T-1-7操作记录单

序号	项目	数据（性状）
1	原料盐的质量（g）	
2	原料盐的颜色	
3	精盐的质量（g）	
4	精盐的颜色	

（2）实施条件

表1-7-2 T-1-7实施条件

项 目	基本实施条件
场 地	无机化学实训室，至少包含8个工位

续表

项　目	基本实施条件
仪器设备	电子天平(1台,公用)、循环水真空泵(1台,公用)、火柴(公用)、φ7 cm圆形滤纸(公用)、方形滤纸(公用)、100 mL烧杯(1个)、250 mL烧杯(1个)、50 mL量筒(1个)、蒸发皿(1个)、玻璃棒(1根)、酒精灯(1盏)、铁三脚(1个)、泥三角(1个)、抽滤瓶(1个)、布氏漏斗(1个)、石棉网(1张)
试　剂	原料盐(公用)、去离子水(公用)、工业酒精(公用)、pH试纸(公用)、HCl(2 mol/L)、Na_2CO_3(1 mol/L)、NaOH(2 mol/L)、$BaCl_2$(1 mol/L)
测评专家	每4个工位至少配备1名考评员,考评员要求具备三年以上从事与化学实验相关工作的经历或实训指导经历。实训室还须配备1名实训教师。

(3)考核时量

90分钟。

(4)评价标准。

表1-7-3　T-1-7评价标准

评价内容及配分		评分标准	得分
	实训准备 (10分)	1. 检查所有仪器、设备和试剂(6分) 2. 清洗烧杯、布氏漏斗、抽滤瓶等仪器(4分)	
操作规范 (65分)	称量 加热溶解 (9分)	1. 用电子天平称取10.00 g原料盐,放入100 mL烧杯中加入50 mL去离子水(4分) 2. 把烧杯放入电热套内,接通电源,调节电压加热并用玻璃棒轻轻搅拌使原料盐溶解(5分)	
	除去SO_4^{2-}和不溶性杂质 (14分)	1. 搅拌下,往溶液中滴加1mol/L $BaCl_2$溶液(可过量),直到溶液中的SO_4^{2-}都生成$BaSO_4$沉淀为止(6分) 2. 继续加热约10 min,使$BaSO_4$颗粒长大而易于沉淀和过滤(4分) 3. 静置几分钟,组装抽滤装置减压抽滤,并用少量水洗涤滤渣,洗液并入滤液中,弃去滤渣,留滤液,清洗布氏漏斗和抽滤瓶。(4分)	
	除去Mg^{2+}、Ca^{2+}、Ba^{2+}、Fe^{2+}、Fe^{3+}等离子 (12分)	1. 把滤液转移至烧杯中,在滤液中先滴加2 mol/L NaOH溶液至不再产生沉淀为止;然后再滴加1 mol/L Na_2CO_3溶液至不再产生沉淀为止(8分) 2. 继续煮沸约10 min,静置稍冷,抽滤,弃去滤渣,留滤液,清洗布氏漏斗和抽滤瓶(4分)	
	除去过量NaOH和Na_2CO_3 (6分)	把滤液转移至烧杯中,逐滴加入2 mol/L HCl溶液,不断搅拌至溶液呈微酸性为止(pH = 5~6)(6分)	

续表

评价内容及配分		评分标准		得分
操作规范 (65分)	蒸发结晶 (14分)	1. 将上述溶液转移至清洁干燥的蒸发皿中,并将蒸发皿置于泥三角上,用酒精灯加热蒸发至稀粥状的稠液为止(不可以蒸干)(6分) 2. 冷却结晶后,减压抽滤即得氯化钠晶体(4分) 3. 把晶体转移至已清洁干燥的蒸发皿中,并在石棉网上慢慢烘干,即为精制食盐(4分)		
产品质量 (15分)	产品产量 (10分)	4.00 g≤m<8.00 g	1.00 g≤m<4.00 g	
		10分	6分	
	产品质量 (5分)	产品白色粒状(5分),有其他颜色(3分)		
职业素养 (20分)	1. 着装符合职业要求(5分) 2. 正确操作仪器、设备和使用药品试剂(5分) 3. 操作环境整洁、有序(5分) 4. 文明礼貌,服从安排(5分)			
总　分				

8. 试题编号:T-1-8　酯化反应装置仪器的选择与安装使用

考核技能点编号:J-1-1、J-1-2

(1)任务描述

某香料厂需要在实验室内合成乙酸正丁酯。请在实验室中选择合适的仪器,通过清洗仪器、组装反应装置、拆卸反应装置和清理仪器等步骤来进行反应合成前的仪器准备,准备完毕请及时填写仪器准备记录单。

表1-8-1　T-1-8操作记录单

序号	酯化反应装置所需要的仪器名称	数量(个)
1		
2		
3		
4		
5		
6		
7		
8		
9		
10		

（2）实施条件

表1-8-2　T-1-8实施条件

项　目	基本实施条件
场　地	有机化学实训室,至少包含8个工位
仪器设备	铁架台(2个)、酒精灯(1台)、电热套(1台)、100 mL圆底烧瓶(1个)、100 mL蒸馏烧瓶(1个)、分水器(1个)、80 cm球形冷凝管(1支)、80 cm直形冷凝管(1支)、100 cm空气冷凝管(1支)、100 cm橡胶管(2根)、25 mL量筒(2个)、100 mL分液漏斗(1个)、刺形分馏柱(1支)、保温漏斗(1个)、60 mL锥形瓶(1个)、500 mL烧杯(1个)、250 mL烧杯(1个)、100 mL烧杯(1个)、普通漏斗(1个)、布氏漏斗(1个)
测评专家	每4个工位至少配备1名考评员,考评员要求具备三年以上从事与化学实验相关工作的经历或实训指导经历。实训室还须配备1名实训教师

（3）考核时量

60分钟。

（4）评价标准

表1-8-3　T-1-8实施条件

评价内容及配分		评分标准	得分
操作规范(80分)	正确选择酯化反应装置仪器并清洗(25分)	1. 从已准备好的23件实验仪器中正确选择酯化反应装置所需要的仪器(15分)。酯化反应装置所需要的仪器:铁架台、电热套、圆底烧瓶、分水器、球形冷凝管和橡胶管 2. 清洗圆底烧瓶、分水器和球形冷凝管(5分) 3. 把圆底烧瓶倒置于滴水架上,滴干圆底烧瓶内的水分(5分)	
	组装反应装置(25分)	1. 先定好热源,然后再按照从左至右,从下至上的顺序,依次安装铁架台、圆底烧瓶、分水器、球形冷凝管和冷却水管,用铁架台上夹子分别夹住圆底烧瓶和球形冷凝管(15分) 2. 检查装置的密封性(5分) 3. 按照下进上出的原则接通冷却水(5分)	
	拆卸反应装置(20分)	1. 按照安装的相反顺序,先关闭冷却水,把橡胶管从冷却水管上取下,放出橡胶管中的冷却水(5分) 2. 松开球形冷凝管和圆底烧瓶上的夹子,依次取下冷却水管、球形冷凝管、分水器和圆底烧瓶(15分)	
	清洗仪器并整理(10分)	1. 清洗圆底烧瓶、分水器和球形冷凝管。清洗完毕,把圆底烧瓶和分水器倒置于滴水架上放出残余水分(5分) 2. 把圆底烧瓶、分水器、球形冷凝管和橡胶管收起放入操作台的抽屉内(5分)	
职业素养(20分)		1. 着装符合职业要求(5分) 2. 正确操作仪器、设备和使用药品试剂(5分) 3. 操作环境整洁,有序(5分) 4. 文明礼貌,服从安排(5分)	
总　　分			

9. 试题编号:T-1-9 工业乙醇沸点的测定

考核技能点编号:J-1-2,J-1-4

(1)任务描述

某工厂生产了一批工业乙醇,销售时需要产品的物理性状说明,如产品的沸点、密度等。请取适量工业乙醇样品,用蒸馏法测定工业乙醇的沸点,并填写记录单。

表1-9-1 T-1-9操作记录单

序号	项目	数据(性状)
1	工业乙醇的量(mL)	
2	工业乙醇的沸点(℃)	

(2)实施条件

表1-9-2 T-1-9实施条件

项 目	基本实施条件
场 地	有机化学实训室,至少包含8个工位
仪器设备	铁架台(1个)、电热套(1台)、圆底烧瓶(1个)、蒸馏头(1个)、配套温度计(1支)、直形冷凝管(1支)、尾接管(1个)、60 mL锥形瓶(1个)、长颈漏斗(1个)、100 mL烧杯(1个)、橡胶管(2根)
试 剂	工业乙醇
测评专家	每4个工位至少配备1名考评员,考评员要求具备三年以上从事与化学实验相关工作的经历或实训指导经历。实训室还须配备1名实训教师

(3)考核时量

60分钟。

(4)评价标准

表1-9-3 T-1-9评价标准

评价内容及配分		评分标准	得分
操作规范 (65分)	实训准备 (6分)	检查所有仪器、设备和试剂(6分)	
	安装蒸馏装置 (20分)	1. 先定好热源,然后再按照从左至右,从下至上的顺序,依次安装铁架台、圆底烧瓶、蒸馏头、配套温度计、直形冷凝管、尾接管和锥形瓶(15分) 2. 检查装置的密封性(5分)	
	加入工业乙醇 (10分)	取下配套温度计,把工业乙醇通过长颈漏斗由蒸馏头上口加入圆底烧瓶中,再加入几粒沸石,装好配套温度计(10分)	

续表

评价内容及配分		评分标准		得分
操作规范（65分）	通冷却水和加热蒸馏（14分）	1. 按下进上出的原则接通冷却水（4分） 2. 接通电源,调节电热套的电压进行加热蒸馏。当烧瓶内液体开始沸腾,蒸汽环到达温度计的测温球时,温度计的读数会急剧上升,这时应适当调小加热电压,使蒸气环包围测温球,保持气-液两相平衡。调节加热电压控制蒸馏速度,以每秒馏出 1～2 滴为宜（10分）		
	观测沸点停止蒸馏装置还原（15分）	1. 记下第一滴馏出液滴入接收器时的温度即为工业乙醇的沸点（3分） 2. 维持原来的加热量,当不再有馏出液蒸出时,停止蒸馏,关闭加热电源（2分） 3. 稍冷后再关闭冷却水,然后再按照安装的相反顺序进行拆除蒸馏装置,并把装置恢复原状（10分）		
测定结果（15分）	工业乙醇沸点（15分）	78.5℃≤T<100.0℃	其他温度数据	
		15分	10分	
职业素养（20分）	1. 着装符合职业要求（5分） 2. 正确操作仪器、设备和使用药品试剂（5分） 3. 操作环境整洁、有序（5分） 4. 文明礼貌,服从安排（5分）			
总　　分				

10. 试题编号：T-1-10　氢氧化钠标准滴定溶液的标定

考核技能点编号：J-1-6

（1）任务描述

采用滴定法完成 0.1 mol/L 氢氧化钠标准滴定溶液的标定,提交分析检测报告。

①操作步骤。

称取电烘箱中于 105℃～110℃ 干燥至恒重的工作基准试剂邻苯二甲酸氢钾 0.75g,并精确到 0.000 1g,置于 250 mL 锥形瓶中,加 50 mL 无 CO_2 的蒸馏水溶解,加 2 滴酚酞指示液（10 g/L）,用待标定的氢氧化钠溶液滴定至溶液呈粉红色,并保持 30 s。平行测定三次。

②数据处理。

$$C(NaOH) = \frac{m \times 1\,000}{V \cdot M}$$

式中：m ——邻苯二甲酸氢钾的质量,g;

　　　V ——标定消耗氢氧化钠溶液的体积, mL;

　　　M ——邻苯二甲酸氢钾的摩尔质量,g/mol[$M(C_8H_5KO_4)=204.22$]。

③数据记录。

表 1-10-1　T-1-10 数据记录表

项　目	1	2	3
称量瓶和基准物的质量(第一次读数)(g)			
称量瓶和基准物的质量(第二次读数)(g)			
基准物的质量 m(g)			
标定消耗氢氧化钠标准溶液的体积(mL)			
氢氧化钠溶液的浓度 C(mol/L)			
氢氧化钠溶液浓度 C 的平均值(mol/L)			

(2)实施条件

①场地。

天平室,化学分析检验室。

②仪器、试剂。

表 1-10-2　T-1-10 仪器设备

名称	规格	数量	名称	规格	数量
碱式滴定管	50 mL	1 支/人	锥形瓶	250 mL	3 只/人
量筒	50 mL	1 只/人	洗瓶	500 mL	1 只/人
玻璃仪器洗涤 用具及洗涤剂	—	公用			

表 1-10-3　T-1-10 试剂材料

名称	规格	数量	名称	规格	数量
氢氧化钠溶液	约 0.1mol/L	250 mL	无 CO_2 水		500 mL
邻苯二甲酸氢钾	电烘箱中于 105℃～110℃ 干燥至恒重	5 g	酚酞指示剂	10g/L	公用

备注:未注明要求时,试剂均为 AR,水为国家规定的实验室三级用水规格

(3)考核时量

90 分钟。

（4）评价标准

表 1 - 10 - 4　T - 1 - 10 评分标准

评价内容及配分		评分标准			得分
操作规范（60分）	称量（10分）	检查天平,能准确称量并记录数据			
	滴定（50分）	1. 洗涤不合要求,扣1分;没有试漏,扣1分 2. 没有润洗,扣2分;装液操作不正确,扣2分 3. 未排空气,扣2分;没有调零,扣2分 4. 加指示剂操作不当,扣2分;滴定姿势不正确,扣1分 5. 滴定速度控制不当,扣2分;摇瓶操作不正确,扣1分 6. 锥形瓶洗涤不合要求,扣2分 7. 滴定后补加溶液操作不当,扣1分 8. 半滴溶液的加入控制不当,扣2分;终点判断不准确,扣2分 9. 读数操作不正确,扣2分;数据记录不正确,扣1分			
结果（20分）	测定结果准确度（10分）	与标准值相对误差	≤0.6%	>0.6%	
		得分	10分	6分	
	测定结果允许差（10分）	相对平均偏差	≤0.6%	>0.6%	
		得分	10分	6分	
职业素养（20分）		1. 着装符合职业要求(5分) 2. 正确操作使用仪器和设备(5分) 3. 操作环境整洁、有序(5分) 4. 文明礼貌,服从安排(5分)			
总　　分					

11. 试题编号:T - 1 - 11　盐酸标准滴定溶液的标定

考核技能点编号:J - 1 - 6

（1）任务描述

采用滴定法完成 0.1 mol/L 盐酸标准滴定溶液的标定,提交分析检验报告。

①操作步骤。

准确称取在电烤箱中于 270℃～300℃ 灼烧至恒重并于干燥器中冷却至室温的基准试剂碳酸钠 0.2g,并精确到 0.000 1 g,置于 250 mL 锥形瓶中,加 50 mL 去离子水溶解,加 10 滴溴甲酚绿-甲基红指示液,用待标定的盐酸溶液滴定至溶液由绿色变为暗红色,煮沸 2 min,冷却后继续滴定至溶液再呈暗红色。平行测定三次。

②数据处理。

$$C(\text{HCl}) = \frac{m \times 1\,000}{V \cdot M(\frac{1}{2}\text{Na}_2\text{CO}_3)}$$

式中:m ——无水碳酸钠的质量,g;

V ——滴定碳酸钠消耗盐酸标准滴定溶液的体积,mL;

M ——无水碳酸钠的摩尔质量的数值,g/mol$[M(\frac{1}{2}\text{Na}_2\text{CO}_3) = 52.994]$。

③数据记录。

表1-11-1　T-1-11数据记录表

项　目	1	2	3
称量瓶和的基准物质量(第一次读数)(g)			
称量瓶和基准物的质量(第二次读数)(g)			
基准物的质量 m(g)			
标定消耗盐酸溶液的体积(mL)			
盐酸溶液的浓度 C(mol/L)			
盐酸溶液浓度 C 的平均值(mol/L)			

(2)实施条件

①场地。

天平室,化学分析检验室。

②仪器、试剂。

表1-11-2　T-1-11仪器设备

名称	规格	数量	名称	规格	数量
碱式滴定管	50 mL	1支/人	锥形瓶	250 mL	3只/人
量筒	50 mL	1只/人	洗瓶	500 mL	1只/人
酒精灯	—	1个/人	玻璃仪器洗涤用具及其洗涤用试剂	公用	

表1-11-3　T-1-11试剂材料

名称	规格	数量	名称	规格	数量
盐酸标准溶液	约0.1 mol/L	250 mL	溴甲酚绿-甲基红指示剂	10 g/L	公用
无水碳酸钠	高温炉中于270 ℃~300 ℃灼烧至恒重	5 g			

备注:未注明要求时,试剂均为AR,水为国家规定的实验室三级用水规格

（3）考核时量

90 分钟。

（4）评价标准

表 1-11-4　T-1-11 评价标准

评价内容及配分		评分标准			得分
操作规范（60 分）	称量（10 分）	检查天平，能准确称量并记录数据			
	滴定（50 分）	1. 洗涤不合要求，扣 1 分；没有试漏，扣 1 分 2. 没有润洗，扣 2 分；装液操作不正确，扣 1 分 3. 未排空气，扣 2 分；没有调零，扣 2 分 4. 加指示剂操作不当，扣 2 分；滴定姿势不正确，扣 1 分 5. 滴定速度控制不当，扣 2 分；摇瓶操作不正确，扣 1 分 6. 锥形瓶洗涤不合要求，扣 2 分 7. 滴定后补加溶液操作不当，扣 2 分 8. 半滴溶液的加入控制不当，扣 2 分；终点判断不准确，扣 1 分 9. 读数操作不正确，扣 2 分；数据记录不正确，扣 1 分			
结果（20 分）	测定结果准确度（10 分）	与标准值相对误差	≤0.6%	>0.6%	
		得分	10 分	6 分	
	测定结果允许差（10 分）	相对平均偏差	≤0.6%	>0.6%	
		得分	10 分	6 分	
职业素养（20 分）		1. 着装符合职业要求（5 分） 2. 正确操作仪器、设备和使用药品试剂（5 分） 3. 操作环境整洁、有序（5 分） 4. 文明礼貌，服从安排（5 分）			
总　　分					

12. 试题编号：T-1-12　EDTA 标准滴定溶液的标定

考核技能点编号：J-1-6

（1）任务描述

采用滴定法完成 0.02 mol/L EDTA 标准滴定溶液的标定，要求每个抽查的学生在 90 分钟的时间内独立完成任务，最终提交标定结果。

①操作步骤。

准确称取在高温炉中于 800℃±50℃灼烧至恒重的工作基准试剂氧化锌 0.42 g，精确到 0.000 1g，并置于 100 mL 烧杯中，用少量水湿润，加 5 mL 盐酸溶液（20%）溶解，移入 250 mL

容量瓶中,稀释至刻度,摇匀。用移液管移取 25.00 mL 于 250 mL 锥形瓶中,加 70 mL 蒸馏水,用氨水溶液(10%)调节溶液 pH 至 7~8,加 10 mL 氨-氯化铵缓冲溶液(pH≈10)及 5 滴铬黑 T 指示液(5 g/L),用待标定的 EDTA 溶液滴定至溶液由紫色变为纯蓝色。平行测定三次。

②数据处理。

$$C(EDTA) = \frac{m \times \dfrac{25.00}{250} \times 1\,000}{V \cdot M}$$

式中:m ——氧化锌的质量的准确数值,g;

V ——EDTA 溶液的体积的数值,mL;

M ——氧化锌的摩尔质量的数值,g/mol[M(ZnO)= 81.39]。

③数据记录。

表 1－12－1 T－1－12 数据记录表

项 目	1	2	3
称量瓶和基准物的质量(第一次读数)(g)			
称量瓶和基准物的质量(第二次读数)(g)			
基准物的质量 m(g)			
标定消耗 DETA 标准溶液的体积(mL)			
EDTA 标准溶液的浓度 C(mol/L)			
EDTA 标准溶液浓度 C 的平均值(mol/L)			

(2)实施条件

①场地。

天平室,化学分析检验室。

②仪器、试剂。

表 1－12－2 T－1－12 仪器设备

名称	规格	数量	名称	规格	数量
酸式滴定管	50 mL	1 支/人	容量瓶	250 mL	1 只/人
量筒	100 mL	1 只/人	移液管	25 mL	1 支/人
洗瓶	500 mL	1 只/人	锥形瓶	250 mL	3 只/人
玻璃仪器洗涤用具及其洗涤用试剂		公用	烧杯	100 mL	1 只/人

表 1-12-4　T-1-12 试剂材料

名称	规格	数量	名称	规格	数量
EDTA 标准溶液	约 0.05 mol/L	250 mL	氨-氯化铵缓冲溶液	pH≈10	公用
氧化锌	高温炉中于 800℃±50℃ 灼烧至恒重	2 g	盐酸溶液	20 %	公用
氨水溶液	10%	公用	铬黑 T 指示剂	5 g/L	公用

备注:未注明要求时,试剂均为 AR,水为国家规定的实验室三级用水规格

(3)考核时量

90 分钟。

(4)评价标准

表 1-12-4　T-1-12 评价标准

评价内容及配分		评分标准	得分
操作规范 (60分)	称量 (10分)	检查天平,能准确称量并记录数据	
	定容 (10分)	1. 洗涤不合要求,扣 1 分;没有试漏,扣 1 分 2. 试样溶解操作不当,扣 2 分;溶液转移操作不当,扣 1 分 3. 定容操作不当,扣 2 分;摇匀操作不当,扣 1 分	
	移液 (10分)	1. 洗涤不合要求,扣 1 分;未润洗或润洗不当,扣 1 分 2. 吸液操作不当,扣 2 分;放液操作不当,扣 2 分 3. 用后处理及放置不当,扣 2 分	
	滴定 (30分)	1. 洗涤不合要求,扣 0.5 分;没有试漏,扣 0.5 分 2. 没有润洗,扣 0.5 分;装液操作不正确,扣 1 分 3. 未排空气,扣 0.5 分;没有调零,扣 0.5 分 4. 加指示剂操作不当,扣 1 分;滴定姿势不正确,扣 0.5 分 5. 滴定速度控制不当,扣 1 分;摇瓶操作不正确,扣 0.5 分 6. 锥形瓶洗涤不合要求,扣 0.5 分 7. 滴定后补加溶液操作不当,扣 0.51 分 8. 半滴溶液的加入控制不当,扣 2 分 9. 终点判断不准确,扣 0.5 分 10. 读数操作不正确,扣 1 分;数据记录不正确,扣 0.5 分	

续表

评价内容及配分			评分标准		得分
结果 (20分)	测定结果 的准确度 (10分)	与标准值 相对误差	≤0.6%	>0.6%	
		得分	10分	6分	
	测定结果 的允许差 (10分)	相对平均偏差	≤0.6%	>0.6%	
		得分	10分	6分	
职业 素养 (20分)	1. 着装符合职业要求(5分) 2. 正确操作仪器、设备和使用药品试剂(5分) 3. 操作环境整洁、有序(5分) 4. 文明礼貌,服从安排(5分)				
总　　分					

13. 试题编号:T－1－13　高锰酸钾标准滴定溶液的标定

考核技能点编号:J－1－6

(1)任务描述

采用滴定法完成0.1 mol/L高锰酸钾标准滴定溶液的标定,要求每个抽查的学生在90分钟的时间内独立完成任务,最终提交标定结果。

①操作步骤。

准确称取在电烘箱中于105 ℃～110 ℃干燥至恒重的工作基准试剂草酸钠0.25 g,精确到0.000 1 g,并置于250 mL锥形瓶中,加入100 mL硫酸溶液(8＋92)溶解,加热至70℃～80℃,用待标定的高锰酸钾溶液滴定,滴定至溶液呈粉红色,并保持30 s。平行测定三次。

②数据处理。

$$C(\frac{1}{5}KMnO_4) = \frac{m \times 1000}{V \cdot M(\frac{1}{2}Na_2C_2O_4)}$$

式中:m ——草酸钠的质量的准确数值,g;

V ——高锰酸钾溶液的体积的数值,mL;

M ——草酸钠的摩尔质量的数值,g/mol[$M(\frac{1}{2}Na_2C_2O_4)$＝66.999]。

③数据记录。

表1－13－1　T－1－13数据记录表

项　目	1	2	3
称量瓶和基准物的质量(第一次读数)(g)			
称量瓶和基准物的质量(第二次读数)(g)			

续表

项 目	1	2	3
基准物的质量 m(g)			
标定消耗高锰酸钾标准溶液的体积(mL)			
高锰酸钾标准溶液的浓度 $C(\frac{1}{5}KMnO_4)$(mol/L)			
高锰酸钾标准溶液浓度 $C(\frac{1}{5}KMnO_4)$ 的平均值(mol/L)			

（2）实施条件

①场地。

天平室，化学分析检验室。

②仪器、试剂。

表 1－13－2　T－1－13仪器设备

名称	规格	数量	名称	规格	数量
酸式滴定管	50 mL	1 支/人	锥形瓶	250 mL	3 只/人
量筒	100 mL	1 只/人	电炉	—	1 台/人
玻璃仪器洗涤用具及其洗涤用试剂	—	公用	洗瓶	500 mL	1 只/人

表 1－13－3　T－1－13试剂材料

名称	规格	数量	名称	规格	数量
$c(1/5KMnO_4)$ 高锰酸钾标准溶液	约 0.1 mol/L	250 mL	草酸钠	在烘箱中于 105℃～110℃ 烘干至恒重	2 g
硫酸	8＋92	500 mL			

备注：未注明要求时，试剂均为 AR，水为国家规定的实验室三级用水规格

（3）考核时量

90 分钟。

（4）评价标准

表 1－13－4　T－1－13评价标准

评价内容及配分		评分标准	得分
操作分数 (60分)	称量 (10分)	检查天平，能准确称量并记录数据	

续表

评价内容及配分		评分标准			得分
操作分数（60分）	滴定（50分）	1. 洗涤不合要求,扣2分;没有试漏,扣1分 2. 没有润洗,扣2分;装液操作不正确,扣2分 3. 未排空气,扣2分;没有调零,扣2分 4. 加指示剂操作不当,扣2分;滴定姿势不正确,扣1分 5. 滴定速度控制不当,扣2分;摇瓶操作不正确,扣1分 6. 锥形瓶洗涤不合要求,扣2分 7. 滴定后补加溶液操作不当,扣1分 8. 半滴溶液的加入控制不当,扣2分;终点判断不准确,扣1分 9. 读数操作不正确,扣2分;数据记录不正确,扣1分			
结果（20分）	测定结果的准确度（10分）	与标准值相对误差	≤0.6%	>0.6%	
		得分	10分	6分	
	测定结果的允许差（10分）	相对平均偏差	≤0.6%	>0.6%	
		得分	10分	6分	
职业素养（20分）	1. 着装符合职业要求(5分) 2. 正确操作使用仪器和设备(5分) 3. 操作环境整洁、有序(5分) 4. 文明礼貌,服从安排(5分)				
总　　分					

14. 试题编号:T‐1‐14 硫代硫酸钠标准滴定溶液的标定

考核技能点编号:J‐1‐6

（1）任务描述

采用滴定法完成 0.1 mol/L 硫代硫酸钠标准滴定溶液的标定,要求每个抽查的学生在 90 min 的时间内独立完成任务,最终提交标定结果。

①操作步骤。

准确称取在烘箱中于 120℃±2℃ 干燥至恒重的工作基准试剂重铬酸钾 0.18g,精确到 0.000 1g,置于 500 mL 碘量瓶中,溶于 25 mL 蒸馏水、加 2 g 碘化钾及 20 mL 硫酸溶液（20%）,摇匀,于暗处放置 10 min,加 150 mL 蒸馏水（15℃~20℃）,用待标定的硫代硫酸钠溶液滴定,近终点时加 2 mL 淀粉指示液（10g/L）,继续滴定至溶液由蓝色变为亮绿色。平行测定三次。

②数据处理。

$$C\left(\frac{1}{2}Na_2S_2O_3\right) = \frac{m \times 1000}{V \cdot M\left(\frac{1}{6}K_2Cr_2O_7\right)}$$

式中:m ——重铬酸钾的质量的准确数值,g;

V —— 代硫酸钠溶液的体积的数值,mL;

M ——重铬酸钾的摩尔质量的数值,g/mol$[M(\frac{1}{6}K_2Cr_2O_7)=49.031]$。

③数据记录。

表 1-14-1　T-1-14 数据记录表

项　目	1	2	3
称量瓶和基准物的质量(第一次读数)(g)			
称量瓶和基准物的质量(第二次读数)(g)			
基准物的质量 m(g)			
标定消耗硫代硫酸钠标准溶液的体积(mL)			
硫代硫酸钠溶液的浓度 C(mol/L)			
硫代硫酸钠溶液浓度 C 的平均值(mol/L)			

(2)实施条件

①场地。

天平室,化学分析检验室。

②仪器、试剂。

表 1-14-2　T-1-14 仪器设备

名称	规格	数量	名称	规格	数量
酸式滴定管(	50 mL	1 支/人	碘量瓶	500 mL	3 只/人
量筒	100 mL	2 只/人	洗瓶	500 mL	1 只/人
玻璃仪器洗涤用具及其洗涤用试剂	—	公用	量筒	5 mL	1 只/人

表 1-14-3　T-1-14 试剂材料

名称	规格	数量	名称	规格	数量
硫代硫酸钠标准溶液	约 0.1 mol/L	250 mL	重铬酸钾	120℃±2℃烘干至恒重	2 g
碘化钾	—	10 g	淀粉指示剂	10 g/L	—
硫酸	20%	—			

备注:未注明要求时,试剂均为 AR,水为国家规定的实验室三级用水规格

(3)考核时量

90 分钟。

（4）评价标准

表 1 - 14 - 4 T - 1 - 14 标准评价

评价内容及配分		评分标准			得分
操作规范（60分）	称量（10分）	检查天平，能准确称量并记录数据			
	滴定（50分）	1. 洗涤不合要求，扣2分；没有试漏，扣1分 2. 没有润洗，扣2分；装液操作不正确，扣1分 3. 未排空气，扣2分；没有调零，扣2分 4. 加指示剂操作不当，扣2分；滴定姿势不正确，扣1分 5. 滴定速度控制不当，扣2分；摇瓶操作不正确，扣2分 6. 锥形瓶洗涤不合要求，扣2分 7. 滴定后补加溶液操作不当，扣1分 8. 半滴溶液的加入控制不当，扣2分；终点判断不准确，扣1分 9. 读数操作不正确，扣2分；数据记录不正确，扣1分			
结果（20分）	测定结果的准确度（10分）	与标准值相对误差	≤0.6%	>0.6%	
		得分	10分	6分	
	测定结果的允许差（10分）	相对平均偏差	≤0.6%	>0.6%	
		得分	10分	6分	
职业素养（20分）	1. 着装符合职业要求（5分） 2. 正确操作使用仪器和设备（5分） 3. 操作环境整洁、有序（5分） 4. 文明礼貌，服从安排（5分）				
总　　分					

15. 试题编号：T - 1 - 15　葡萄糖比旋光度的测定

考核技能点编号：J - 1 - 7

（1）任务描述

要求每个抽查的学生在 90 min 的时间内独立完成葡萄糖比旋光度的测定，最终提交测定结果。

①操作步骤。

称取试样 10.00 g 于 150 mL 烧杯中，称准至 0.000 2 g，加 50 mL 水于烧杯中，使试样溶解。将上述溶液转移至 100 mL 容量瓶中，每次用量筒量取 10 mL 水洗涤烧杯三次，将每次洗涤水并入容量瓶中，用水稀释至刻度，摇匀。

按圆盘仪器使用说明书开启仪器。调整旋光仪，待仪器稳定后，用水充满选定长度的旋光管,应无气泡,将盖旋紧后放入旋光仪内,在温度为 20℃±0.5℃ 的条件下,旋转检偏器,直到三分视场左、中、右三部分亮度均匀一致,记录刻度盘读数,读准至 0.01°。若仪器正常,此读数即为零点。

将配好的试样溶液充满洁净、干燥的合适长度的旋光管中,小心地排出气泡,将盖旋紧后放入旋光仪内,在温度为 20℃±0.5℃ 的条件下,旋转检偏器,使三分视场的左、中、右的亮度均匀一致,记录刻度盘读数,读准至 0.01°。

将水和未知样的两次读数之差即为被测样品的旋光度。

被测物的左旋还是右旋的测定。将原配制的溶液浓度进行稀释 30% 左右,再按上述步骤进行,旋转检偏器,使三分视场的左、中、右的亮度均匀一致,记录刻度盘读数,读准至 0.01°。若稀释后测得的读数降低,则被测物为右旋体;若稀释后测得的读数升高,则被测物为左旋体。左旋以"－"号表示,右旋以"＋"号表示。

②数据处理。

$$[\alpha]_D^{20} = \frac{\alpha}{lC}$$

式中:α——测得旋光度的准确数值,(°);

l——旋光管长度的准确数值,dm;

C——溶液中有效组分浓度的准确数值,mol/L。

③数据记录。

表 1-15-1　T-1-15 数据记录表

项　目			
称取试样的质量 m(g)			
有效组分溶液的浓度 C(mol/L)			
旋光管长度(dm)			
零点读数(°)			
零点平均值			
测得旋光度(°)			
样品校正后旋光度(°)			
溶液的比旋光度			
比旋光度平均值			
"左旋"或"右旋"			

(2)实施条件

①场地。

天平室,物理常数检测室。

②仪器、试剂。

表 1-15-2　T-1-15 仪器设备

名称	规格	数量	名称	规格	数量
圆盘旋光仪	精密度为0.01°	1台/人	烧杯	150 mL	1只/人
天平	万分之一	1台/人	量筒	50 mL	1只/人
玻璃棒	—	2支/人	容量瓶	100 mL	1只/人
玻璃仪器洗涤用具及其洗涤用试剂	—	公用	洗瓶	500 mL	1只/人

表 1-15-3　T-1-15 试剂材料

名称	规格	数量	名称	规格	数量
葡萄糖	—	公用	定性滤纸	—	1本/人
脱脂棉花	—	公用	擦镜纸	—	1本/人

备注:未注明要求时,试剂均为 AR,水为国家规定的实验室三级用水规格

(3)考核时量

90 分钟。

(4)评价标准

表 1-15-4　T-1-15 评价标准

评价内容及配分		评分标准	得分
操作规范(60分)	称量(10分)	检查天平,能准确称量并记录数据	
	定容(20分)	1. 洗涤不合要求,扣1分;没有试漏,扣1分 2. 试样溶解操作不当,扣2分 3. 溶液转移操作不当,扣2分 4. 定容操作不当,扣2分 5. 摇匀操作不当,扣2分	
	仪器准备(10分)	1. 没按要求组装仪器,扣1分 2. 没正确选择温度计,扣1分 3. 未正确安装温度计,扣1分 4. 未正确设置仪器参数,扣1分 5. 仪器未预热,扣1分	
	仪器使用(20分)	1. 仪器零点校正不对,扣2分 2. 仪器操作不当,扣2分 3. 读数操作不正确,扣2分 4. 数据记录不正确,扣2分	

续表

评价内容及配分		评分标准			得分
结果 (20分)	测定结果 的准确度 (10分)	与标准值相对误差	≤0.6%	>0.6%	
		得分	10分	6分	
	测定结果 的允许差 (10分)	相对平均偏差	≤0.6%	>0.6%	
		得分	10分	6分	
职业 素养 (20分)	1. 着装符合职业要求(5分) 2. 正确操作使用仪器和设备(5分) 3. 操作环境整洁、有序(5分) 4. 文明礼貌,服从安排(5分)				
总　　分					

16. 试题编号:T-1-16　甘油折射率的测定

考核技能点编号:J-1-7

(1)任务描述

要求每个抽查的学生在 90 min 内独立完成甘油的折射率测定,最终提交检定结果。

①操作步骤。

将恒温水浴与棱镜连接,调节恒温水浴温度,使棱镜温度保持在 20℃±0.1℃。

用二级水或标准玻璃块校正折光仪。二级水的折射率＝1.333 0(或 1.332 99)。在每次测定前用乙醚清洗棱镜表面,再用擦镜纸或脱籽棉将乙醚吸干。用干净滴管滴加数滴 20℃左右的被测样品,立即闭合棱镜并旋紧,使样品均匀、无气泡,并充满视场。使棱镜温度计读数恢复到 20℃±0.1℃。调节反光镜使视场明亮。调节棱镜组旋钮,使视场中出现明暗界线,调节补偿棱镜旋钮,使界线处所呈彩色完全消失,再调节棱镜组旋钮,使明暗界线与叉丝中心重合。

读出折射率值。估读至小数点后第四位。进行平行测定三次。

②数据处理。

$$\overline{n_D^{20}} = \frac{\sum_{i=1}^{n} n_{iD}^{20}}{n}$$

式中:n_{iD}^{20}——甘油的折射率第 i 次测定值的准确数值;

n ——测定的次数。

③数据记录。

表 1-16-1　T-1-16 数据记录表　　　　　　　　　　　　%

项目	1	2	3
甘油折射率			
平均折射率			

(2)实施条件

①场地

物理常数检测室。

②仪器、试剂

表 1-16-2　T-1-16 仪器设备

名称	规格	数量	名称	规格	数量
折光仪	精密度为 ±0.000 2	1 台/人	恒温水浴	控制精度为 20℃±0.1℃	1 台/人
滴管	—	3 支/人	烧杯	100 mL	1 只/人
玻璃仪器洗涤用具 及其洗涤用试剂	—	公用			

表 1-16-3　T-1-16 试剂材料

名称	规格	数量	名称	规格	数量
甘油	—	50 mL/人	定性滤纸	—	1 本/人
脱脂棉花	—	公用	擦镜纸	—	1 本/人
实验室用二级水	—	校正用	乙醚	—	公用

(3)考核时量

90 分钟。

(4)评价标准

表 1-16-4　T-1-16 评价标准

评价内容及配分		评分标准	得分
操作 规范 (60 分)	仪器准备 (20 分)	1. 没按要求组装仪器,扣 2 分 2. 没正确选择温度计,扣 2 分 3. 未正确安装温度计,扣 2 分 4. 未正确设置仪器参数,扣 2 分 5. 仪器未预热,扣 2 分	

续表

评价内容及配分		评分标准			得分
操作规范 (60分)	仪器使用 (40分)	1. 仪器零点校正不对,扣3分 2. 仪器操作不当,扣2分 3. 读数操作不正确,扣3分 4. 数据记录不正确,扣2分			
结果 (20分)	测定结果的准确度 (10分)	与标准值相对误差	≤0.6%	>0.6%	
		得分	10分	6分	
	测定结果的允许差 (10分)	相对平均偏差	≤0.6%	>0.6%	
		得分	10分	6分	
职业素养 (20分)	1. 着装符合职业要求(5分) 2. 正确操作使用仪器和设备(5分) 3. 操作环境整洁、有序(5分) 4. 文明礼貌,服从安排(5分)				
总　　分					

17. 试题编号:T-1-17　磷酸水溶液的密度测定

考核技能点编号:J-1-7

(1)任务描述

用密度瓶法测定磷酸水溶液(浓度0.1～0.3mol/L)的密度,并提交分析检验报告。

①操作步骤。

称量已洗净干燥的带温度计和侧孔罩密度瓶的质量 m_0。

将干燥的密度瓶装满已恒温的20℃实验室用三级水,放于20℃±0.1℃的恒温槽中,恒温10 min,并使侧管中的液面与侧管管口齐平,立即盖上侧孔罩。取出密度瓶后用滤纸迅速擦干瓶外壁上水,立即称量密度瓶与水的质量,m_1。

将密度瓶中水倒出,洗净后可用乙醚等易挥发溶剂少量洗涤密度瓶,干燥后用已恒温20℃的试样注入密度瓶中,重复上述恒温的操作步骤后,称量密度瓶与试样的质量,m_2。

平行测定两次。

②数据处理。

试样在20℃时的密度为: $\rho = \dfrac{(m_2 - m_0) + A}{(m_1 - m_0) + A} \times \rho_0$

$$A = \rho_a \times \frac{m_1 - m_0}{0.998\,2}$$

式中:m_0——密度瓶、温度计、侧孔罩的表观质量的准确数值,g;

m_1——20℃时密度瓶和充满密度瓶三级水的表观质量的准确数值,g;

m_2——20℃时密度瓶和充满密度瓶试样的表观质量的准确数值,g;

ρ_0——20℃时三级水的密度,g/ mL(此时三级水的密度为0.998 20);

ρ_a——20℃和大气压为101.325 kPa时干燥空气密度,g/ mL(此时干燥空气的密度为0.001 2)。

③数据记录。

表1-17-1　T-1-17密度测定记录表

项　目	1	12
密度瓶、温度计、侧孔罩的表观质量 m_0(g)		
20℃时密度瓶和充满密度瓶三级水的表观质量 m_1(g)		
20℃时密度瓶和充满密度瓶试样的表观质量 m_2(g)		
试样在20℃时的密度 ρ(g/ mL)		

(2)实施条件

①场地。

物理常数检查室。

②仪器、试剂。

表1　仪器设备

名称	规格	数量	名称	规格	数量
电子天平	万分之一	1台/人	恒温水槽	—	1台/人
密度瓶带温度计及侧空罩	15~25 mL	1只/人	洗瓶	500 mL	1只/人
玻璃仪器洗涤用具及其洗涤用试剂	—	公用			

表1-17-3　T-1-17试剂材料

名称	规格	数量	名称	规格	数量
磷酸水溶液	$\rho=1.005$	$C(H_3PO_4)=0.1253$ mol/L	实验室用水	三级	200 mL

备注:未注明要求时,试剂均为AR,水为国家规定的实验室三级用水规格

(3)考核时量

90分钟。

(4)评价标准

表 1-17-4　T-1-17 评价标准

评价内容及配分		评分标准			得分
操作规范 (60分)	称量 (10分)	检查天平,能准确称量并记录数据			
	仪器准备 (20分)	1. 没按要求组装仪器,扣2分;没正确选择温度计,扣2分 2. 未正确安装温度计,扣2分;未正确设置仪器参数,扣2分 3. 仪器未预热,扣2分			
	仪器使用 (30分)	1. 仪器零点校正不对,扣3分 2. 仪器操作不当,扣2分 3. 读数操作不正确,扣3分 4. 数据记录不正确,扣2分			
结果 (20分)	测定结果的准确度 (10分)	与标准值相对误差	≤2.0%	>2.0%	
		得分	10分	6分	
	测定结果的允许差 (10分)	相对平均偏差	≤0.8%	>0.8%	
		得分	10分	6分	
职业素养 (20分)	1. 着装符合职业要求(5分) 2. 正确操作使用仪器和设备(5分) 3. 操作环境整洁、有序(5分) 4. 文明礼貌,服从安排(5分)				
总　　分					

18. 试题编号:T-1-18　柴油密度的测定

考核技能点编号:J-1-7

(1)任务描述

用密度计法对柴油的密度进行测定,最终提交测定结果。要求每个抽查的学生在 90 min 的时间内独立完成任务。

①操作步骤。

使密度计量筒和密度计的温度接近试样的温度。在试验温度下把试样沿壁转移到温度稳定、清洁的密度计量筒中,导入的量为量筒容积的 70%。用一片清洁的滤纸除去试样表面上形成的所有气泡。将装有试样的量筒垂直地放在没有空气流动的地方。用合适的温度计作垂直旋转运动搅拌试样,使整个量筒中试样的密度和温度达到均匀。记录温度。

把合适的密度计放入液体中,达到平衡位置时,轻轻转动一下放开,让密度计自由地漂浮,要注意避免弄湿液面以上的干管。(把密度计按到平衡点以下 1 mm 或 2 mm,并让它回到平衡位置,观察弯月面形状,如果弯月面形状改变,应清洗密度计干管,重复此项操作直到弯月形状保持不变。)当密度计离开量筒壁自由漂浮并静止时,按正确的方式读取密度计刻度值,即视密度。

记录密度计读数后,立即小心地取出密度计,并用温度计垂直地搅拌试样,记录温度。这个温度与开始试验温度相差应小于 0.5℃。

平行测定两次。

②数据处理。

试样在 20℃时的密度为:$\rho_{20} = \rho_t + \gamma(t-20)$

式中:ρ_{20}——试样在 20℃时的密度,g/ mL;

ρ_t——试样在测定温度 t 时的视密度,g/ mL;

γ——油品密度的平均温度系数,g/(mL·℃);

t——试样测定温度,℃。

③数据记录。

表 1-18-1　T-1-18 密度测定记录表

项　目	1	2
测定前温度 t(℃)		
测定后温度 t(℃)		
试样在测定温度 t 时的视密度 ρ_t(g/ mL)		
试样在 20℃时的密度 ρ_{20}(g/ mL)		

(2)实施条件

①场地。

油品分析室(环境温度变化不大于 2℃)。

②仪器、试剂。

表 1-18-2　T-1-18 仪器设备

名称	规格	数量	名称	规格	数量
密度计	—	1 支/人	温度计	-1℃~38℃	1 根/人
量筒	250 mL	1 个/人	移液管	25 mL	1 支/人
玻璃仪器洗涤用具及其洗涤用试剂	—	公用			

表 1-18-3　T-1-18 试剂材料

名称	规格	浓度/数量	名称	规格	浓度/数量
柴油	0#	300 mL			

(3)考核时量

90 分钟。

(4)评价标准

表 1-18-4　T-1-18 评价标准

评价内容及配分		评分标准			得分
操作规范 (60分)	仪器准备 (10分)	1. 没按要求组装仪器,扣2分 2. 没正确选择温度计,扣2分 3. 未正确安装温度计,扣2分			
	仪器使用 (50分)	1. 仪器零点校正不对,扣3分 2. 仪器操作不当,扣2分 3. 读数操作不正确,扣3分 4. 数据记录不正确,扣2分			
结果 (20分)	测定结果的准确度 (10分)	与标准值相对误差	≤2.0%	>2.0%	
		得分	10分	6分	
	测定结果的允许差 (10分)	相对平均偏差	≤0.8%	>0.8%	
		得分	10分	6分	
职业素养 (20分)	1. 着装符合职业要求(5分) 2. 正确操作使用仪器和设备(5分) 3. 操作环境整洁、有序(5分) 4. 文明礼貌,服从安排(5分)				
总　　分					

19. 试题编号:T-1-19　纯碱总碱量的测定

考核技能点编号:J-1-6

(1)任务描述

采用酸碱滴定法,完成纯碱的测定,最终提原始检验报告单。

①操作步骤。

分别称取三份在烘箱中于 250 ℃~270 ℃下加热至恒重的试样 0.17 g,精确至 0.000 2 g,并置于 250 mL 锥形瓶中,用 50 mL 水溶解试样,加 10 滴溴甲酚绿-甲基红混合指示液,用盐酸标准滴定溶液滴定至试验溶液由绿色变为暗红色。煮沸 2min,冷却后继续滴定至暗红色,此时 HCl 消耗体积为 V。计算试样中 Na_2CO_3 含量,即为总碱度。

②数据处理。

总碱量以碳酸钠的质量分数 w,数值以"%"表示。

$$w = \frac{C \times V \times M(\frac{1}{2}Na_2CO_3)}{m \times 1\,000} \times 100\%$$

式中：C——HCl标准滴定溶液的浓度，mol/L；

V——滴定至指示剂变色时消耗HCl标准滴定溶液的体积，mL；

M——碳酸钠的摩尔质量，g/moL[$M(1/2Na_2CO_3)=52.99$]；

m——试样的质量，g。

③数据记录。

表1-19-1　T-1-19纯碱的测定的记录表

项　目	1	2	3
称量瓶的质量(第一次读数)(g)			
称量瓶和样品的质量(第二次读数)(g)			
样品的质量 m(g)			
滴定消耗盐酸标准溶液的体积(mL)			
盐酸标准溶液的浓度 C(mol/L)			
样品中碳酸钠的含量 w(%)			
样品中碳酸钠的平均含量 $\overline{w}$(%)			

(2)实施条件

①场地。

天平室，化学分析检验室。

②仪器、试剂。

表1-19-2　T-1-19仪器设备

名称	规格	数量	名称	规格	数量
酸式滴定管	50 mL	1支/人	移液管	100 mL	1只/人
锥形瓶	250 mL	3只/人	量筒	100 mL	1只/人
洗瓶	500 mL	1只/人	滴管	—	1支/人
烘箱	—	1个	干燥器	—	1个
玻璃仪器洗涤用具及其洗涤用试剂	—	公用			

表1-19-3　T-1-19试剂材料

名称	规格	浓度/数量	名称	规格	浓度/数量
HCl标准滴定溶液	浓度核点标定好	$C(HCl)=$ 0.1 mol/L左右	溴甲酚绿-甲基红指示剂	—	—

续表

名称	规格	浓度/数量	名称	规格	浓度/数量
考核试样	工业纯碱	—			

备注:未注明要求时,试剂均为 AR,水为国家规定的实验室三级用水规格

(3)考核时量

90 分钟。

(4)评价标准

表 1 - 19 - 4　T - 1 - 19 评价标准

评价内容及配分		评分标准			得分
操作规范 (60分)	称量 (10分)	检查天平,能准确称量并记录数据			
	滴定 (50分)	1. 洗涤不合要求,扣2分;没有试漏,扣1分 2. 没有润洗,扣2分;装液操作不正确,扣1分 3. 未排空气,扣2分;没有调零,扣2分 4. 加指示剂操作不当,扣2分;滴定姿势不正确,扣1分 5. 滴定速度控制不当,扣2分;摇瓶操作不正确,扣1分 6. 锥形瓶洗涤不合要求,扣2分 7. 滴定后补加溶液操作不当,扣1分 8. 半滴溶液的加入控制不当,扣2分;终点判断不准确,扣2分 9. 读数操作不正确,扣2分;数据记录不正确,扣1分			
结果 (20分)	测定结果的准确度 (10分)	与标准值相对误差	≤0.6%	>0.6%	
		得分	10分	6分	
	测定结果的允许差 (10分)	相对平均偏差	≤0.6%	>0.6%	
		得分	10分	6分	
职业素养 (20分)	1. 着装符合职业要求(5分) 2. 正确操作使用仪器和设备(5分) 3. 操作环境整洁、有序(5分) 4. 文明礼貌,服从安排(5分)				
总　　分					

20. 试题编号：T-1-20 工业碳酸钙中碱度的测定

考核技能点编号：J-1-6

（1）任务描述

利用过量的盐酸与碳酸钙反应，加热除去 CO_2，用氢氧化钠溶液回滴过量的酸的方法，完成碳酸钙中碱度的测定，最终提交检验报告单。

①操作步骤。

称取 10 g 试样，精确至 0.001 g，置于 250 mL 锥形瓶中，加适量蒸馏水溶解。加入 2～3 滴溴百里酚蓝指示剂，用滴定管加盐酸标准溶液中和并过量 5 mL，记下体积。加热煮沸 2 min，再加入 2 滴溴百里酚蓝指示剂，用氢氧化钠标准溶液滴定至溶液由黄色变为蓝色，记下体积，平行三次。

②数据处理。

碱度以 $Ca(OH)_2$ 的质量分数 $w(\%)$ 计。

$$w = \frac{(C_1 V_1 - C_2 V_2) \times M}{m \times 1\,000} \times 100\%$$

式中：V_1——加入盐酸标准滴定溶液的体积，mL；

C_1——加入盐酸标准滴定溶液的浓度，mol/L；

V_2——消耗氢氧化钠标准滴定溶液的体积，mL；

C_2——氢氧化钠标准滴定溶液的浓度，mol/L；

M——氢氧化钙的摩尔质量，g/mol $\{M[\frac{1}{2}Ca(OH)_2] = 37.05\}$；

m——样品的质量，g。

③数据记录。

表 1-20-1　T-1-20 工业碳酸钙碱度测定的记录表

项　目	1	2	3
倾样前称量瓶加样品的质量(g)			
倾样后称量瓶加样品的质量(g)			
样品的质量(g)			
加入盐酸标准溶液体积(mL)			
加入盐酸标准溶液浓度(mol/L)			
滴定消耗氢氧化钠的体积(mL)			
氢氧化钠标准溶液的浓度 C(mol/L)			
碱度(%)			
平均碱度(%)			

（2）实施条件

①场地。

天平室、化学分析检验室。

②仪器、试剂。

表 1-20-2　T-1-20 仪器设备

名称	规格	数量	名称	规格	数量
碱式滴定管	50 mL	1支/人	锥形瓶	250 mL	3只/人
酸式滴定管	50 mL	1支/人	量筒	50 mL	1只/人
酒精灯	—	1个/人	璃仪器洗涤用具及其洗涤用试剂	—	公用
分析天平	—	公用			

表 1-20-3　T-1-20 试剂材料

名称	规格	浓度/数量	名称	规格	浓度/数量
NaOH 标准滴定溶液	—	0.1 mol/L	溴百里酚蓝	—	1 g/L
盐酸标准滴定溶液	—	0.1 mol/L	考核试样	—	—

备注:未注明要求时,试剂均为 AR,水为国家规定的实验室三级用水规格

(3)考核时量

90 分钟。

(4)评价标准

表 1-20-4　T-1-20 评价标准

评价内容及配分		评分标准	得分
操作规范 (60分)	称量 (10分)	检查天平,能准确称量并记录数据	
	滴定 (50分)	1. 洗涤不合要求,扣1分;没有试漏,扣1分 2. 没有润洗,扣2分;装液操作不正确,扣2分 3. 未排空气,扣2分;没有调零,扣2分 4. 加指示剂操作不当,扣2分;滴定姿势不正确,扣1分 5. 滴定速度控制不当,扣2分;摇瓶操作不正确,扣1分 6. 锥形瓶洗涤不合要求,扣2分 7. 滴定后补加溶液操作不当,扣1分 8. 半滴溶液加入控制不当,扣2分;终点判断不准确,扣2分 9. 读数操作不正确,扣2分;数据记录不正确,扣2分	

续表

评价内容及配分		评分标准			得分
结果 (20分)	测定结果 的准确度 (10分)	与标准值相对误差	≤0.6%	>0.6%	
		得分	10分	6分	
结果 (20分)	测定结果 的允许差 (10分)	相对平均偏差	≤0.6%	>0.6%	
		得分	10分	6分	
职业 素养 (20分)	1. 着装符合职业要求(5分) 2. 正确操作使用仪器和设备(5分) 3. 操作环境整洁、有序(5分) 4. 文明礼貌,服从安排(5分)				
总 分					

21. 试题编号:T‐1‐21 硫酸浓度的测定

考核技能点编号:J‐1‐6

(1)任务描述

采用酸碱滴定法,完成硫酸浓度的测定,最终提交样品检验报告单。

①操作步骤。

用滴瓶差减法准确称取0.7 g浓硫酸于已经装有50 mL蒸馏水的锥形瓶中,冷却至室温,加2～3滴甲基红-次甲基蓝混合指示剂,用0.1 mol/l的氢氧化钠标准滴定溶液滴定至溶液呈灰绿色为终点。记录滴定管读数V。

②数据处理。

硫酸的质量分数w(%):

$$w = \frac{X \times V \times M}{m \times 1\,000} \times 100\%$$

式中:C——氢氧化钠标准滴定溶液浓度,mol/L;

V——滴定耗用的氢氧化钠标准滴定溶液的体积的数值,mL;

M——硫酸的摩尔质量,g/mol[$M(\frac{1}{2}H_2SO_4) = 49.04$];

m——试料的质量的数值,g。

③数据记录。

表 1－21－1　T－1－21 硫酸测定的原始记录表

项　目	1	2	3
称量滴瓶和样品的质量(第一次读数)(g)			
称量滴瓶和样品的质量(第二次读数)(g)			
样品的质量 m(g)			
滴定消耗氢氧化钠标准溶液的体积(mL)			
氢氧化钠标准溶液的浓度 C(mol/L)			
样品中硫酸的含量 w(%)			
样品中硫酸的平均含量 $\overline{w}$(%)			

(2)实施条件

①场地。

天平室、化学分析检验室。

②仪器、试剂。

表 1－21－2　T－1－21 仪器设备

名称	规格	数量	名称	规格	数量
碱式滴定管	50 mL	1 支/人	刻度吸量管	5 mL	1 只/人
量筒	50 mL	1 只/人	烧杯	100 mL	1 只/人
洗瓶	500 mL	1 只/人	锥形瓶	250 mL	3 只/人
玻璃仪器洗涤用具及其洗涤用试剂	—	公用			

表 1－21－3　T－1－21 试剂材料

名称	规格	浓度/数量	名称	规格	浓度/数量
考核试样	—	—	甲基红-次甲基蓝混合指示剂	—	—
氢氧化钠标准溶液	—	0.1 mol/L			

备注:未注明要求时,试剂均为 AR,水为国家规定的实验室三级用水规格

(3)考核时量

90 分钟。

(4)评价标准

表 1-21-4　T-1-21 实施条件

评价内容及配分		评分标准			得分
操作 规范 (60分)	称量 (10分)	检查天平,能准确称量并记录数据			
	滴定 (50分)	1. 洗涤不合要求,扣2分;没有试漏,扣1分 2. 没有润洗,扣2分;装液操作不正确,扣2分 3. 未排空气,扣2分;没有调零,扣2分 4. 加指示剂操作不当,扣2分;滴定姿势不正确,扣1分 5. 滴定速度控制不当,扣2分;摇瓶操作不正确,扣1分 6. 锥形瓶洗涤不合要求,扣2分 7. 滴定后补加溶液操作不当,扣1分 8. 半滴溶液的加入控制不当,扣2分;终点判断不准确,扣2分 9. 读数操作不正确,扣2分;数据记录不正确,扣1分			
结果 (20分)	测定结果 的准确度 (10分)	与标准值相对误差	≤0.6%	>0.6%	
		得分	10分	6分	
	测定结果 的允许差 (10分)	相对平均偏差	≤0.6%	>0.6%	
		得分	10分	6分	
职业 素养 (20分)	1. 着装符合职业要求(5分) 2. 正确操作使用仪器和设备(5分) 3. 操作环境整洁、有序(5分) 4. 文明礼貌,服从安排(5分)				
总　　分					

22. 试题编号:T-1-22　烧碱浓度的测定

考核技能点编号:J-1-6

(1)任务描述

采用酸碱滴定法,完成碱浓度的测定,最终提交原始检验报告单。

①操作步骤。

用吸量管准确吸取试样 1~4 mL 于三角烧瓶中,加入约 50 mL 蒸馏水,混合均匀,加入 2~3滴 1 g/L 的酚酞指示剂。用 0.5 mol/L 的硫酸标准溶液滴定至溶液颜色由红色变为无色作为终点,记下硫酸消耗体积。

②数据处理。

氢氧化钠的浓度以质量浓度 X 计,数值以克每100毫升(g/100 mL)表示

$$X = \frac{C \times V_1 \times 40}{V \times 1\,000} \times 100$$

式中：C——硫酸标准溶液的浓度的数值，mol/L；

V_1——滴定消耗的硫酸标准溶液的体积，mL；

V——被测试样体积，mL；

40——氢氧化钠的摩尔质量，g/mol。

③数据记录。

表 1-22-1　T-1-22 烧碱测定的原始记录表

项　目	1	2	3
移取烧碱的体积(mL)			
滴定消耗硫酸标准溶液的体积(mL)			
硫酸标准溶液的浓度 C(mol/L)			
样品中氢氧化钠的质量 X(g/100mL)			
样品中氢氧化钠的平均质量尝试 $\overline{X}$(g/100mL)			

(2)实施条件

①场地。

化学分析检验室。

②仪器、试剂。

表 1-22-2　T-1-22 仪器设备

名称	规格	数量	名称	规格	数量
酸式滴定管	50 mL	1 支/人	刻度吸量管	5 mL	1 只/人
量筒	50 mL	1 只/人	玻璃仪器洗涤用具及其洗涤用试剂	—	公用

表 1-22-3　T-1-22 试剂材料

名称	规格	浓度/数量	名称	规格	浓度/数量
考核试样	—	—	酚酞指示剂	—	1 g/L
硫酸标准溶液	—	0.5 mol/L			

备注：未注明要求时，试剂均为 AR，水为国家规定的实验室三级用水规格

(3)考核时量

90 分钟。

(4)评价标准

表1-22-4 T-1-22评价标准

评价内容及配分		评分标准			得分
操作规范 (60分)	称量 (10分)	检查天平,能准确称量并记录数据			
	移液 (10分)	1. 洗涤不合要求,扣1分;未润洗或润洗不当,扣2分 2. 吸液操作不当,扣2分;放液操作不当,扣2分 3. 用后处理及放置不当,扣2分			
	滴定 (40分)	1. 洗涤不合要求,扣1分;没有试漏,扣1分 2. 没有润洗,扣2分;装液操作不正确,扣2分 3. 未排空气,扣2分;没有调零,扣2分 4. 加指示剂操作不当,扣2分;滴定姿势不正确,扣1分 5. 滴定速度控制不当,扣2分;摇瓶操作不正确,扣2分 6. 锥形瓶洗涤不合要求,扣2分 7. 滴定后补加溶液操作不当,扣1分 8. 半滴溶液的加入控制不当,扣2分;终点判断不准确,扣2分 9. 读数操作不正确,扣2分;数据记录不正确,扣1分			
结果 (20分)	测定结果的准确度 (10分)	与标准值相对误差	≤0.6%	>0.6%	
		得分	10分	6分	
	测定结果的允许差 (10分)	相对平均偏差	≤0.6%	>0.6%	
		得分	10分	6分	
职业素养 (20分)	1. 着装符合职业要求(5分) 2. 正确操作使用仪器和设备(5分) 3. 操作环境整洁、有序(5分) 4. 文明礼貌,服从安排(5分)				
总　　分					

23. 试题编号:T-1-23　铵盐中氮含量的测定(甲醛法)

考核技能点编号:J-1-6

(1)任务描述

利用弱酸强化的原理,将NH_4^+转化成较强的酸,用已标定的NaOH溶液对其进行滴定,抽样强碱滴弱酸的酸碱滴定法,完成铵盐中氮含量的测定,最终提交铵盐原始检验报告单。

①操作步骤。

称取1 g试样,精确至0.001 g,置于250 mL锥形瓶中,加100～120 mL水溶解,加15 mL甲醛溶液至试样溶液中,混匀,放置5 min,再加入3滴酚酞指示液,用氢氧化钠标准滴定溶液滴定至酚酞的红色褪去(pH=8.5),记下体积V。

②数据处理。

氨态氮含量 $w(\%)$ 按下式计算

$$w = \frac{C \times V \times 14.01}{m \times 1\,000} \times 100\%$$

式中：V——滴定试样用去氢氧化钠标准滴定溶液的体积，mL；

m——试样的质量，g；

C——氧化钠标准滴定溶液的浓度，mol/L；

14.01——氮的摩尔质量，g/mol。

③数据记录。

表 2‐23‐2 T‐1‐23 铵盐中氮含量测定的记录表

项　目	1	2	3
倾样前称量瓶加样品的质量(g)			
倾样后称量瓶加样品的质量(g)			
样品的质量(g)			
滴定消耗氢氧化钠的体积(mL)			
氢氧化钠标准溶液的浓度 C(mol/L)			
铵盐中氮的含量(%)			
铵盐中氮的平均含量(%)			

(2)实施条件

①场地。

天平室、化学分析检验室。

②仪器、试剂。

表 1‐23‐3 T‐1‐23 仪器设备

名称	规格	数量	名称	规格	数量
碱式滴定管	50 mL	1支/人	锥形瓶	250 mL	3只/人
量筒	50 mL	1只/人	烧杯	250 mL	1只/人
分析天平	—	公用	玻璃仪器洗涤用具及其洗涤用试剂	—	公用

表 1‐23‐3 T‐1—23 试剂材料

名称	规格	浓度/数量	名称	规格	浓度/数量
NaOH 标准滴定溶液	—	0.1 mol/L	酚酞指示剂	—	10 g/L
考核试样			甲醛溶液	—	250 g/L

备注：未注明要求时，试剂均为 AR，水为国家规定的实验室三级用水规格

（3）考核时量

90 分钟。

（4）评价标准

表 1-23-4　T-1-23 评价标准

评价内容及配分		评分标准			得分
操作规范（60分）	称量（10分）	检查天平，能准确称量并记录数据			
	滴定（50分）	1. 洗涤不合要求，扣1分；没有试漏，扣1分 2. 没有润洗，扣2分；装液操作不正确，扣2分 3. 未排空气，扣2分；没有调零，扣2分 4. 加指示剂操作不当，扣2分；滴定姿势不正确，扣1分 5. 滴定速度控制不当，扣2分；摇瓶操作不正确，扣1分 6. 锥形瓶洗涤不合要求，扣2分 7. 滴定后补加溶液操作不当，扣1分 8. 半滴溶液的加入控制不当，扣2分；终点判断不准确，扣2分 9. 读数操作不正确，扣2分；数据记录不正确，扣1分			
结果（20分）	测定结果的准确度（10分）	与标准值相对误差	≤0.6%	>0.6%	
		得分	10分	6分	
	测定结果的允许差（10分）	相对平均偏差	≤0.6%	>0.6%	
		得分	10分	6分	
职业素养（20分）	1. 着装符合职业要求（5分） 2. 正确操作使用仪器和设备（5分） 3. 操作环境整洁、有序（5分） 4. 文明礼貌，服从安排（5分）				
总　　分					

24. 试题编号：T-1-24　过氧化氢中游离酸含量的测定

考核技能点编号：J-1-6

（1）任务描述

采用酸碱滴定法，完成过氧化氢中游离酸含量的测定，提交原始检验报告单。

①操作步骤。

准确称取约 3.0 g 试样，置于已经装有 100 mL 不含二氧化碳的水的锥形瓶中，加入 2～3 滴甲基红-亚甲基蓝混合指示剂，用氢氧化钠标准滴定溶液滴定至溶液由紫红色变为暗蓝色即为终点，记下体积 V，平行三次。

②数据处理。

游离酸(以 H_2SO_4 计)的质量分数 w,数值以%表示:

$$w = \frac{V \times C \times \frac{1}{2}M}{m \times 1000} \times 100\%$$

式中:V——滴定所消耗的氢氧化钠标准溶液的体积,mL;

$\quad\quad C$——氢氧化钠标准溶液浓度,mol/L;

$\quad\quad m$——试样的质量,g;

$\quad\quad M$——硫酸的摩尔质量,g/mol[$M(H_2SO_4)=98.08$]。

③数据记录。

过氧化氢游离酸测定的原始记录表

项　目	1	2	3
样品的体积(g)			
滴定消耗氢氧化钠的体积(mL)			
氢氧化钠标准溶液的浓度 C(mol/L)			
样品中相当于硫酸的含量(%)			
样品中相当于硫酸的平均含量(%)			

(2)实施条件

①场地。

天平室,化学分析检验室。

②仪器、试剂。

表 1-24-2　T-1-24 仪器设备

名称	规格	数量	名称	规格	数量
微量滴定管	分度值 0.02 mL	1 支/人	锥形瓶	250 mL	3 只/人
量筒	100 mL	1 只/人	烧杯	200 mL	1 只/人
玻璃仪器洗涤用具 及其洗涤用试剂	公用				

表 1-24-2　T-1-24 试剂材料

名称	规格	浓度/数量	名称	规格	浓度/数量
NaOH 标准 滴定溶液	浓度由考核点标定	$C(NaOH)=$ 0.1 mol/L 左右	甲基红-次甲基 蓝混合指示剂	—	—
考核试样	—	—			

续表

名称	规格	浓度/数量	名称	规格	浓度/数量

备注:未注明要求时,试剂均为 AR,水为国家规定的实验室三级用水规格

(3)考核时量

90 分钟。

(4)评价标准

表 1-24-4　T-1-24 评分标准

评价内容及配分		评分标准			得分
操作规范 (60分)	称量 (10分)	检查天平,能准确称量并记录数据			
	滴定 (50分)	1. 洗涤不合要求,扣1分;没有试漏,扣1分 2. 没有润洗,扣2分;装液操作不正确,扣2分 3. 未排空气,扣2分;没有调零,扣2分 4. 加指示剂操作不当,扣2分;滴定姿势不正确,扣1分 5. 滴定速度控制不当,扣2分;摇瓶操作不正确,扣1分 6. 锥形瓶洗涤不合要求,扣2分 7. 滴定后补加溶液操作不当,扣1分 8. 半滴溶液的加入控制不当,扣2分;终点判断不准确,扣2分 9. 读数操作不正确,扣2分;数据记录不正确,扣1分			
结果 (20分)	测定结果的准确度 (10分)	与标准值相对误差	≤0.6%	>0.6%	
		得分	10 分	6 分	
	测定结果的允许差 (10分)	相对平均偏差	≤0.6%	>0.6%	
		得分	10 分	6 分	
职业素养 (20分)	1. 着装符合职业要求(5分) 2. 正确操作使用仪器和设备(5分) 3. 操作环境整洁、有序(5分) 4. 文明礼貌,服从安排(5分)				
	总　　分				

25. 试题编号:T-1-25　氧化锌纯度的测定

考核技能点编号:J-1-6

(1)任务描述

用 EDTA 直接滴定法测定氧化锌的纯度,提交分析检测结果。

①操作步骤。

准确称取 0.5 g 氧化锌试样,精确至 0.000 1g,置于 300 mL 烧杯中,加水润湿,加 10 mL 1+3 的硫酸,盖皿,微热至完全溶解,取下稍冷,以水洗表面皿及杯壁。定量转入 250 mL 容量瓶中,定容、摇匀。用移液管吸取 25.00 mL 于锥形瓶中,加入 1 滴甲基红,用 1+1 的氨水中和至黄色,再用 1+3 硫酸中和至红色,以水洗杯壁。加入 20 mL 六次甲基四胺-硫酸缓冲溶液,加入 12.5 mL 亚硫酸钠溶液,加入 20 mL 碘化钾溶液,加入 0.1 g 抗坏血酸固体,加 2～3 滴二甲酚橙指示剂,用 EDTA 标准溶液滴定至亮黄色为终点,记录消耗 EDTA 的体积。

②数据处理。

$$w(\text{ZnO}) = \frac{C \cdot V \times 10^{-3} \times M}{m} \times 100\%$$

式中:C——乙二胺四乙酸二钠标准溶液的物质的量浓度,mol/L;

V——测定样品消耗乙二胺四乙酸二钠标准溶液的体积,mL;

M——氧化锌的摩尔质量,g/mol[$M(\text{ZnO})=81.38$];

m——工业氧化锌的质量,g。

③数据记录。

表 1-25-1　T-1-25 数据记录表

项　目	1	2	3
EDTA 标准溶液的浓度 C(EDTA)(mol/L)			
称量瓶和氧化锌样品的质量(第一次读数)(g)			
称量瓶和氧化锌样品的质量(第二次读数)(g)			
氧化锌样品的质量 m(g)			
测定消耗 EDTA 标准溶液的体积(mL)			
氧化锌的含量(%)			
氧化锌的含量的平均值(%)			

(2)实施条件

①场地。

天平室,化学分析检验室。

②仪器、试剂。

表 1-25-2　T-1-25 仪器设备

名称	规格	数量	名称	规格	数量
酸式滴定管	50 mL	1 支/人	滴管	—	2 支/人
量筒	25 mL	4 只/人	烧杯	300 mL	3 只/人
表面皿	—	3 个/人	洗瓶	500 mL	1 只/人
锥形瓶	250 mL	3 个/人	容量瓶	250 mL	1 个/人

续表

名称	规格	数量	名称	规格	数量
移液管	25 mL	1只/人	玻璃仪器洗涤用具及其洗涤用试剂		公用
电热板	—	公用			

表 1-25-3　T-1-25 试剂材料

名称	规格	浓度/数量	名称	规格	浓度/数量
EDTA 标准滴定溶液	浓度由考核点标定好	$C(EDTA)=$ 0.02 mol/L 左右	甲基橙指示剂	—	1 g/L
硫酸	—	1+3	二甲酚橙指示剂	—	2 g/L
氨水	—	1+1	碘化钾	—	200 g/L
亚硫酸钠	—	15%亚硫酸	六次甲基四胺-硫酸缓冲溶液	pH=5～6	—
抗坏血酸	AR	—	考核试样	工业氧化锌	10 g

备注:未注明要求时,试剂均为 AR,水为国家规定的实验室三级用水规格

（3）考核时量

90 分钟。

（4）评价标准

表 1-25-4　T-1-25 评价标准

评价内容及配分		评分标准	得分
操作规范（60分）	称量（10分）	检查天平,能准确称量并记录数据	
	定容（10分）	1. 洗涤不合要求,扣 1 分;没有试漏,扣 1 分 2. 试样溶解操作不当,扣 2 分;溶液转移操作不当,扣 2 分 3. 定容操作不当,扣 2 分;摇匀操作不当,扣 2 分	
	移液（10分）	1. 洗涤不合要求,扣 1 分;未润洗或润洗不当,扣 3 分 2. 吸液操作不当,扣 2 分;放液操作不当,扣 2 分 3. 用后处理及放置不当,扣 2 分	
	滴定（30分）	1. 洗涤不合要求,扣 0.5 分;没有试漏,扣 0.5 分 2. 没有润洗,扣 1 分;装液操作不正确,扣 1 分 3. 未排空气,扣 1 分;没有调零,扣 1 分 4. 加指示剂操作不当扣 1 分;滴定姿势不正确扣 0.5 分 5. 滴定速度控制不当,扣 1 分;摇瓶操作不正确,扣 1 分 6. 锥形瓶洗涤不合要求,扣 1 分 7. 滴定后补加溶液操作不当,扣 0.5 分 8. 半滴溶液的加入控制不当,扣 2 分;终点判断不准确,扣 1 分 9. 读数操作不正确,扣 1 分;数据记录不正确,扣 0.5 分	

续表

评价内容及配分		评分标准			得分
结果 (20分)	测定结果 的准确度 (10分)	与标准值相对误差	≤0.6%	>0.6%	
		得分	10分	6分	
	测定结果 的允许差 (10分)	相对平均偏差	≤0.6%	>0.6%	
		得分	10分	6分	
职业 素养 (20分)	1. 着装符合职业要求(5分) 2. 正确操作使用仪器和设备(5分) 3. 操作环境整洁、有序(5分) 4. 文明礼貌,服从安排(5分)				
总　　分					

26. 试题编号:T-1-26　工业硫酸铝中铝含量的测定

考核技能点编号:J-1-6

(1)任务描述

用 EDTA 返滴定法测定工业硫酸铝中铝的含量,提交分析检测结果。

①操作步骤。

准确称取工业硫酸铝试样 1.5~1.9 g 于小烧杯中,加水溶解,定量转入 250 mL 容量瓶中,定容、摇匀。用移液管吸取 25.00 mL 于锥形瓶中,加入 $C(EDTA)=0.02mol/L$ EDTA 标准溶液 30.00 mL,加百里酚蓝指示剂 4 滴,用 1+1 的氨水调节恰好呈黄色(pH=3~3.5),煮沸后加六亚甲基四胺 20 mL,流水冷却,加二甲酚橙指示剂 2 滴,用锌离子标准滴定溶液滴定至黄色变成紫红色。

②数据处理。

$$w(Al) = \frac{[C(EDTA)V(EDTA) - C(Zn^{2+})V(Zn^{2+})] \times 10^{-3} \times M(Al)}{m \times \dfrac{25.00}{250.0}} \times 100\%$$

式中:$C(EDTA)$——乙二胺四乙酸二钠标准溶液的物质的量浓度,mol/L;

$\quad\quad V(EDTA)$——乙二胺四乙酸二钠标准溶液的体积,mL;

$\quad\quad C(Zn^{2+})$——锌离子标准溶液的物质的量浓度,mol/L;

$\quad\quad V(Zn^{2+})$——锌离子标准溶液的体积,mL;

$\quad\quad M(Al)$——铝的摩尔质量[$M(Al)=26.98$],g/mol;

$\quad\quad m$——工业硫酸铝的质量,g。

③数据记录。

表 1-26-1　T-1-26 数据记录表

项　目	1	2	3
EDTA 标准溶液的浓度 $C(EDTA)$(mol/L)			
锌离子标准溶液的浓度 $C(Zn^{2+})$(mol/L)			

续表

项　目	1	2	3
称量瓶和硫酸铝样品的质量(第一次读数)(g)			
称量瓶和硫酸铝样品的质量(第二次读数)(g)			
硫酸铝样品的质量 m(g)			
用滴定管排放 EDTA 标准溶液的体积(mL)			
测定消耗锌离子标准溶液的体积(mL)			
铝的含量(%)			
铝含量的平均值(%)			

(2)实施条件

①场地。

天平室,化学分析检验室。

②仪器、试剂。

表 1-26-2　T-1-26 仪器设备

名称	规格	数量	名称	规格	数量
酸式滴定管	50 mL	2 支/人	移液管	25 mL	1 只/人
量筒	50 mL	1 只/人	烧杯	100 mL	1 只/人
容量瓶	250 mL	1 个/人	锥形瓶	250 mL	3 只/人
洗瓶	500 mL	1 只/人	滴管		1 支/人
电热板	—	公用	玻璃仪器洗涤用具及其洗涤用试剂	—	公用

表 1-26-3　T-1-26 试剂材料

名称	规格	浓度/数量	名称	规格	浓度/数量
EDTA 标准滴定溶液	浓度由考核点标定好	$C(EDTA)=$ 0.02 mol/L 左右	锌离子标准滴定溶液	浓度由考核点提供	$C(Zn^{2+})=$ 0.02 mol/L 左右
氨水	—	1+1	六亚甲基四胺	AR	—
百里酚蓝指示剂	—	1 g/L	二甲酚橙指示剂	—	2 g/L
考核试样	工业硫酸铝	10 g			

备注:未注明要求时,试剂均为AR,水为国家规定的实验室三级用水规格

(3)考核时量

90 分钟。

(4)评价标准

表 1-26-4 T-1-26评价标准

评价内容及配分		评分标准			得分
操作规范(60分)	称量(10分)	检查天平,能准确称量并记录数据			
	定容(10分)	1. 洗涤不合要求,扣1分;没有试漏,扣1分 2. 试样溶解操作不当,扣2分;溶液转移操作不当,扣2分 3. 定容操作不当,扣2分;摇匀操作不当,扣2分			
	移液(10分)	1. 洗涤不合要求,扣1分;未润洗或润洗不当,扣3分 2. 吸液操作不当,扣2分;放液操作不当,扣2分 3. 用后处理及放置不当,扣2分			
	滴定(30分)	1. 洗涤不合要求,扣0.5分;没有试漏,扣0.5分 2. 没有润洗,扣1分;装液操作不正确,扣1分 3. 未排空气,扣1分;没有调零,扣1分 4. 加指示剂操作不当,扣1分;滴定姿势不正确,扣0.5分 5. 滴定速度控制不当,扣1分;摇瓶操作不正确,扣1分 6. 锥形瓶洗涤不合要求,扣1分 7. 滴定后补加溶液操作不当,扣0.5分 8. 半滴溶液的加入控制不当,扣2分;终点判断不准确,扣1分 9. 读数操作不正确,扣1分;数据记录不正确,扣0.5分			
结果(20分)	测定结果的准确度(10分)	与标准值相对误差	≤0.6%	>0.6%	
		得分	10分	6分	
	测定结果的允许差(10分)	相对平均偏差	≤0.6%	>0.6%	
		得分	10分	6分	
职业素养(20分)		1. 着装符合职业要求(5分) 2. 正确操作使用仪器和设备(5分) 3. 操作环境整洁、有序(5分) 4. 文明礼貌,服从安排(5分)			
总　　分					

27. 试题编号:T-1-27 六水合氯化镍纯度的测定

考核技能点编号:J-1-6

(1)任务描述

用EDTA直接滴定法测定六水合氯化镍的纯度,提交分析检测结果。

①操作步骤。

称取试样约0.4 g,精确至0.000 1g,加水70 mL溶解,加入10 mL氨-氯化铵缓冲溶液甲和0.1 g紫脲酸铵指示剂,摇匀,用EDTA标液滴定至溶液呈蓝紫色为终点,记下消耗体积V,

平行测定三次。

②数据处理。

$$w(NiCl_2 \cdot 6H_2O) = \frac{C \times V \times 10^{-3} \times M}{m} \times 100\%$$

式中:C——乙二胺四乙酸二钠标准溶液的物质的量浓度,mol/L;

   V——测定试样消耗乙二胺四乙酸二钠标准溶液的体积,mL;

   M——六水合氯化镍的摩尔质量,g/mol[$M(NiCl_2 \cdot 6H_2O) = 237.3$];

   m——六水合氯化镍试样的质量,g。

③数据记录。

表 1-27-1 T-1-27 数据记录表

项 目	1	2	3
EDTA 标准溶液的浓度 C(EDTA)(mol/L)			
称量瓶和六水合氯化镍试样的质量(g)(第一次读数)			
称量瓶和六水合氯化镍试样的质量(g)(第二次读数)			
六水合氯化镍试样的质量 m(g)			
测定消耗 EDTA 标准溶液的体积(mL)			
六水合氯化镍的含量(%)			
六水合氯化镍的含量的平均值(%)			

(2)实施条件

①场地。

天平室,化学分析检验室。

②仪器、试剂。

表 1-27-2 T-1-27 仪器设备

名称	规格	数量	名称	规格	数量
酸式滴定管	50 mL	1 支/人	锥形瓶	250 mL	3 只/人
量筒	25 mL	2 只/人	洗瓶	500 mL	1 只/人
玻璃仪器洗涤用具及其洗涤用试剂	—	公用			

表 1-27-3 T-1-27 试剂材料

名称	规格	浓度/数量	名称	规格	浓度/数量
EDTA 标准滴定溶液	浓度由考核点标定好	C(EDTA) = 0.05 mol/L 左右	紫脲酸铵指示剂	—	与 NaCl 按 1:100 质量比混合

续表

名称	规格	浓度/数量	名称	规格	浓度/数量
氨-氯化铵缓冲溶液甲	pH=10	—	考核试样	六水合氯化镍试样	5 g

备注:未注明要求时,试剂均为 AR,水为国家规定的实验室三级用水规格

(3)考核时量

90 分钟。

(4)评价标准

表 1 - 27 - 4   T - 1 - 27 评价标准

评价内容及配分		评分标准			得分
操作规范(60分)	称量(10分)	检查天平,能准确称量并记录数据			
	滴定(50分)	1. 洗涤不合要求,扣1分;没有试漏,扣1分; 2. 没有润洗,扣2分;装液操作不正确,扣2分 3. 未排空气,扣2分;没有调零,扣2分 4. 加指示剂操作不当,扣2分;滴定姿势不正确,扣1分 5. 滴定速度控制不当,扣2分;摇瓶操作不正确,扣2分 6. 锥形瓶洗涤不合要求,扣2分 7. 滴定后补加溶液操作不当,扣1分 8. 半滴溶液的加入控制不当,扣2分;终点判断不准确,扣2分 9. 读数操作不正确,扣2分;数据记录不正确,扣1分			
结果(20分)	测定结果的准确度(10分)	与标准值相对误差	≤0.6%	>0.6%	
		得分	10 分	6 分	
	测定结果的允许差(10分)	相对平均偏差	≤0.6%	>0.6%	
		得分	10 分	6 分	
职业素养(20分)	1. 着装符合职业要求(5分) 2. 正确操作使用仪器和设备(5分) 3. 操作环境整洁、有序(5分) 4. 文明礼貌,服从安排(5分)				
总　　分					

28. 试题编号:T - 1 - 28   工业乙酸钴中乙酸钴含量的测定

考核技能点编号:J - 1 - 6

(1)任务描述

用 EDTA 直接滴定法测定工业乙酸钴中乙酸钴的含量,提交分析检测结果。

①操作步骤。

称取试样约 0.5g,精确至 0.000 1g,加少量水溶解,移入 250 mL 容量瓶中,加 36% 乙酸 5 mL,加水稀释至刻度,摇匀。准确移取 25.00 mL 试液置于 250 mL 锥形瓶中,加水 75 mL 后,加入 0.2g 紫脲酸铵指示剂,滴加氨水溶液,使溶液呈黄色,用 EDTA 标准滴定溶液滴定,当溶液呈现橙红色时,再滴加氨水溶液,使溶液呈黄色,继续滴定溶液变为玫瑰色即为终点,记下消耗体积 V,平行测定三次。

②数据处理。

$$w\left[Co(CH_3COO)_2 \cdot 4H_2O\right] = \frac{C \times V \times 10^{-3} \times M}{m \times \dfrac{25}{250}} \times 100\%$$

式中:C——乙二胺四乙酸二钠标准溶液的物质的量浓度,mol/L;

V——测定试样消耗乙二胺四乙酸二钠标准溶液的体积,mL;

M——四水合乙酸钴的摩尔质量,g/mol$\{M\left[Co(CH_3COO)_2 \cdot 4H_2O\right] = 249.1\}$;

m——工业乙酸钴试样的质量,g。

③数据记录。

表 2-28-1　T-1-28 数据记录表

项　目			
EDTA 标准溶液的浓度 C(EDTA)(mol/L)			
称量瓶和工业乙酸钴试样的质量(g)(第一次读数)			
称量瓶和工业乙酸钴试样的质量(g)(第二次读数)			
工业乙酸钴试样的质量 m(g)			
测定消耗 EDTA 标准溶液的体积(mL)			
四水合乙酸钴的含量(%)			
四水合乙酸钴的含量的平均值(%)			

(2)实施条件

①场地。

天平室,化学分析检验室。

②仪器、试剂。

表 1-28-2　T-1-28 仪器设备

名称	规格	数量	名称	规格	数量
酸式滴定管	50 mL	1 支/人	锥形瓶	250 mL	3 只/人
量筒	10 mL	1 只/人	洗瓶	500 mL	1 只/人
量筒	100 mL	1 只/人	移液管	25 mL	1 支/人
容量瓶	250 mL	1 只/人	玻璃仪器洗涤用具及其洗涤用试剂	—	公用

表 1-28-3　T-1-28 试剂材料

名称	规格	浓度/数量	名称	规格	浓度/数量
EDTA 标准滴定溶液	浓度由考核点标定好	$C_{EDTA}=$ 0.02 mol/L 左右	紫脲酸铵指示剂	—	与 NaCl 按 1:100 质量比混合
氨水	—	1+10	乙酸	—	30%
考核试样	工业乙酸钴试样	5 g			

备注：未注明要求时，试剂均为 AR，水为国家规定的实验室三级用水规格

（3）考核时量

90 分钟。

（4）评价标准

表 1-28-4　T-1-28 评价标准

评价内容及配分		评分标准			得分
操作规范（60分）	称量（10分）	检查天平，能准确称量并记录数据			
	定容（10分）	1. 洗涤不合要求，扣1分；没有试漏，扣1分 2. 试样溶解操作不当，扣2分；溶液转移操作不当，扣2分 3. 定容操作不当，扣2分；摇匀操作不当，扣2分			
	移液（10分）	1. 洗涤不合要求，扣1分；未润洗或润洗不当，扣3分 2. 吸液操作不当，扣2分；放液操作不当，扣2分 3. 用后处理及放置不当，扣2分			
	滴定（30分）	1. 洗涤不合要求，扣0.5分；没有试漏，扣0.5分 2. 没有润洗，扣1分；装液操作不正确，扣1分 3. 未排空气，扣1分；没有调零，扣1分 4. 加指示剂操作不当，扣1分；滴定姿势不正确，扣0.5分 5. 滴定速度控制不当，扣1分；摇瓶操作不正确，扣1分 6. 锥形瓶洗涤不合要求，扣1分 7. 滴定后补加溶液操作不当，扣0.5分 8. 半滴溶液的加入控制不当，扣2分；终点判断不准确，扣1分 9. 读数操作不正确，扣1分；数据记录不正确，扣0.5分			
结果（20分）	测定结果的准确度（10分）	与标准值相对误差	≤0.6%	>0.6	
		得分	10分	6分	
	测定结果的允许差（10分）	相对平均偏差	≤0.6%	>0.6%	
		得分	10分	6分	

续表

评价内容及配分	评分标准	得分
职业 素养 (20分)	1. 着装符合职业要求(5分) 2. 正确操作使用仪器和设备(5分) 3. 操作环境整洁、有序(5分) 4. 文明礼貌,服从安排(5分)	
总　分		

29. 试题编号:T-1-29　自来水总硬度的测定

考核技能点编号:J-1-6

(1)任务描述

用 EDTA 滴定分析法滴定自来水中钙、镁离子总含量,提交分析检测结果。

①操作步骤。

移取自来水样品 50.00 mL 于锥形瓶中,加 10 mL pH=10 的氨水-氯化铵缓冲溶液甲,铬黑 T 指示剂 4 滴,用 EDTA 标液滴定至溶液由红色变为纯蓝色,记下体积 V。平行测定三次。

②数据处理。

$$\rho_{总}(CaCO_3) = \frac{C \times V \times 10^3 \times M}{V}$$

式中:C——乙二胺四乙酸二钠标准溶液的物质的量浓度,mol/L;

　　　V——测定总硬度消耗乙二胺四乙酸二钠标准溶液的体积,mL;

　　　M——碳酸钙的摩尔质量,g/mol[$M(CaCO_3)=100.09$];

　　　V——水样的体积,mL。

③数据记录。

表 1-29-1　T-1-29 数据记录表

项　目	1	2	3
EDTA 标准溶液的浓度 C(EDTA)(mol/L)			
移取水样的体积 V(mL)			
测定总硬度消耗 EDTA 标准溶液的体积(mL)			
总硬度(mg/L)			
总硬度的平均值(mg/L)			

(2)实施条件

①场地。

天平室,化学分析检验室。

②仪器、试剂。

表 1-29-2　T-1-29 仪器设备

名称	规格	数量	名称	规格	数量
酸式滴定管	50 mL	1 支/人	移液管	50 mL	1 只/人
量筒	50 mL	1 只/人	烧杯	100 mL	1 只/人
容量瓶	250 mL	1 个/人	锥形瓶	250 mL	3 只/人
洗瓶	500 mL	1 只/人	滴管		1 支/人
玻璃仪器洗涤用具及其洗涤用试剂	—	公用			

表 1-29-3　T-1-29 试剂材料

名称	规格	浓度/数量	名称	规格	浓度/数量
EDTA 标准滴定溶液	浓度由考核点标定好	C(EDTA)=0.02 mol/L 左右	氨-氯化铵缓冲溶液甲	pH=10	—
氢氧化钠	—	5mol/L	铬黑 T 指示剂	—	1 g/L
钙指示剂	—	与 NaCl 按 1:100 质量比混合	考核试样	自来水	300 mL

备注:未注明要求时,试剂均为 AR,水为国家规定的实验室三级用水规格

(3)考核时量

90 分钟。

(4)评价标准

表 1-29-4　T-1-29 评价标准

评价内容及配分		评分标准	得分
操作规范(60 分)	移液(10 分)	1. 洗涤不合要求,扣 1 分;未润洗或润洗不当,扣 3 分 2. 吸液操作不当,扣 2 分;放液操作不当,扣 2 分 3. 用后处理及放置不当,扣 2 分	
	滴定(50 分)	1. 洗涤不合要求,扣 1 分;没有试漏,扣 1 分 2. 没有润洗,扣 2 分;装液操作不正确,扣 2 分 3. 未排空气,扣 2 分;没有调零,扣 2 分 4. 加指示剂操作不当,扣 2 分;滴定姿势不正确,扣 1 分 5. 滴定速度控制不当,扣 2 分;摇瓶操作不正确,扣 2 分 6. 锥形瓶洗涤不合要求,扣 2 分 7. 滴定后补加溶液操作不当,扣 1 分 8. 半滴溶液的加入控制不当,扣 2 分;终点判断不准确,扣 2 分 9. 读数操作不正确,扣 2 分;数据记录不正确,扣 1 分	

续表

评价内容及配分		评分标准			得分
结果 (20分)	测定结果的准确度 (10分)	与标准值相对误差	≤0.6%	>0.6%	
		得分	10	6	
	测定结果的允许差 (10分)	相对平均偏差	≤0.6%	>0.6%	
		得分	10	6	
职业素养 (20分)	1. 着装符合职业要求(5分) 2. 正确操作使用仪器和设备(5分) 3. 操作环境整洁、有序(5分) 4. 文明礼貌,服从安排(5分)				
总　　分					

30. 试题编号:T－1－30　工业氯化镁中钙含量的测定

考核技能点编号:J－1－6

(1)任务描述

用沉淀掩蔽法分别测定工业氯化镁中钙的含量,提交分析检测结果。

①操作步骤。

称取约 10.00 g 试样,精确至 0.000 1g,溶解,转移至 100 mL 容量瓶,稀释至刻度,摇匀。吸取上述溶液 20.00 mL 于 250 mL 容量瓶中,稀释至刻度,摇匀,待测。

吸取 10.00 mL 的待测溶液,于 250 mL 锥形瓶中,加水至 25 mL,加入 2 mL NaOH 溶液和约 10 mg 钙指示剂,用 EDTA 标液滴定至溶液由红色变为纯蓝色,记下体积 V_1。平行测定三次。

②数据处理。

$$w(\text{Ca}) = \frac{C \times V_1 \times 10^3 \times M}{m \times \dfrac{10.00}{250.0}} \times 100\%$$

式中:C——乙二胺四乙酸二钠标准溶液的物质的量浓度,mol/L;

　　　V_1——测定钙时消耗乙二胺四乙酸二钠标准溶液的体积,mL;

　　　V_2——测定钙镁总量时消耗乙二胺四乙酸二钠标准溶液的体积,mL;

　　　M——钙的摩尔质量,g/mol[$M(\text{Ca})=40.08$];

　　　m——氯化镁试样的质量,g。

③数据记录。

表 1-30-1　T-1-30 数据记录表

项　目	1	2	3
EDTA 标准溶液的浓度 C(EDTA)(mol/L)			
称量瓶和试样的质量(第一次读数)(g)			

续表

项　目	1	2	3
称量瓶和试样的质量(第二次读数)(g)			
工业氯化镁试样的质量 m(g)			
钙的含量(%)			
钙的含量的平均值(%)			

(2)实施条件

①场地。

天平室,化学分析检验室。

②仪器、试剂。

表1-30-2　T-1-30仪器设备

名称	规格	数量	名称	规格	数量
酸式滴定管	50 mL	1 支/人	移液管	10 mL	2 只/人
量筒	10 mL	2 只/人	移液管	20 mL	1 只/人
容量瓶	250 mL	1 个/人	烧杯	100 mL	1 只/人
容量瓶	100 mL	1 个/人	锥形瓶	250 mL	3 只/人
洗瓶	500 mL	1 只/人	滴管	—	1 支/人
玻璃仪器洗涤用具及其洗涤用试剂	公用				

表1-30-2　T-1-30试剂材料

名称	规格	浓度/数量	名称	规格	浓度/数量
EDTA 标准滴定溶液	浓度由考核点标定好	C(EDTA)=0.02 mol/L 左右	氨-氯化铵缓冲溶液	pH=10	—
氢氧化钠	—	2 mol/L	铬黑 T 指示剂	—	2 g/L
钙指示剂	—	与 NaCl 按 1:100 质量比混合	考核试样	氯化镁试样	20 g

备注:未注明要求时,试剂均为 AR,水为国家规定的实验室三级用水规格

(3)考核时量

90 分钟。

（4）评价标准

表 1-30-4 T-1-30 评价标准

评价内容及配分		评分标准			得分
操作规范（60分）	称量（10分）	检查天平,能准确称量并记录数据			
	定容（10分）	1. 洗涤不合要求,扣1分;没有试漏,扣1分 2. 试样溶解操作不当,扣2分;溶液转移操作不当,扣2分 3. 定容操作不当,扣2分;摇匀操作不当,扣2分			
	移液（10分）	1. 洗涤不合要求,扣1分;未润洗或润洗不当,扣3分 2. 吸液操作不当,扣2分;放液操作不当,扣2分 3. 用后处理及放置不当,扣2分			
	滴定（30分）	1. 洗涤不合要求,扣0.5分;没有试漏,扣0.5分 2. 没有润洗,扣1分;装液操作不正确,扣1分 3. 未排空气,扣1分;没有调零,扣1分 4. 加指示剂操作不当,扣1分;滴定姿势不正确,扣0.5分 5. 滴定速度控制不当,扣1分;摇瓶操作不正确,扣1分 6. 锥形瓶洗涤不合要求,扣1分 7. 滴定后补加溶液操作不当,扣0.5分 8. 半滴溶液的加入控制不当,扣2分;终点判断不准确,扣1分 9. 读数操作不正确,扣1分;数据记录不正确,扣0.5分			
结果（20分）	测定结果的准确度（10分）	与标准值相对误差	≤0.6%	>0.6%	
		得分	10分	6分	
	测定结果的允许差（10分）	相对平均偏差	≤0.6%	>0.6%	
		得分	10分	6分	
职业素养（20分）		1. 着装符合职业要求(5分) 2. 正确操作使用仪器和设备(5分) 3. 操作环境整洁、有序(5分) 4. 文明礼貌,服从安排(5分)			
总　　分					

31. 试题编号:T-1-31 过氧化氢含量的测定

考核技能点编号:J-1-6

（1）任务描述

采用氧化还原滴定法,完成过氧化氢含量的测定,提交分析检验结果。

①操作步骤。

称取 0.2 g 样品,精确至 0.000 1 g,加 25 mL 水,加 10 mL 硫酸溶液(质量分数为 20%),

用高锰酸钾标准滴定溶液[$C(\frac{1}{5}KMnO_4)=0.1mol/L$]滴定至溶液呈粉红色,保持30 s。平行测定三次。

②数据处理。

过氧化氢的质量分数 w,数值以"%"表示,按下式计算:

$$w=\frac{V\times C\times M}{m\times 1\,000}\times 100\%$$

式中:V——高锰酸钾标准滴定溶液的体积,mL;

C——高锰酸钾标准滴定溶液的浓度,mol/L;

M——过氧化氢的摩尔质量,g/mol[$M(\frac{1}{2}H_2O_2)=17.01$];

m——样品的质量,g。

③数据记录。

表1-31-1　T-1-31过氧化氢含量测定记录表

项　目	1	2	3
滴瓶和样品质量(第一次读数)(g)			
滴瓶和样品质量(第二次读数)(g)			
样品的质量 m(g)			
滴定消耗高锰酸钾标准溶液的体积(mL)			
高锰酸钾标准溶液的浓度 C(mol/L)			
样品中过氧化氢的含量 w(%)			
样品中过氧化氢的平均含量 $\overline{w}$(%)			

(2)实施条件

①场地。

天平室,化学分析检验室。

②仪器、试剂。

表1-31-2　T-1-31仪器设备

名称	规格	数量	名称	规格	数量
碱式滴定管	50 mL	1 支/人	锥形瓶	250 mL	3 只/人
量筒	50 mL 10 mL	1 只/人 1 只/人	洗瓶	500 mL	1 只/人
玻璃仪器洗涤用具及其洗涤用试剂	—	公用			

表 1-31-3 T-1-31 试剂材料

名称	规格	浓度/数量	名称	规格	浓度/数量
高锰酸钾标准溶液 $C(\frac{1}{5}KMnO_4)$	—	约 0.1 mol/L	硫酸溶液		20%
过氧化氢样品	—	30%			

备注:未注明要求时,试剂均为 AR,水为国家规定的实验室三级用水规格

(3)考核时量

90 分钟。

(4)评价标准

表 1-31-4 T-1-31 评价标准

评价内容及配分		评分标准			得分
操作规范 (60分)	称量 (10分)	检查天平,能准确称量并记录数据			
	滴定 (50分)	1. 洗涤不合要求,扣 1 分;没有试漏,扣 1 分 2. 没有润洗,扣 2 分;装液操作不正确,扣 2 分 3. 未排空气,扣 2 分;没有调零,扣 2 分 4. 加指示剂操作不当,扣 2 分;滴定姿势不正确,扣 1 分 5. 滴定速度控制不当,扣 2 分;摇瓶操作不正确,扣 2 分 6. 锥形瓶洗涤不合要求,扣 2 分 7. 滴定后补加溶液操作不当,扣 1 分 8. 半滴溶液的加入控制不当,扣 2 分;终点判断不准确,扣 2 分 9. 读数操作不正确,扣 2 分;数据记录不正确,扣 1 分。			
结果 (20分)	测定结果的准确度 (10分)	与标准值相对误差	≤0.6%	>0.6%	
		得分	10 分	6 分	
	测定结果的允许差 (10分)	相对平均偏差	≤0.6%	>0.6%	
		得分	10 分	6 分	
职业素养 (20分)	1. 着装符合职业要求(5分) 2. 正确操作使用仪器和设备(5分) 3. 操作环境整洁、有序(5分) 4. 文明礼貌,服从安排(5分)				
总　分					

32. 试题编号:T-1-32 七水合硫酸亚铁(硫酸亚铁)含量的测定

考核技能点编号:J-1-6

(1)任务描述

采用氧化还原滴定法,完成硫酸亚铁含量的测定,提交分析检验报结果。

①操作步骤。

称取 1 g 样品,精确至 0.000 1 g,溶于 100 mL 无氧的水中,加 10 mL 硫酸溶液、5 mL 磷酸溶液,立即用高锰酸钾标准滴定溶液[$C(\frac{1}{5}KMnO_4)$]滴定至溶液呈粉红色,保持 30 s。平行测定三次。

②数据处理。

七水硫酸亚铁的质量分数 w,数值以"%"表示,按下式计算:

$$w = \frac{V \times C \times M}{m \times 1\ 000} \times 100\%$$

式中:V——高锰酸钾标准滴定溶液的体积,mL;

C——高锰酸钾标准滴定溶液的浓度,mol/L;

M——七水合硫酸亚铁的摩尔质量,g/mol[$M(FeSO_4 \cdot 7H_2O) = 278.0$];

m——样品的质量,g。

③数据记录。

表 1-31-1 T-1-32 硫酸亚铁含量测定记录表

项 目	1	2	3
称量瓶和样品的质量(第一次读数)(g)			
称量瓶和样品的质量(第二次读数)(g)			
样品的质量 m(g)			
滴定消耗高锰酸钾标准溶液的体积(mL)			
高锰酸钾标准溶液的浓度 C(mol/L)			
样品中七水合硫酸亚铁的含量(%)			
样品中七水合硫酸亚铁的平均含量(%)			

(2)实施条件

①场地。

天平室,化学分析检验室。

②仪器、试剂。

表 1-32-2 T-1-32 仪器设备

名称	规格	数量	名称	规格	数量
酸式滴定管	50 mL	1 支/人	锥形瓶	250 mL	3 只/人

续表

名称	规格	数量	名称	规格	数量
量筒	100 mL 10 mL	1 只/人 2 只/人	洗瓶	500 mL	1 只/人
玻璃仪器洗涤用具 及其洗涤用试剂	—	公用			

表 1-32-4 T-1-32 试剂材料

名称	规格	浓度/数量	名称	规格	浓度/数量
高锰酸钾标准溶液 $C(\frac{1}{5}KMnO_4)$	—	约 0.1 mol/L 250 mL	硫酸	—	1.84 g/mL
七水合硫酸亚铁样品	—	5 g	磷酸	—	1.69 g/mL
无氧的水		500 mL			

备注:未注明要求时,试剂均为 AR,水为国家规定的实验室三级用水规格

（3）考核时量

90 分钟。

（4）评价标准

表 1-32-4 T-1-32 评价标准

评价内容及配分		评分标准			得分
操作 规范 (60分)	称量 (10分)	检查天平,能准确称量并记录数据			
	滴定 (50分)	1. 洗涤不合要求,扣1分;没有试漏,扣1分 2. 没有润洗,扣2分;装液操作不正确,扣2分 3. 未排空气,扣2分;没有调零,扣2分 4. 加指示剂操作不当,扣2分;滴定姿势不正确,扣1分 5. 滴定速度控制不当,扣2分;摇瓶操作不正确,扣2分 6. 锥形瓶洗涤不合要求,扣2分 7. 滴定后补加溶液操作不当,扣1分 8. 半滴溶液的加入控制不当,扣2分;终点判断不准确,扣2分 9. 读数操作不正确,扣2分;数据记录不正确,扣1分			
结果 (20分)	测定结果 的准确度 (10分)	与标准值相对误差	≤0.6%	>0.6%	
		得分	10 分	6 分	
	测定结果 的允许差 (10分)	相对平均偏差	≤0.6%	>0.6%	
		得分	10 分	6 分	

续表

评价内容及配分	评分标准	得分
职业 素养 (20分)	1. 着装符合职业要求(5分) 2. 正确操作使用仪器和设备(5分) 3. 操作环境整洁、有序(5分) 4. 文明礼貌,服从安排(5分)	
总　　　分		

33. 试题编号:T-1-33　烧碱中氯化钠含量的测定

考核技能点编号:J-1-6

(1)任务描述

用福尔哈德测定烧碱中的氯化钠的含量,提交分析检测结果。

①操作步骤。

称取烧碱样品约 5.0 g,精确至 0.000 1g,溶解于烧杯中,加酚酞指示剂 1 滴,用浓硝酸中和至红色消失,转移至 250 mL 容量瓶中,再用纯水稀释至刻度,摇匀。移取 10.00 mL 烧碱稀释样放入锥形瓶中,加纯水 25 mL,加 4 mol/L HNO_3 溶液 4 mL,在充分摇动下,再加入 25.00 mL 0.05 mol/L $AgNO_3$ 标准溶液,加入硝基苯 5 mL,用力摇动。再加铁铵矾指示剂 2 mL,用 NH_4SCN 标准溶液滴定至溶液呈淡红色为终点,记下消耗的 NH_4SCN 标准溶液的体积 V(mL)。平行测定三次。

②数据处理。

$$w(NaCl) = \frac{[(C(AgNO_3)V(AgNO_3) - C(NH_4SCN)V(NH_4SCN)] \times 10^{-3} \times M}{m \times \frac{10.00}{250.0}} \times 100\%$$

式中:$C(AgNO_3)$——$AgNO_3$ 标准滴定溶液的浓度,mol/L;

$V(AgNO_3)$——测定试样时加入 $AgNO_3$ 标准滴定溶液的体积,mL;

$C(NH_4SCN)$——NH_4SCN 标准滴定溶液的浓度,mol/L;

$V(NH_4SCN)$——测定试样时滴定消耗 NH_4SCN 标准滴定溶液的体积,mL;

M——NaCl 的摩尔质量,g/mol[$M(NaCl)=58.45$];

m——烧碱样品的质量,g。

③数据记录。

表 1-33-1　T-1-33 数据记录表

项　目	1	2	3
硝酸银标准溶液的浓度 $C(AgNO_3)$(mol/L)			
硫氰酸铵标准溶液的浓度 $C(NH_4SCN)$(mol/L)			
称量瓶和烧碱样品的质量(第一次读数)(g)			
称量瓶和烧碱样品的质量(第二次读数)(g)			
烧碱的质量 m(g)			

续表

项　目	1	2	3
加入硝酸银标准溶液的体积(mL)			
测定消耗硫氰酸铵标准溶液的体积(mL)			
氯化钠的含量(%)			
氯化钠的含量的平均值(%)			

(2)实施条件

①场地。

天平室,化学分析检验室。

②仪器、试剂。

表1－33－2　T－1－33仪器设备

名称	规格	数量	名称	规格	数量
酸式滴定管	50 mL	1支/人	移液管	10 mL 25 mL	1只/人
量筒	50 mL	1只/人	烧杯	100 mL	1只/人
容量瓶	250 mL	2个/人	锥形瓶	250 mL	3只/人
洗瓶	500 mL	1只/人	滴管	—	1支/人
玻璃仪器洗涤用具及其洗涤用试剂	—	公用			

表1－33－3　T－1－33试剂材料

名称	规格	浓度/数量	名称	规格	浓度/数量
$AgNO_3$标准滴定溶液	浓度由考核点标定好	$C(AgNO_3)=$ 0.05 mol/L 左右	NH_4SCN标准滴定溶液	浓度由考核点标定好	$C(NH_4SCN)=$ 0.05 mol/L 左右
铁铵矾指示剂	—	40%水溶液	HNO_3溶液	—	4mol/L
酚酞指示剂	—	1%的乙醇溶液	硝基苯	—	—
考核试样	烧碱	30 g	浓硝酸	—	—

备注:未注明要求时,试剂均为AR,水为国家规定的实验室三级用水规格

(3)考核时量

90分钟。

（4）评价标准

表 1－33－4　T－1－33 评价标准

评价内容及配分		评分标准			得分
操作规范（60分）	称量（10分）	检查天平，能准确称量并记录数据			
	定容（10分）	1. 洗涤不合要求，扣1分；没有试漏，扣1分 2. 试样溶解操作不当，扣2分；溶液转移操作不当，扣2分 3. 定容操作不当，扣2分；摇匀操作不当，扣2分			
	移液（10分）	1. 洗涤不合要求，扣1分；未润洗或润洗不当，扣3分 2. 吸液操作不当，扣2分；放液操作不当，扣2分 3. 用后处理及放置不当，扣2分			
	滴定（30分）	1. 洗涤不合要求，扣0.5分；没有试漏，扣0.5分 2. 没有润洗，扣1分；装液操作不正确，扣1分 3. 未排空气，扣1分；没有调零，扣1分 4. 加指示剂操作不当，扣1分；滴定姿势不正确，扣0.5分 5. 滴定速度控制不当，扣1分；摇瓶操作不正确，扣1分 6. 锥形瓶洗涤不合要求，扣1分 7. 滴定后补加溶液操作不当，扣0.5分 8. 半滴溶液的加入控制不当，扣2分；终点判断不准确，扣1分 9. 读数操作不正确，扣1分；数据记录不正确，扣0.5分			
结果（20分）	测定结果的准确度（10分）	与标准值相对误差	≤0.6%	>0.6%	
		得分	10分	6分	
	测定结果的允许差（10分）	相对平均偏差	≤0.6%	>0.6%	
		得分	10分	6分	
职业素养（20分）		1. 着装符合职业要求（5分） 2. 正确操作使用仪器和设备（5分） 3. 操作环境整洁、有序（5分） 4. 文明礼貌，服从安排（5分）			
总　　分					

34. 试题编号：T－1－34 硫酸镁纯度的测定

考核技能点编号：J－1－6

（1）任务描述

用 EDTA 直接滴定法测定硫酸镁的含量，提交分析检测结果。

①测定步骤。

称取约 0.4 g 试样，精确至 0.000 2g，溶于 100 mL 水中，加 10 mL pH＝10 的氨水-氯化铵缓冲溶液，4 滴铬黑 T 指示剂，用 EDTA 标液滴定至溶液由红色变为纯蓝色，记下消耗体积

V,平行测定三次。

②数据处理。

$$w(MgSO_4 \cdot 7H_2O) = \frac{C \cdot V \times 10^{-3} \cdot M}{m} \times 100\%$$

式中:C——乙二胺四乙酸二钠标准溶液的物质的量浓度,mol/L;

$\quad\quad V$——测定试样消耗乙二胺四乙酸二钠标准溶液的体积,mL;

$\quad\quad M$——七水合硫酸镁的摩尔质量,g/mol[$M(MgSO_4 \cdot 7H_2O) = 246.5$];

$\quad\quad m$——硫酸镁试样的质量,g。

③数据记录。

表 1-34-1　T-1-34 工业亚硝酸钠含量测定记录表

项　　目	1	2	3
称量瓶和样品的质量(第一次读数)			
称量瓶和样品的质量(第二次读数)			
硫酸镁样品的质量 m(g)			
EDTA 标准溶液的浓度 C(mol/L)			
测定消耗 EDTA 标准溶液的体积 V(mL)			
七水合硫酸镁的含量(%)			
七水合硫酸镁的含量的平均值(%)			

(2)实施条件

①场地。

天平室,化学分析检验室。

②仪器、试剂。

表 1-34-2　T-1-34 仪器设备

名称	规格	数量	名称	规格	数量
酸式滴定管	50 mL	1 支/人	量筒	100 mL	1 只/人
量筒	10 mL	1 只/人	锥形瓶	300 mL	3 只/人
玻璃仪器洗涤用具及其洗涤用试剂	—	公用	洗瓶	500 mL	1 只/人

表 1-34-3　T-1-34 试剂材料

名称	规格	浓度/数量	名称	规格	浓度/数量
EDTA 标准滴定溶液	浓度由考核点标定好	C(EDTA)=0.05 mol/L 左右	铬黑 T 指示剂	—	5 g/L

续表

名称	规格	浓度/数量	名称	规格	浓度/数量
氨-氯化铵 缓冲溶液甲	pH＝10	—	考核试样	硫酸镁试样	5 g

备注:未注明要求时,试剂均为 AR,水为国家规定的实验室三级用水规格

(3)考核时量

90 分钟。

(4)评价标准

表 1-34-4　T-1-34 评价标准

评价内容及配分		评分标准			得分
操作 规范 (60分)	称量 (10分)	检查天平,能准确称量并记录数据			
	滴定 (50分)	1. 洗涤不合要求,扣 1 分;没有试漏,扣 1 分 2. 没有润洗,扣 2 分;装液操作不正确,扣 2 分 3. 未排空气,扣 2 分;没有调零,扣 2 分 4. 加指示剂操作不当,扣 2 分;滴定姿势不正确,扣 1 分 5. 滴定速度控制不当,扣 2 分;摇瓶操作不正确,扣 2 分 6. 锥形瓶洗涤不合要求,扣 2 分 7. 滴定后补加溶液操作不当,扣 1 分 8. 半滴溶液的加入控制不当,扣 2 分;终点判断不准确,扣 2 分 9. 读数操作不正确,扣 2 分;数据记录不正确,扣 1 分			
结果 (20分)	测定结果 的准确度 (10分)	与标准值相对误差	≤0.6%	>0.6%	
		得分	10 分	6 分	
	测定结果 的允许差 (10分)	相对平均偏差	≤0.6%	>0.6%	
		得分	10 分	6 分	
职业 素养 (20分)	1. 着装符合职业要求(5分) 2. 正确操作使用仪器和设备(5分) 3. 操作环境整洁、有序(5分) 4. 文明礼貌,服从安排(5分)				
总　　分					

35. 试题编号:T-1-35　1,10-菲啰啉分光光度法测锅炉水中铁

考核技能点编号:J-1-7

(1)任务描述

采用 1,10-菲啰啉分光光度法,完成锅炉水中铁含量的测定,提交分析检验报结果。

①操作步骤。

用移液管分别移取 0.00 mL,2.00 mL,4.00 mL,6.00 mL,8.00 mL,10.00 mL 铁标准溶液于 6 个 50 mL 容量瓶中,分别加入加 1 mL 抗坏血酸溶液,5 mL 乙酸-乙酸钠缓冲溶液和 10 mL1,10-菲啰啉溶液,用水稀释至刻度,摇匀。放置不少于 15 min。选择 1 cm 比色皿,于最大吸收波长(约 510 nm)处,以空白溶液为参比,测量溶液吸光度,以 Fe 量(mg)为横坐标,对应的吸光度为纵坐标,绘制工作曲线。

从经过上述处理已经定容至 250 mL 适量水样中(适量水样溶液中其中铁含量在 60 mL 中不超过 500 μg),准确吸取 10 mL 上述试液定量转移至 50 mL 的容量瓶内,分别加入加 1 mL 抗坏血酸溶液,5 mL 乙酸-乙酸钠缓冲溶液和 10 mL1,10-菲啰啉溶液,用水稀释至刻度,摇匀。放置不少于 15 min。选择 1 cm 比色皿,于最大吸收波长(约 510 nm)处,以空白溶液为参比,测定试液的吸光度,平行测定两次。

②数据处理。

水中铁的质量浓度按下式计算:

$$X_1 = \frac{m_1 \times V_0}{V \times V_1}$$

式中:X_1——试样中铁含量,g/L;

$\quad m_1$——从工作曲线上查得铁含量,mg;

$\quad V$——试样的体积,mL;

$\quad V_0$——试样经前处理后定容的体积,mL;

$\quad V_1$——测定时吸取滤液的体积,mL。

③数据记录。

表 1-35-1　T-1-35 铁标准溶液工作曲线数据表

容量瓶编号	1	2	3	4	5	6
铁标液体积(mL)						
铁含量(μg)						
吸光度 A						

表 1-35-2　T-1-35 1,10-菲啰啉分光光度法测锅炉水中铁分析结果

测定次数	1	2
试样体积(mL)		
试样吸光度 A		
铁含量(g/L)		
测定结果(算术平均值)		

(2)实施条件

①场地。

天平室,光谱室。

②仪器、试剂。

表 1-35-3　T-1-35 仪器设备

名称	规格	数量	名称	规格	数量
分光光度计(附)	50 mL	1 台/人	比色皿(配套)	1cm	2 只/人
量筒	10 mL	1 只/人	移液管	1 mL	1 只/人
量筒	20 mL	1 只/人	移液管	10 mL	1 只/人
滴管	—	1 支/人	烧杯	100 mL	1 只/人
玻璃仪器洗涤用具及其洗涤用试剂	—	公用	容量瓶	50 mL	8 只/人

表 1-35-4　T-1-35 试剂材料

名称	规格	浓度/数量	名称	规格	浓度/数量
铁标准溶液	浓度由考核点标定好	20 μg/mL	乙酸-乙酸钠缓冲溶液	—	pH＝4.5
盐酸	—	180 g/L	氨水	—	85g/L
显色剂	由考核点配制好	1 g/L	抗坏血酸	—	100 g/L
考核试样	—	≤8 μg/L			

备注:未注明要求时,试剂均为 AR,水为国家规定的实验室三级用水规格

(3)考核时量

90 分钟。

(4)评价标准

表 1-35-5　T-1-35 评价标准

评价内容及配分	评分标准	得分
操作分数(60 分)	1. 定容规范,不规范,扣 2 分 2. 移液管使用规范,不规范,扣 2 分 3. 吸光度测定准确,不准确,扣 2 分 4. 器皿洗涤要干净,不干净,扣 2 分 5. 测量波长的选择,最大波长选择不正确扣 1 分,最多扣 1 分 6. 正确配制标准系列溶液(5 个点,包含零点),标准系列溶液个数不足 5 个,扣 3 分 7. 五个点分布要合理,不合理,扣 3 分 8. 标准系列溶液的吸光度,大部分的吸光度在 0.2～0.8 之间(≥4 个点),否则扣 3 分 9. 未知溶液的稀释方法,不正确,扣 4 分	

续表

评价内容及配分		评分标准			得分
操作 分数 (60分)		10. 试液吸光度处于工作曲线范围内,吸光度超出工作曲线范围,扣3分 11. 工作曲线线性,相关系数≥0.999,不扣分;0.999>相关系数≥0.99,扣5分;相关系数<0.99,扣10分			
结果 (20分)	测定结果的准确度 (10分)	与标准值 相对误差	≤4.0%	>4.0%	
		得分	10分	6分	
	测定结果的允许差 (10分)	相对平均 偏差	≤3.0%	>3.0%	
		得分	10分	6分	
职业 素养 (20分)	1. 着装符合职业要求(5分) 2. 正确操作使用仪器和设备(5分) 3. 操作环境整洁、有序(5分) 4. 文明礼貌,服从安排(5分)				
总　　分					

36. 试题编号:T‑1‑36　化学试剂中铁含量测定

考核技能点编号:J‑1‑7

(1)任务描述

采用邻菲啰啉分光光度法,完成化学试剂中铁含量的测定,提交分析检验报告单。参照GB/T9739‑2006。

①操作步骤。

分别移取铁的标准溶液(10 μg/mL)0.00 mL,2.00 mL,4.00 mL,6.00 mL,8.00 mL,10.00 mL 于 6 只 50 mL 容量瓶中,依次分别加入 2.5 mL 盐酸羟胺、5.0 mL HAc‑NaAc 缓冲液、5.0 mL 邻菲罗啉溶液,用蒸馏水稀释至刻度,摇匀,放置 10 min。以 0.00 mL 为参比,用 1 cm 比色皿,在最大吸收波长处(510 nm),测定吸光度,以每个容量瓶中铁标准溶液浓度(mg/L)作为横坐标,吸光度 A 平均值作为纵坐标,绘制工作曲线。

用 5 mL 移液管准确吸取 5.00 mL 考核试液定量转移至 50 mL 的容量瓶内,从"依次分别加入 2.5 mL 盐酸羟胺"开始进行操作,测定试液的吸光度,平行测定两次。

②数据处理。

水中铁的质量浓度按下式计算:

$$X_1 = \frac{m_1}{V}$$

式中:X_1——试样中铁含量,μg/mL;

m_1——从工作曲线上查得铁含量,μg;

V——试样的体积,mL。

③数据记录。

表 1-36-1 T-1-36 铁标准溶液工作曲线数据表

容量瓶编号	1	2	3	4	5	6
铁标液体积(mL)						
铁含量(μg)						
吸光度 A_1						
比色皿校正值 A_0						
校正后吸光度 A_2						

表 1-36-2 T-1-36 1,10-菲啰啉分光光度法化学试剂中铁分析结果

测定次数	1	2
试样体积(mL)		
试样吸光度 A_3		
比色皿校正值 A_0		
试样校正后吸光度 A_4		
铁含量(mg/L)		
测定结果(算术平均值)		
相对平均偏差(%)		

(2)实施条件

①场地。

天平室,分光光度分析室。

②仪器、试剂。

表 1-36-3 T-1-36 仪器设备

名称	规格	数量	名称	规格	数量
容量瓶	50 mL	6只/人	移液管	10 mL	1支/人
洗瓶	500 mL	1只/人	移液管	5 mL	3支/人
电脑	不限	公用	可见分光光度计	—	1台/人
比色皿	1cm	2个/人	胶头滴管	—	1只/人
烧杯	500 mL	1只/人	玻璃仪器洗涤用具及其洗涤用试剂	—	公用

表 1-36-4　T-1-36 试剂材料

名称	规格	浓度/数量	名称	规格	浓度/数量
铁标液	由考核点配置	10 μg/mL	HAc-NaAc 缓冲液		pH=4.6
盐酸羟胺	新配	$m\%$=10%	邻菲啰啉	新配	$m\%$=0.15%
考核试样	化学试剂预处理考核液	≤2 mg/L			

备注：未注明要求时，试剂均为 AR，水为国家规定的实验室三级用水规格

（3）考核时量

120 分钟。

（4）考核标准

表 1-36-5　T-1-36 评价标准

评价内容及配分		评分标准			得分
操作分数（60分）		1. 定容要规范，不规范，扣 2 分 2. 移液管使用规范，不规范，扣 2 分 3. 吸光度测定准确，不准确，扣 2 分 4. 器皿洗涤要干净，不干净，扣 2 分 5. 测量波长的选择，最大波长选择不正确扣 1 分，最多扣 1 分 6. 正确配制标准系列溶液（5 个点，包含零点），标准系列溶液个数不足 5 个，扣 3 分 7. 五个点分布要合理，不合理，扣 3 分 8. 标准系列溶液的吸光度，大部分在 0.2～0.8 范围内（≥4 个点），否则扣 3 分 9. 未知溶液的稀释方法，不正确，扣 4 分 10. 试液吸光度处于工作曲线范围内，吸光度超出工作曲线范围，扣 3 分 11. 工作曲线线性，相关系数≥0.999，不扣分；0.999＞相关系数≥0.99，扣 5 分；相关系数＜0.99，扣 10 分			
结果（20分）	测定结果的准确度（10分）	与标准值相对误差	≤4.0%	＞4.0%	
		得分	10 分	6 分	
	测定结果的允许差（10分）	相对平均偏差	≤3.0%	＞3.0%	
		得分	10 分	6 分	

续表

评价内容及配分		评分标准	得分
职业 素养 (20分)	1. 着装符合职业要求(5分) 2. 正确操作使用仪器和设备(5分) 3. 操作环境整洁、有序(5分) 4. 文明礼貌,服从安排(5分)		
	总　　　分		

37. 试题编号:T-1-37　废水中铁含量测定

考核技能点编号:J-1-7

(1)任务描述

采用1,10-菲啰啉分光光度法,完成废水中铁含量的测定,提交分析检验报告单。参照GB/T14427—2008。

①操作步骤。

用10 mL移液管分别移取0.00 mL,2.00 mL,4.00 mL,6.00 mL,8.00 mL,10.00 mL于6个50 mL容量瓶中,再用5 mL移液管依次分别加入5.0 mL HAc-NaAc缓冲液、2.5 mL盐酸羟胺、5.0 mL邻菲罗啉溶液,用蒸馏水稀释至刻度,摇匀,放置10 min。放置不少于15 min。选择1 cm比色皿,于最大吸收波长(约510 nm)处,以0.00 mL溶液为参比,测量溶液吸光度,以Fe质量(μg)为横坐标,对应的吸光度为纵坐标,绘制工作曲线。

用5 mL移液管准确吸取5.00 mL考核试液定量转移至50 mL的容量瓶内,依次分别加入5.0 mL HAc-NaAc缓冲液液开始进行操作,测定试液的吸光度,平行测定两次。

②数据处理。

水中铁的质量浓度按下式计算:

$$X_1 = \frac{m_1}{V}$$

式中:X_1——试样中铁含量,μg/mL;

m_1——从工作曲线上查得铁含量,μg;

V——试样的体积,mL。

③数据记录。

表1-37-1　T-1-37铁标准溶液工作曲线数据表

容量瓶编号	1	2	3	4	5	6
铁标液体积(mL)						
铁含量(μg)						
吸光度 A_1						
比色皿校正值 A_0						
校正后吸光度 A_2						

表 1-37-2　T-1-37 1,10-菲啰啉分光光度法测废水中铁分析结果

测定次数	1	2
试样体积(mL)		
试样吸光度 A_3		
比色皿校正值 A_0		
试样校正后吸光度 A_4		
铁含量(mg/L)		
测定结果(算术平均值)		
相对平均偏差(%)		

（2）实施条件

①场地。

天平室,光谱室。

②仪器、试剂。

表 1-37-3　T-1-37 仪器设备

名称	规格	数量	名称	规格	数量
可见分光光度计（附 1 cm 比色皿）	722 型等	1 台/人	移液管	10 mL	1 只/人
烧杯	100 mL	1 只/人	移液管	5 mL	4 只/人
容量瓶	50 mL	8 只/人	滴管	—	1 支/人
玻璃仪器洗涤用具及其洗涤用试剂	—	公用			

表 1-37-4　T-1-37 试剂材料

名称	规格	浓度/数量	名称	规格	浓度/数量
铁标液	由考核点配置	10 μg/mL	HAc-NaAc 缓冲液	—	pH=4.6
盐酸羟胺	新配	$m\%=10\%$	邻菲罗啉	新配	$m\%=0.15\%$
考核试样	化学试剂预处理考核液	≤2 mg/L			

备注:未注明要求时,试剂均为 AR,水为国家规定的实验室三级用水规格

（3）考核时量

120 分钟。

（4）考核标准

表 1 - 37 - 5　T - 1 - 37 评价标准

评价内容及配分		评分标准			得分
操作分数（60分）		1. 定容要规范,不规范,扣 2 分 2. 移液管使用规范,不规范,扣 2 分 3. 吸光度测定准确,不准确,扣 2 分 4. 器皿洗涤要干净,不干净,扣 2 分 5. 测量波长的选择,最大波长选择不正确扣 1 分,最多扣 1 分 6. 正确配制标准系列溶液(5 个点,包含零点),标准系列溶液个数不足 5 个,扣 3 分 7. 五个点分布要合理,不合理,扣 3 分 8. 标准系列溶液的吸光度,大部分 0.2～0.8 之间(≥4 个点),否则扣 3 分 9. 未知溶液的稀释方法,不正确,扣 4 分 10. 试液吸光度处于工作曲线范围内,吸光度超出工作曲线范围,扣 3 分 11. 工作曲线线性,相关系数≥0.999,不扣分;0.999＞相关系数≥0.99,扣 5 分;相关系数＜0.99,扣 10 分			
结果（20分）	测定结果的准确度（10分）	与标准值相对误差	≤4.0%	＞4.0%	
		得分	10 分	6 分	
	测定结果的允许差（10分）	相对平均偏差	≤3.0%	＞3.0%	
		得分	10 分	6 分	
职业素养（20分）	1. 着装符合职业要求(5分) 2. 正确操作使用仪器和设备(5分) 3. 操作环境整洁、有序(5分) 4. 文明礼貌,服从安排(5分)				
总　　分					

38. 试题编号:T - 1 - 38　水质氨氮的测定

考核技能点编号:J - 1 - 7

(1)任务描述

采用可见分光光度法,完成水质氨氮的测定,提交分析检验报结果。

①操作步骤。

在 6 个 50 mL 比色管中,分别加入 0.00 mL,2.00 mL,4.00 mL,6.00 mL,8.00 mL,10.00 mL 氨氮标准溶液,加水至刻度。加入 1.0 mL 酒石酸钾钠溶液,摇匀,再加入纳氏试剂 1.5 mL 或 1.0 mL,摇匀。放置 10 min,在波长 420 nm 下,用 1 cm 比色皿,以空白作参比,测量吸光度。以吸光度做横坐标,与其对应的氨氮含量(μg)为横坐标,绘制工作曲线。

直接取 50 mL 清洁水样,按与工作曲线相同的步骤测量吸光度。

②数据处理。

水样中氨氮的质量浓度按下式计算：

$$X_1 = \frac{m_1}{V}$$

式中：X_1——试样中氨氮含量，mg/L；

m_1——从工作曲线上查得氨氮含量，mg；

V——试样的体积，L；

③数据记录。

表 1-38-1 T-1-38 氨氮标准溶液工作曲线数据表

容量瓶编号	1	2	3	4	5	6
标准溶液体积(mL)						
50 mL 溶液氨氮质量(mg)						
吸光度 A						

表 1-38-2 T-1-38 水中氨氮含量分析结果

测定次数	1	2
试样质量 m(g)		
试样吸光度 A		
氨氮含量(mg/L)		
测定结果(算术平均值)		

（2）实施条件

①场地。

分光光度分析检验室。

②仪器、试剂。

表 1-38-3 T-1-38 仪器设备

名称	规格	数量	名称	规格	数量
可见分光光度计	—	1 台/人	移液管	5 mL	2 支/人
氨氮蒸馏装置	—	1 套/人	烧杯	500 mL	1 个/人
比色管	50 mL	8 只/人	容量瓶	1 000 mL	1 个/人
比色皿	2cm	2 个/人	玻璃仪器洗涤用具及其洗涤用试剂	—	公用

表 1-38-3　T-1-38 试剂材料

名称	规格	浓度/用量	名称	规格	浓度/用量
氨氮标准溶液	浓度由考核点标定好	$C=1\ 000\mu g/\ mL$	硫酸锌溶液	—	$\rho=100\ g/L$
轻质氧化镁	固体	—	硫代硫酸钠溶液	—	$\rho=3.5\ g/L$
无氨水	—	—	氢氧化钠溶液	—	$\rho=250\ g/L$
盐酸	—	$\rho=1.18\ g/\ mL$	硼酸溶液	—	$\rho=20\ g/L$
碘化汞-碘化钾-氢氧化钠（HgI_2-KI-$NaOH$)溶液	纳氏试剂	—	溴百里酚蓝指示剂	—	$\rho=0.5\ g/L$
酒石酸钾钠溶液	—	$\rho=500\ g/L$			

备注：未注明要求时，试剂均为 AR，水为国家规定的实验室三级用水规格

(3)考核时量

120 分钟。

(4)评价标准

表 1-38-4　T-1-38 评价标准

评价内容及配分	评分标准	得分
操作分数(60 分)	1. 定容要规范,不规范,扣 2 分 2. 移液管使用规范,不规范,扣 2 分 3. 吸光度测定准确,不准确,扣 2 分 4. 器皿洗涤要干净,不干净,扣 2 分 5. 测量波长的选择,最大波长选择不正确扣 1 分,最多扣 1 分 6. 正确配制标准系列溶液(5 个点,包含零点),标准系列溶液个数不足 5 个,扣 3 分 7. 五个点分布要合理,不合理,扣 3 分 8. 标准系列溶液的吸光度,大部分在 0.2~0.8 范围内(≥4 个点),否则扣 3 分 9. 未知溶液的稀释方法,不正确,扣 4 分 10. 试液吸光度处于工作曲线范围内,吸光度超出工作曲线范围,扣 3 分 11. 工作曲线线性,相关系数≥0.999,不扣分;0.999>相关系数≥0.99,扣 5 分;相关系数<0.99,扣 10 分	

续表

评价内容及配分		评分标准			得分
结果 (20分)	测定结果的准确度 (10分)	与标准值 相对误差	≤4.0%	>4.0%	
		得分	10分	6分	
	测定结果的允许差 (10分)	相对平均偏差	≤3.0%	>3.0%	
		得分	10分	6分	
职业 素养 (20分)	1. 着装符合职业要求(5分) 2. 正确操作使用仪器和设备(5分) 3. 操作环境整洁、有序(5分) 4. 文明礼貌,服从安排(5分)				
总　　分					

39. 试题编号:T-1-39　工业循环水 pH 值的测定

考核技能点编号:J-1-7

(1)任务描述

采用直接电位法,完成工业循环水 pH 值的测定,提交分析检验报结果。

①操作步骤。

按酸度计说明书调试仪器,准备好指示电极(玻璃电极)及其参比电极(饱和甘汞电极或者复合玻璃电极)。

用 pH 试纸粗测考核样的酸碱性,正确选择两种 pH 标准缓冲溶液,使其中一种的 pH 大于并接近试样的 pH,另一种小于并接近试样的 pH。调节 pH 计温度补偿旋钮至所测试样温度值。按照考点所标明的数据,依次校正标准缓冲溶液在该温度下的 pH。重复校正直到其读数与标准缓冲溶液的 pH 相差不超过 0.02 pH 单位(两点校正)。

把试样放入一个洁净的烧杯中,并将酸度计的温度补偿旋钮调至所测试样的温度。浸入电极,摇匀,测定。酸性溶液和碱性溶液分别平行测定 2 次。最终结果取其平均值(用分度值为 10℃ 的温度计测量试样的温度)。

注:冲洗电极后用干净滤纸将电极底部水滴轻轻地吸干,注意勿用滤纸去擦电极,以免电极带静电,导致读数不稳定。

②数据记录。

表 1-39-1　T-1-39 工业循环水 pH 值

样品编码	pH值	两次 pH 平均值	备注

（2）实施条件

①场地。

天平室，电化学分析检验室。

②仪器、试剂。

表 1 - 39 - 2　T - 1 - 39 仪器设备

名称	规格	数量	名称	规格	数量
pH/mV 计	—	1 台/人	洗瓶	500 mL	1 只/人
玻璃电极	—	1 支/人	烧杯	50 mL	6 只/人
甘汞电极	—	1 支/人	废液杯	500 mL	1 只/人
或复合 pH 电极	—	1 支/人	玻璃仪器洗涤用具及其洗涤用试剂	—	公用

表 1 - 39 - 3　T - 1 - 39 试剂材料

名称	规格	浓度/数量	名称	规格	浓度/数量
苯二甲酸盐标准缓冲溶液	浓度由考核点标定好	25℃时pH 为 4.01	硼酸盐标准缓冲溶液	浓度由考核点标定好	25℃时pH 为 9.18
磷酸盐标准缓冲溶液	浓度由考核点标定好	25℃时pH 为 6.86	氢氧化钙标准缓冲溶液	浓度由考核点标定好	25℃时pH 为 12.45
考核试样	—				

备注：未注明要求时，试剂均为 AR，水为国家规定的实验室三级用水规格

（3）考核时量

90 分钟。

（4）评价标准

表 1 - 39 - 4　T - 1 - 39 评价标准

评价内容及配分	评分标准	得分
操作分数（60 分）	1. 每个犯规动作扣 2 分，重复犯规，最多扣 4 分 2. 仪器清洗不清洁，每件扣 3 分 3. 烧杯未润洗，扣 3 分 4. 每重测一次扣 5 分 5. 电极清洗不正确扣 3 分 6. 仪器校正不正确扣 5 分 7. 酸度计操作错误，扣 5 分 8. 若计算中未进行温度校正，扣 6 分 9. 计算中有错误每处扣 5 分（出现第一次时扣，受其影响而错不扣） 10. 数据中有效位数不对或修约错误每处扣 1 分	

续表

评价内容及配分		评分标准			得分
结果 (20分)	测定结果的准确度 (10分)	与标准值 相对误差	≤4.0%	>4.0%	
		得分	10分	6分	
	测定结果的允许差 (10分)	相对平均偏差	≤0.3%	>0.3%	
		得分	10分	6分	
职业 素养 (20分)	1. 着装符合职业要求(5分) 2. 正确操作使用仪器和设备(5分) 3. 操作环境整洁、有序(5分) 4. 文明礼貌,服从安排(5分)				
总　　分					

模块二　化工 DCS 操作

1. 试题编号:T-2-1　化工单元 DCS 操作 1

考核技能点编号:J-2-1、J-2-2

(1)任务描述

首先完成离心泵的冷态开车。约 40℃的带压液体经调节阀 LV101 进入带压贮罐 V101,贮罐液位由液位控制器 LIC101 通过调节 V101 的进料量来控制;罐内压力由 PIC101 分程控制,PV101A,PV101B 分别调节进入 V101 和排出 V101 的氮气量,从而保持罐压稳定在(5.0±0.2)atm(表)。罐内液体由泵 P101A/B 抽出输送到其他工段,出口流量在流量调节器 FIC101 的控制下稳定在(20 000±1 000)kg/h。

再完成离心泵的正常停车。离心泵处于正常运行状态,按照正常停车操作步骤,依次对 V101 停进料、停泵、对 P101A 泄液、对 V101 罐泄压泄液。

离心泵工艺流程图(DCS 图和现场图)见附录 1。

(2)实施条件

表 2-1-1　T-2-1实施条件

项　　目	基本实施条件
场　　地	化工仿真机房(工位数≥40),照明通风良好
设　　备	41 台计算机(含 1 台教师站),具体配置要求见附录 2
软件环境	1. 预装"化工单元实习仿真软件 CSTS",并激活成功 2. 教师站按要求组卷并建立、开放考核室;确保学员站能以局域网模式成功连接教师站
组卷形式	离心泵冷态开车(70%)＋ 离心泵正常停车(30%)
测评专家	每 40 名考生配备 2 名考评员。要求考证员具有化工总控工国家职业技能鉴定考评员资格

(3)考核时量

60分钟。

(4)评价标准

表 2-1-2　T-2-1评价标准

评价内容及配分		评分标准	得分
操作质量 (80分) (自动评定)	离心泵冷态开车 (56分)	罐 V101 充液、充压,启动 A 泵,出料	
	离心泵正常停车 (24分)	罐 V101 停进料,停泵,泵 P101A 泄液,罐 V101 泄压、泄液	
职业 素养 (20分)	软件使用 (10分)	1. 按要求准确填写考核基本信息(2分);正确进入相应考核室(2分);操作完毕,正常关闭计算机(2分) 2. 未插入 U 盘、移动硬盘等电子设备(2分);未启动仿真软件以外的任何程序(2分)	
	安全文明操作 (10分)	1. 穿戴符合机房管理要求(3分) 2. 保持操作工位整齐、清洁(2分) 3. 严格遵守操作规程,各项指标均处于标准范围(5分)。任意一项质量指标超过零限偏差扣 2 分,不累加	
总　　分			

2. 试题编号:T-2-2　化工单元 DCS 操作 2

考核技能点编号:J-2-1、J-2-3

(1)任务描述

首先完成离心泵的冷态开车。约 40℃的带压液体经调节阀 LV101 进入带压贮罐 V101,贮罐液位由液位控制器 LIC101 通过调节 V101 的进料量来控制;罐内压力由 PIC101 分程控制,PV101A,PV101B 分别调节进入 V101 和排出 V101 的氮气量,从而保持罐压稳定在(5.0±0.2)atm(表)。罐内液体由泵 P101A/B 抽出输送到其他工段,出口流量在流量调节器 FIC101 的控制下稳定在(20 000±1 000)kg/h。

再完成离心泵事故(P101A 泵坏)处理,事故现象如下:泵出口压力急剧下降,FIC101 流量急降为零。

离心泵工艺流程图(DCS 图和现场图)见附录1。

(2)实施条件

表 2-2-1　T-2-2实施条件

项　　目	基本实施条件
场　　地	化工仿真机房(工位数≥40),照明通风良好
设　　备	41 台计算机(含 1 台教师站),具体配置要求见附录2
软件环境	1. 预装"化工单元实习仿真软件 CSTS",并激活成功 2. 教师站按要求组卷并建立、开放考核室;确保学员站能以局域网模式成功连接教师站

续表

项　目	基本实施条件
组卷形式	离心泵冷态开车(70%)+离心泵事故(P101A泵坏)(30%)
测评专家	每40名考生配备2名考评员。考评员要求具有化工总控工国家职业技能鉴定考评员资格

(3)考核时量

60分钟。

(4)评价标准

表2-2-2　T-2-2评价标准

评价内容及配分		评分标准	得分
操作质量 (80分) (自动评定)	离心泵冷态开车 (56分)	罐V101充液、充压;启动A泵;出料	
	离心泵事故 (P101A泵坏) 处理(24分)	切换到备用泵P101B	
职业素养 (20分)	软件使用 (10分)	1. 按要求准确填写考核基本信息(2分);正确进入相应考核室(2分);操作完毕,正常关闭计算机(2分) 2. 未插入U盘、移动硬盘等电子设备(2分);未启动仿真软件以外的任何程序(2分)	
	安全文明操作 (10分)	1. 穿戴符合机房管理要求(3分) 2. 保持操作工位整齐、清洁(2分) 3. 严格遵守操作规程,各项指标均处于标准范围(5分);任意一项质量指标超过零限偏差扣2分,不累加	
总　分			

3. 试题编号:T-2-3　化工单元DCS操作3

考核技能点编号:J-2-1、J-2-3

(1)任务描述

首先完成离心泵的冷态开车。约40℃的带压液体经调节阀LV101进入带压贮罐V101,贮罐液位由液位控制器LIC101通过调节V101的进料量来控制;罐内压力由PIC101分程控制,PV101A,PV101B分别调节进入V101和排出V101的氮气量,从而保持罐压稳定在(5.0±0.2)atm(表)。罐内液体由泵P101A/B抽出输送到其他工段,出口流量在流量调节器FIC101的控制下稳定在(20 000±1 000)kg/h。

再完成离心泵事故(调节阀FV101阀卡)处理,事故现象如下:FIC101的液体流量不可调节。

离心泵工艺流程图(DCS图和现场图)见附录1。

(2)实施条件

表 2 - 3 - 1　T - 2 - 3 实施条件

项　目	基本实施条件
场　地	化工仿真机房(工位数≥40),照明通风良好
设　备	41 台计算机(含 1 台教师站),具体配置要求见附录 2
软件环境	1. 预装"化工单元实习仿真软件 CSTS",并激活成功 2. 教师站按要求组卷并建立、开放考核室;确保学员站能以局域网模式成功连接教师站
组卷形式	离心泵冷态开车(70%)+离心泵事故(调节阀 FV101 阀卡)(30%)
测评专家	每 40 名考生配备 2 名考评员。要求考评员具有化工总控工国家职业技能鉴定考评员资格

(3)考核时量

60 分钟。

(4)评价标准

表 2 - 3 - 2　T - 2 - 3 评价标准

评价内容及配分		评分标准	得分
操作质量 (80 分) (自动评定)	离心泵冷态开车 (56 分)	罐 V101 充液、充压,启动 A 泵,出料	
	离心泵事故 (调节阀 FV101 阀卡)处理(24 分)	打开旁路阀 VD09,调节流量至正常	
职业素养 (20 分)	软件使用 (10 分)	1. 按要求准确填写考核基本信息(2分);正确进入相应考核室(2分);操作完毕,正常关闭计算机(2分) 2. 未插入 U 盘、移动硬盘等电子设备(2分);未启动仿真软件以外的任何程序(2分)	
	安全文明操作 (10 分)	1. 穿戴符合机房管理要求(3分) 2. 保持操作工位整齐、清洁(2分) 3. 严格遵守操作规程,各项指标均处于标准范围(5分)。任意一项质量指标超过零限偏差扣 2 分,不累加	
总　　分			

4. 试题编号:T - 2 - 4　化工单元 DCS 操作 4

考核技能点编号:J - 2 - 1、J - 2 - 3

(1)任务描述

首先完成离心泵的冷态开车。约 40℃的带压液体经调节阀 LV101 进入带压贮罐 V101,贮罐液位由液位控制器 LIC101 通过调节 V101 的进料量来控制;罐内压力由 PIC101 分程控制,PV101A,PV101B分别调节进入V101和排出V101的氮气量,从而保持罐压稳定在(5.0±0.2)atm(表)。罐内液体由泵P101A/B抽出输送到其他工段,出口流量在流量调节器FIC101的控制下稳定在(20 000±1 000)kg/h。

再完成事故(P101A入口管线堵)处理,事故现象如下:泵P101A入口、出口压力急剧下降,FIC101流量急剧减小到零。

离心泵工艺流程图(DCS图和现场图)见附录1。

(2)实施条件

表2-4-1 T-2-4实施条件

项　　目	基本实施条件
场　　地	化工仿真机房(工位数≥40),照明通风良好
设　　备	41台计算机(含1台教师站),具体配置要求见附录2
软件环境	1. 预装"化工单元实习仿真软件CSTS",并激活成功 2. 教师站按要求组卷并建立、开放考核室;确保学员站能以局域网模式成功连接教师站
组卷形式	离心泵冷态开车(70%)+离心泵事故(P101A入口管线堵)(30%)
测评专家	每40名考生配备2名考评员。要求考评员具有化工总控工国家职业技能鉴定考评员资格

(3)考核时量

60分钟。

(4)评价标准

表2-4-2 T-2-4评价标准

评价内容及配分		评分标准	得分
操作质量 (80分) (自动评定)	离心泵冷态开车 (56分)	罐V101充液、充压,启动A泵,出料	
	离心泵事故 (P101A入口管 线堵)处理(24分)	切换到备用泵P101B。	
职业素养 (20分)	软件使用 (10分)	1. 按要求准确填写考核基本信息(2分);正确进入相应考核室(2分);操作完毕,正常关闭计算机(2分) 2. 未插入U盘、移动硬盘等电子设备(2分);未启动仿真软件以外的任何程序(2分)	
	安全文明操作 (10分)	1. 穿戴符合机房管理要求(3分) 2. 保持操作工位整齐、清洁(2分) 3. 严格遵守操作规程,各项指标均处于标准范围(5分);任意一项质量指标超过零限偏差扣2分,不累加	
总　　分			

5. 试题编号:T－2－5　化工单元 DCS 操作 5

考核技能点编号:J－2－1、J－2－3

(1)任务描述

首先完成离心泵的冷态开车。约 40℃的带压液体经调节阀 LV101 进入带压贮罐 V101,贮罐液位由液位控制器 LIC101 通过调节 V101 的进料量来控制;罐内压力由 PIC101 分程控制,PV101A,PV101B 分别调节进入 V101 和排出 V101 的氮气量,从而保持罐压稳定在(5.0±0.2)atm(表)。罐内液体由泵 P101A/B 抽出输送到其他工段,出口流量在流量调节器 FIC101 的控制下稳定在(20 000±1 000)kg/h。

再完成离心泵事故(泵 P101A 汽蚀)处理,事故现象如下:泵 P101A 入口、出口压力上下波动,泵 P101A 出口流量波动。

离心泵工艺流程图(DCS 图和现场图)见附录 1。

(2)实施条件

表 2－5－1　T－1－25 实施条件

项　　目	基本实施条件
场　　地	化工仿真机房(工位数≥40),照明通风良好
设　　备	41 台计算机(含 1 台教师站),具体配置要求见附录 2
软件环境	1. 预装"化工单元实习仿真软件 CSTS",并激活成功 2. 教师站按要求组卷并建立、开放考核室;确保学员站能以局域网模式成功连接教师站
组卷形式	离心泵冷态开车(70%)＋离心泵事故(泵 P101A 汽蚀)(30%)
测评专家	每 40 名考生配备 2 名考评员。要求具有化工总控工国家职业技能鉴定考评员资格

(3)考核时量

60 分钟。

(4)评价标准

表 2－5－2　T－2－5 评价标准

评价内容及配分		评分标准	得分
操作质量 (80 分) (自动评定)	离心泵冷态开车 (56 分)	罐 V101 充液、充压;启动 A 泵;出料	
	离心泵事故 (泵 P101A 汽蚀) 处理(24 分)	切换到备用泵 P101B	
职业素养 (20 分)	软件使用 (10 分)	1. 按要求准确填写考核基本信息(2 分);正确进入相应考核室(2 分);操作完毕,正常关闭计算机(2 分) 2. 未插入 U 盘、移动硬盘等电子设备(2 分);未启动仿真软件以外的任何程序(2 分)	

续表

评价内容及配分		评分标准	得分
职业素养 （20分）	安全文明操作 （10分）	1. 穿戴符合机房管理要求（3分） 2. 保持操作工位整齐、清洁（2分） 3. 严格遵守操作规程，各项指标均处于标准范围（5分）； 任意一项质量指标超过零限偏差扣2分，不累加	
总　　分			

6. 试题编号：T-2-6 化工单元 DCS 操作 6

考核技能点编号：J-2-1、J-2-3

（1）任务描述

首先完成离心泵的冷态开车。约40℃的带压液体经调节阀 LV101 进入带压贮罐 V101，贮罐液位由液位控制器 LIC101 通过调节 V101 的进料量来控制；罐内压力由 PIC101 分程控制，PV101A、PV101B 分别调节进入 V101 和排出 V101 的氮气量，从而保持罐压稳定在（5.0±0.2）atm（表）。罐内液体由泵 P101A/B 抽出输送到其他工段，出口流量在流量调节器 FIC101 的控制下稳定在（20 000±1 000）kg/h。

再完成事故（泵 P101A 气缚）处理，事故现象如下：P101A 泵入口、出口压力急剧下降，FIC101 流量急剧减少。

离心泵工艺流程图（DCS 图和现场图）见附录1。

（2）实施条件

表 2-6-1　T-2-6 实施条件

项　　目	基本实施条件
场　　地	化工仿真机房（工位数≥40），照明通风良好
设　　备	41 台计算机（含 1 台教师站），具体配置要求见附录2
软件环境	1. 预装"化工单元实习仿真软件 CSTS"，并激活成功 2. 教师站按要求组卷并建立、开放考核室；确保学员站能以局域网模式成功连接教师站
组卷形式	离心泵冷态开车（70%）+离心泵事故（泵 P101A 气缚）（30%）
测评专家	每 40 名考生配备 2 名考评员。要求考评员具有化工总控工国家职业技能鉴定考评员资格

（3）考核时量

60 分钟。

（4）评价标准

表 2-6-2　T-2-6 评价标准

评价内容及配分		评分标准	得分
操作质量 （80分） （自动评定）	离心泵冷态开车 （56分）	罐 V101 充液、充压；启动 A 泵；出料	

续表

评价内容及配分		评分标准	得分
操作质量 （80分） （自动评定）	离心泵事故 （泵 P101A 气缚） 处理（24分）	关闭泵 P101A，再按规程重新启动	
职业素养 （20分）	软件使用 （10分）	1. 按要求准确填写考核基本信息（2分）；正确进入相应考核室（2分）；操作完毕，正常关闭计算机（2分） 2. 未插入 U 盘、移动硬盘等电子设备（2分）；未启动仿真软件以外的任何程序（2分）	
	安全文明操作 （10分）	1. 穿戴符合机房管理要求（3分） 2. 保持操作工位整齐、清洁（2分） 3. 严格遵守操作规程，各项指标均处于标准范围（5分）。 任意一项质量指标超过零限偏差扣2分，不累加	
总　　分			

7. 试题编号：T-2-7　化工单元 DCS 操作 7

考核技能点编号：J-2-1、J-2-2

（1）任务描述

首先完成离心泵的冷态开车。约 40℃ 的带压液体经调节阀 LV101 进入带压贮罐 V101，贮罐液位由液位控制器 LIC101 通过调节 V101 的进料量来控制；罐内压力由 PIC101 分程控制，PV101A，PV101B 分别调节进入 V101 和排出 V101 的氮气量，从而保持罐压稳定在（5.0±0.2）atm（表）。罐内液体由泵 P101A/B 抽出输送到其他工段，出口流量在流量调节器 FIC101 的控制下稳定在（20000±1000）kg/h。

再完成列管式换热器的正常停车。列管式换热器处于正常运行状态，按照正常停车操作规程，依次停热物流进料泵 P102A、停热物流进料、停冷物流进料泵 P101A、停冷物流进料、E101 管程泄液、E101 壳程泄液。

离心泵及列管式换热器工艺流程图（DCS 图和现场图）见附录 1。

（2）实施条件

项　　目	基本实施条件
场　　地	化工仿真机房（工位数≥40），照明通风良好。
设　　备	41 台计算机（含 1 台教师站），具体配置要求见附录 2。
软件环境	1. 预装"化工单元实习仿真软件 CSTS"，并激活成功。 2. 教师站按要求组卷并建立、开放考核室；确保学员站能以局域网模式成功连接教师站。
组卷形式	离心泵冷态开车（70%）+列管式换热器正常停车（30%）。
测评专家	每 40 名考生配备 2 名考评员。要求具有化工总控工国家职业技能鉴定考评员资格。

（3）考核时量

60 分钟。

（4）评价标准

表 2-7-2　T-2-7 评价标准

评价内容及配分		评分标准	得分
操作质量 （80 分） （自动评定）	离心泵冷态开车 （56 分）	罐 V101 充液、充压，启动 A 泵，出料	
	列管式换热器 正常停车 （24 分）	停热物流进料泵 P102A，停热物流进料，停冷物流进料泵 P101A，停冷物流进料，E101 管程泄液，E101 壳程泄液	
职业素养 （20 分）	软件使用 （10 分）	1. 按要求准确填写考核基本信息（2 分）；正确进入相应考核室（2 分）；操作完毕，正常关闭计算机（2 分） 2. 未插入 U 盘、移动硬盘等电子设备（2 分）；未启动仿真软件以外的任何程序（2 分）	
	安全文明操作 （10 分）	1. 穿戴符合机房管理要求（3 分） 2. 保持操作工位整齐、清洁（2 分） 3. 严格遵守操作规程，各项指标均处于标准范围（5 分）。任意一项质量指标超过零限偏差扣 2 分，不累加	
总　　　分			

8. 试题编号：T-2-8　化工单元 DCS 操作 8

考核技能点编号：J-2-1、J-2-3

（1）任务描述

首先完成离心泵的冷态开车。约 40℃的带压液体经调节阀 LV101 进入带压贮罐 V101，贮罐液位由液位控制器 LIC101 通过调节 V101 的进料量来控制；罐内压力由 PIC101 分程控制，PV101A，PV101B 分别调节进入 V101 和排出 V101 的氮气量，从而保持罐压稳定在（5.0±0.2）atm（表）。罐内液体由泵 P101A/B 抽出输送到其他工段，出口流量在流量调节器 FIC101 的控制下稳定在（20 000±1 000）kg/h。

再完成列管式换热器事故处理（FIC101 阀卡），事故现象如下：FIC101 流量减小；P101 泵出口压力升高；冷物流出口温度升高。

离心泵及列管式换热器工艺流程图（DCS 图和现场图）见附录 1。

（2）实施条件

表 2-8-1　T-2-8 实施条件

项　　　目	基本实施条件
场　　　地	化工仿真机房（工位数≥40），照明通风良好
设　　　备	41 台计算机（含 1 台教师站），具体配置要求见附录 2
软件环境	1. 预装"化工单元实习仿真软件 CSTS"，并激活成功 2. 教师站按要求组卷并建立、开放考核室；确保学员站能以局域网模式成功连接教师站
组卷形式	离心泵冷态开车（70%）+列管式换热器事故（FIC101 阀卡）（30%）

续表

项　目	基本实施条件
测评专家	每40名考生配备2名考评员。要求具有化工总控工国家职业技能鉴定考评员资格

（3）考核时量

60分钟。

（4）评价标准

表2-8-2　T-2-8评价标准

评价内容及配分		评分标准	得分
操作质量 （80分） （自动评定）	离心泵冷态开车 （56分）	罐V101充液、充压；启动A泵；出料。	
	列管式换热器事故 （FIC101阀卡） 处理（24分）	打开FIC101旁路阀VD01，关闭FIC101及其前后阀，调节VD01使流量达到正常值	
职业素养 （20分）	软件使用 （10分）	1. 按要求准确填写考核基本信息（2分）；正确进入相应考核室（2分）；操作完毕，正常关闭计算机（2分） 2. 未插入U盘、移动硬盘等电子设备（2分）；未启动仿真软件以外的任何程序（2分）	
	安全文明操作 （10分）	1. 穿戴符合机房管理要求（3分） 2. 保持操作工位整齐、清洁（2分） 3. 严格遵守操作规程，各项指标均处于标准范围（5分）；任意一项质量指标超过零限偏差扣2分，不累加	
总　分			

9. 试题编号：T-2-9　化工单元DCS操作9

考核技能点编号：J-2-1、J-2-3

（1）任务描述

首先完成离心泵的冷态开车。约40℃的带压液体经调节阀LV101进入带压贮罐V101，贮罐液位由液位控制器LIC101通过调节V101的进料量来控制；罐内压力由PIC101分程控制，PV101A，PV101B分别调节进入V101和排出V101的氮气量，从而保持罐压稳定在（5.0±0.2）atm（表）。罐内液体由泵P101A/B抽出输送到其他工段，出口流量在流量调节器FIC101的控制下稳定在（20 000±1 000）kg/h。

再完成列管式换热器事故（P101A泵坏）处理，事故现象如下：P101泵出口压力急剧下降；FIC101流量急剧减小；冷物流出口温度升高，汽化率增大。

离心泵及列管式换热器工艺流程图（DCS图和现场图）见附录1。

（2）实施条件

表 2－9－1　T－2－9 实施条件

项　目	基本实施条件
场　地	化工仿真机房(工位数≥40)，照明通风良好
设　备	41 台计算机(含 1 台教师站)，具体配置要求见附录 2
软件环境	1. 预装"化工单元实习仿真软件 CSTS"，并激活成功 2. 教师站按要求组卷并建立、开放考核室；确保学员站能以局域网模式成功连接教师站
组卷形式	离心泵冷态开车(70%)＋列管式换热器事故(P101A 泵坏)(30%)
测评专家	每 40 名考生配备 2 名考评员。要求具有化工总控工国家职业技能鉴定考评员资格

(3)考核时量

60 分钟。

(4)评价标准

表 2－9－2　T－2－9 评价标准

评价内容及配分		评分标准	得分
操作质量 (80 分) (自动评定)	离心泵冷态开车 (56 分)	罐 V101 充液、充压，启动 A 泵，出料	
	列管式换热器事故 (P101A 泵坏) 处理(24 分)	关闭 P101A 泵，开启 P101B 泵	
职业素养 (20 分)	软件使用 (10 分)	1. 按要求准确填写考核基本信息(2 分)；正确进入相应考核室(2 分)；操作完毕，正常关闭计算机(2 分) 2. 未插入 U 盘、移动硬盘等电子设备(2 分)；未启动仿真软件以外的任何程序(2 分)	
	安全文明操作 (10 分)	1. 穿戴符合机房管理要求(3 分) 2. 保持操作工位整齐、清洁(2 分) 3. 严格遵守操作规程，各项指标均处于标准范围(5 分)；任意一项质量指标超过零限偏差扣 2 分，不累加	
总　分			

10. 试题编号：T－2－10　化工单元 DCS 操作 10

考核技能点编号：J－2－1、J－2－3

(1)任务描述

首先完成离心泵的冷态开车。约 40℃的带压液体经调节阀 LV101 进入带压贮罐 V101，贮罐液位由液位控制器 LIC101 通过调节 V101 的进料量来控制；罐内压力由 PIC101 分程控制，PV101A、PV101B 分别调节进入 V101 和排出 V101 的氮气量，从而保持罐压稳定在(5.0±0.2)atm(表)。罐内液体由泵 P101A/B 抽出输送到其他工段，出口流量在流量调节器

FIC101 的控制下稳定在(20 000±1 000)kg/h。

再完成列管式换热器事故(P102A 泵坏)处理,事故现象如下:P102 泵出口压力急剧下降;冷物流出口温度下降,汽化率降低。

离心泵及列管式换热器工艺流程图(DCS 图和现场图)见附录1。

(2)实施条件

表 2－10－1　T－2－10 实施条件

项　　目	基本实施条件
场　　地	化工仿真机房(工位数≥40),照明通风良好
设　　备	41 台计算机(含 1 台教师站),具体配置要求见附录2
软件环境	1. 预装"化工单元实习仿真软件 CSTS",并激活成功 2. 教师站按要求组卷并建立、开放考核室;确保学员站能以局域网模式成功连接教师站
组卷形式	离心泵冷态开车(70%)＋列管式换热器事故(P102A 泵坏)(30%)
测评专家	每 40 名考生配备 2 名考评员。要求具有化工总控工国家职业技能鉴定考评员资格

(3)考核时量

60 分钟。

(4)评价标准

表 2－10－2　T－2－10 评价标准

评价内容及配分		评分标准	得分
操作质量 (80 分) (自动评定)	离心泵冷态开车 (56 分)	罐 V101 充液、充压,启动 A 泵,出料	
	列管式换热器事故 (P102A 泵坏) 处理(24 分)	关闭 P102A 泵,开启 P102B 泵	
职业素养 (20 分)	软件使用 (10 分)	1. 按要求准确填写考核基本信息(2分);正确进入相应考核室(2分);操作完毕,正常关闭计算机(2分) 2. 未插入 U 盘、移动硬盘等电子设备(2分);未启动仿真软件以外的任何程序(2分)	
	安全文明操作 (10 分)	1. 穿戴符合机房管理要求(3分) 2. 保持操作工位整齐、清洁(2分) 3. 严格遵守操作规程,各项指标均处于标准范围(5分);任意一项质量指标超过零限偏差扣 2 分,不累加	
总　　分			

11. 试题编号:T-2-11 化工单元DCS操作11

考核技能点编号:J-2-1、J-2-3

(1)任务描述

首先完成离心泵的冷态开车。约40℃的带压液体经调节阀LV101进入带压贮罐V101,贮罐液位由液位控制器LIC101通过调节V101的进料量来控制;罐内压力由PIC101分程控制,PV101A,PV101B分别调节进入V101和排出V101的氮气量,从而保持罐压稳定在(5.0 ± 0.2)atm(表)。罐内液体由泵P101A/B抽出输送到其他工段,出口流量在流量调节器FIC101的控制下稳定在$(20\,000\pm1\,000)$kg/h。

再完成列管式换热器事故(TV101A阀卡)处理,事故现象如下:热物流经换热器换热后的温度降低;冷物流出口温度降低。

离心泵及列管式换热器工艺流程图(DCS图和现场图)见附录1。

(2)实施条件

表2-11-1 T-2-11实施条件

项 目	基本实施条件
场 地	化工仿真机房(工位数≥40),照明通风良好
设 备	41台计算机(含1台教师站),具体配置要求见附录2
软件环境	1. 预装"化工单元实习仿真软件CSTS",并激活成功 2. 教师站按要求组卷并建立、开放考核室;确保学员站能以局域网模式成功连接教师站
组卷形式	离心泵冷态开车(70%)+列管式换热器事故(TV101A阀卡)(30%)
测评专家	每40名考生配备2名考评员。要求具有化工总控工国家职业技能鉴定考评员资格

(3)考核时量

60分钟。

(4)评价标准

表2-11-2 T-2-11评价标准

评价内容及配分		评分标准	得分
操作质量 (80分) (自动评定)	离心泵冷态开车 (56分)	罐V101充液、充压,启动A泵,出料	
	列管式换热器事故 (TV101A阀卡) 处理(24分)	打开TV101A旁路阀VD08,关闭TV101A前后阀,调节VD08开度使各温度达到正常值	
职业素养 (20分)	软件使用 (10分)	1. 按要求准确填写考核基本信息(2分);正确进入相应考核室(2分);操作完毕,正常关闭计算机(2分) 2. 未插入U盘、移动硬盘等电子设备(2分);未启动仿真软件以外的任何程序(2分)	

续表

评价内容及配分		评分标准	得分
职业素养 (20分)	安全文明操作 (10分)	1. 穿戴符合机房管理要求(3分) 2. 保持操作工位整齐、清洁(2分) 3. 严格遵守操作规程,各项指标均处于标准范围(5分); 任意一项质量指标超过零限偏差扣2分,不累加	
总　　分			

12. 试题编号:T-2-12　化工单元 DCS 操作 12

考核技能点编号:J-2-1、J-2-3

(1)任务描述

首先完成离心泵的冷态开车。约 40℃ 的带压液体经调节阀 LV101 进入带压贮罐 V101,贮罐液位由液位控制器 LIC101 通过调节 V101 的进料量来控制;罐内压力由 PIC101 分程控制,PV101A,PV101B 分别调节进入 V101 和排出 V101 的氮气量,从而保持罐压稳定在 (5.0 ± 0.2)atm(表)。罐内液体由泵 P101A/B 抽出输送到其他工段,出口流量在流量调节器 FIC101 的控制下稳定在 $(20\ 000 \pm 1\ 000)$kg/h。

再完成列管式换热器事故(部分管堵)处理,事故现象如下:热物流流量减小;冷物流出口温度降低,汽化率降低;热物流 P102 泵出口压力略升高。

离心泵及列管式换热器工艺流程图(DCS 图和现场图)见附录 1。

(2)实施条件

表 2-12-1　T-2-12 实施条件

项　　目	基本实施条件
场　　地	化工仿真机房(工位数≥40),照明通风良好
设　　备	41 台计算机(含 1 台教师站),具体配置要求见附录 2
软件环境	1. 预装"化工单元实习仿真软件 CSTS",并激活成功 2. 教师站按要求组卷并建立、开放考核室;确保学员站能以局域网模式成功连接教师站
组卷形式	离心泵冷态开车(70%)+列管式换热器事故(部分管堵)(30%)
测评专家	每 40 名考生配备 2 名考评员。要求具有化工总控工国家职业技能鉴定考评员资格

(3)考核时量

60 分钟。

(4)评价标准

表 2-12-2　T-2-12 评价标准

评价内容及配分		评分标准	得分
操作质量 （80 分） （自动评定）	离心泵冷态开车 （56 分）	罐 V101 充液、充压，启动 A 泵，出料	
	列管式换 热器事故 （部分管堵）处理 （24 分）	停热物流进料泵 P102A；停热物流进料；停冷物流进料泵 P101A；停冷物流进料；E101 管程泄液；E101 壳程泄液	
职业素养 （20 分）	软件使用 （10 分）	1. 按要求准确填写考核基本信息（2 分）；正确进入相应考 核室（2 分）；操作完毕，正常关闭计算机（2 分） 2. 未插入 U 盘、移动硬盘等电子设备（2 分）；未启动仿真 软件以外的任何程序（2 分）	
	安全文明操作 （10 分）	1. 穿戴符合机房管理要求（3 分） 2. 保持操作工位整齐、清洁（2 分） 3. 严格遵守操作规程，各项指标均处于标准范围（5 分）； 任意一项质量指标超过零限偏差扣 2 分，不累加	
总　　分			

13. 试题编号：T-2-13　化工单元 DCS 操作 13

考核技能点编号：J-2-1、J-2-3

(1)任务描述

首先完成离心泵的冷态开车。约 40℃的带压液体经调节阀 LV101 进入带压贮罐 V101，贮罐液位由液位控制器 LIC101 通过调节 V101 的进料量来控制；罐内压力由 PIC101 分程控制，PV101A，PV101B 分别调节进入 V101 和排出 V101 的氮气量，从而保持罐压稳定在（5.0±0.2）atm（表）。罐内液体由泵 P101A/B 抽出输送到其他工段，出口流量在流量调节器 FIC101 的控制下稳定在（20 000±1 000）kg/h。

再完成列管式换热器事故（换热器结垢严重）处理，事故现象如下：冷物流出口温度下降，热物流出口温度升高。

离心泵及列管式换热器工艺流程图（DCS 图和现场图）见附录 1。

(2)实施条件

表 2-13-1　T-2-13 实施条件

项　　目	基本实施条件
场　　地	化工仿真机房（工位数≥40），照明通风良好
设　　备	41 台计算机（含 1 台教师站），具体配置要求见附录 2
软件环境	1. 预装"化工单元实习仿真软件 CSTS"，并激活成功 2. 教师站按要求组卷并建立、开放考核室；确保学员站能以局域网模式成功连接 教师站
组卷形式	离心泵冷态开车（70%）＋列管式换热器事故（换热器结垢严重）（30%）

续表

项　　目	基本实施条件
测评专家	每40名考生配备2名考评员。要求具有化工总控工国家职业技能鉴定考评员资格

（3）考核时量

60分钟。

（4）评价标准

表 2 - 13 - 2　T - 2 - 13 评价标准

评价内容及配分		评分标准	得分
操作质量 （80分） （自动评定）	离心泵冷态开车 （56分）	罐 V101 充液、充压；启动 A 泵；出料	
	列管式换热器事故（换热器结垢严重）处理 （24分）	停热物流进料泵 P102A，停热物流进料，停冷物流进料泵 P101A，停冷物流进料，E101 管程泄液，E101 壳程泄液	
职业素养 （20分）	软件使用 （10分）	1. 按要求准确填写考核基本信息（2分）；正确进入相应考核室（2分）；操作完毕，正常关闭计算机（2分） 2. 未插入 U 盘、移动硬盘等电子设备（2分）；未启动仿真软件以外的任何程序（2分）	
	安全文明操作 （10分）	1. 穿戴符合机房管理要求（3分） 2. 保持操作工位整齐、清洁（2分） 3. 严格遵守操作规程，各项指标均处于标准范围（5分）；任意一项质量指标超过零限偏差扣 2 分，不累加	
总　　分			

14. 试题编号：T - 2 - 14　化工单元 DCS 操作 14

考核技能点编号：J - 2 - 1、J - 2 - 4

（1）任务描述

首先完成离心泵的冷态开车。约40℃的带压液体经调节阀 LV101 进入带压贮罐 V101，贮罐液位由液位控制器 LIC101 通过调节 V101 的进料量来控制；罐内压力由 PIC101 分程控制，PV101A，PV101B 分别调节进入 V101 和排出 V101 的氮气量，从而保持罐压稳定在（5.0±0.2）atm（表）。罐内液体由泵 P101A/B 抽出输送到其他工段，出口流量在流量调节器 FIC101 的控制下稳定在（20 000±1 000）kg/h。

再完成精馏塔随机工况处理，即针对正常工况下出现的随机事故，及时采取有效措施进行调控，确保各工艺参数处于标准范围。

离心泵及精馏工艺流程图（DCS 图和现场图）见附录1。

（2）实施条件

表 2-14-1　T-2-14 实施条件

项　目	基本实施条件
场　地	化工仿真机房(工位数≥40),照明通风良好
设　备	41 台计算机(含 1 台教师站),具体配置要求见附录 2
软件环境	1. 预装"化工单元实习仿真软件 CSTS",并激活成功 2. 教师站按要求组卷并建立、开放考核室;确保学员站能以局域网模式成功连接教师站
组卷形式	离心泵冷态开车(70%)＋ 精馏塔随机工况(30%)
测评专家	每 40 名考生配备 2 名考评员。要求具有化工总控工国家职业技能鉴定考评员资格

(3)考核时量

60 分钟。

(4)评价标准

表 2-14-2　T-2-14 评价标准

评价内容及配分		评分标准	得分
操作质量 (80 分) (自动评定)	离心泵冷态开车 (56 分)	罐 V101 充液、充压,启动 A 泵,出料	
	精馏塔随机工况 (24 分)	处理及时、有效,确保各工艺参数处于标准范围	
职业素养 (20 分)	软件使用 (10 分)	1. 按要求准确填写考核基本信息(2 分);正确进入相应考核室(2 分);操作完毕,正常关闭计算机(2 分) 2. 未插入 U 盘、移动硬盘等电子设备(2 分);未启动仿真软件以外的任何程序(2 分)	
	安全文明操作 (10 分)	1. 穿戴符合机房管理要求(3 分) 2. 保持操作工位整齐、清洁(2 分) 3. 严格遵守操作规程,各项指标均处于标准范围(5 分);任意一项质量指标超过零限偏差扣 2 分,不累加	
总　　分			

15. 试题编号:T-2-15　化工单元 DCS 操作 15

考核技能点编号:J-2-1、J-2-2

(1)任务描述

首先完成列管式换热器的冷态开车。来自界外的 92℃冷物流由离心泵输送至换热器壳程,被流经管程的来自于另一设备的 225℃热物流加热至(145±5)℃,并有 20%被汽化。冷物流流量由流量控制器 FIC101 控制,正常流量为(12 000±360)kg/h。来自另一设备的 225℃热物流经 P102A/B 输送至换热器 E101 与流经壳程的冷物流进行热交换,热物流出口温度由 TIC101 控制稳定在(177±5)℃。

再完成离心泵的正常停车。离心泵处于正常运行状态,按照正常停车操作步骤,依次对

V101 停进料、停泵、对 P101A 泄液、对 V101 罐泄压泄液。

列管式换热器及离心泵工艺流程图(DCS 图和现场图)见附录 1。

(2)实施条件

表 2－15－1　T2－2－15 实施条件

项　目	基本实施条件
场　地	化工仿真机房(工位数≥40),照明通风良好
设　备	41 台计算机(含 1 台教师站),具体配置要求见附录 2
软件环境	1. 预装"化工单元实习仿真软件 CSTS",并激活成功 2. 教师站按要求组卷并建立、开放考核室;确保学员站能以局域网模式成功连接教师站
组卷形式	列管式换热器冷态开车(70%)＋离心泵正常停车(30%)
测评专家	每 40 名考生配备 2 名考评员。要求具有化工总控工国家职业技能鉴定考评员资格

(3)考核时量

60 分钟。

(4)评价标准

表 2－15－2　T－2－15 评价标准

评价内容及配分		评分标准	得分
操作质量 (80 分) (自动评定)	列管式换热器冷态开车 (56 分)	开车准备,启动冷物流进料泵 P101A,冷物流进料,启动热物流入口泵 P102A,热物流进料	
	离心泵正常停车 (24 分)	罐 V101 停进料,停泵,泵 P101A 泄液,罐 V101 泄压、泄液	
职业素养 (20 分)	软件使用 (10 分)	1. 按要求准确填写考核基本信息(2 分);正确进入相应考核室(2 分);操作完毕,正常关闭计算机(2 分) 2. 未插入 U 盘、移动硬盘等电子设备(2 分);未启动仿真软件以外的任何程序(2 分)	
	安全文明操作 (10 分)	1. 穿戴符合机房管理要求(3 分) 2. 保持操作工位整齐、清洁(2 分) 3. 严格遵守操作规程,各项指标均处于标准范围(5 分);任意一项质量指标超过零限偏差扣 2 分,不累加	
总　分			

16. 试题编号:T－2－16　化工单元 DCS 操作 16

考核技能点编号:J－2－1、J－2－3

(1)任务描述

首先完成列管式换热器的冷态开车。来自界外的 92℃冷物流由离心泵输送至换热器壳程,被流经管程的来自于另一设备的 225℃ 热物流加热至(145±5)℃,并有 20% 被汽化。冷物流流量由流量控制器 FIC101 控制,正常流量为(12 000±360)kg/h。来自另一设备的 225℃ 热物流经泵 P102A/B 输送至换热器 E101 与流经壳程的冷物流进行热交换,热物流出口温度由 TIC101 控制稳定在(177±5)℃。

再完成离心泵事故(P101A 泵坏)处理,事故现象如下:泵出口压力急剧下降,FIC101 流量急降为零。

列管式换热器及离心泵工艺流程图(DCS 图和现场图)见附录 1。

(2)实施条件

表 2-16-1 T-2-16 实施条件

项　　目	基本实施条件
场　　地	化工仿真机房(工位数≥40),照明通风良好
设　　备	41 台计算机(含 1 台教师站),具体配置要求见附录 2
软件环境	1. 预装"化工单元实习仿真软件 CSTS",并激活成功 2. 教师站按要求组卷并建立、开放考核室;确保学员站能以局域网模式成功连接教师站
组卷形式	列管式换热器冷态开车(70%)+离心泵事故(P101A 泵坏)(30%)
测评专家	每 40 名考生配备 2 名考评员。要求具有化工总控工国家职业技能鉴定考评员资格

(3)考核时量

60 分钟。

(4)评价标准

表 2-16-2 T-2-16 评价标准

评价内容及配分		评分标准	得分
操作质量 (80 分) (自动评定)	列管式换热器冷态开车 (56 分)	开车准备,启动冷物流进料泵 P101A,冷物流进料,启动热物流入口泵 P102A,热物流进料	
	离心泵事故 (P101A 泵坏) 处理(24 分)	切换到备用泵 P101B	
职业素养 (20 分)	软件使用 (10 分)	1. 按要求准确填写考核基本信息(2 分);正确进入相应考核室(2 分);操作完毕,正常关闭计算机(2 分) 2. 未插入 U 盘、移动硬盘等电子设备(2 分);未启动仿真软件以外的任何程序(2 分)	
	安全文明操作 (10 分)	1. 穿戴符合机房管理要求(3 分) 2. 保持操作工位整齐、清洁(2 分) 3. 严格遵守操作规程,各项指标均处于标准范围(5 分);任意一项质量指标超过零限偏差扣 2 分,不累加	
总　　分			

17. 试题编号：T-2-17 化工单元 DCS 操作 17

考核技能点编号：J-2-1、J-2-3

(1)任务描述

首先完成列管式换热器的冷态开车。来自界外的 92℃冷物流由离心泵输送至换热器壳程,被流经管程的来自于另一设备的 225℃热物流加热至(145±5)℃,并有 20%被汽化。冷物流流量由流量控制器 FIC101 控制,正常流量为(12 000±360)kg/h。来自另一设备的 225℃热物流经泵 P102A/B 输送至换热器 E101 与流经壳程的冷物流进行热交换,热物流出口温度由 TIC101 控制稳定在(177±5)℃。

再完成离心泵事故(调节阀 FV101 阀卡)处理,事故现象如下：FIC101 的液体流量不可调节。

列管式换热器及离心泵工艺流程图(DCS 图和现场图)见附录 1。

(2)实施条件

表 2-17-1 T-2-17 实施条件

项　目	基本实施条件
场　地	化工仿真机房(工位数≥40),照明通风良好
设　备	41 台计算机(含 1 台教师站),具体配置要求见附录 2
软件环境	1. 预装"化工单元实习仿真软件 CSTS",并激活成功 2. 教师站按要求组卷并建立、开放考核室;确保学员站能以局域网模式成功连接教师站
组卷形式	列管式换热器冷态开车(70%)+离心泵事故(调节阀 FV101 阀卡)(30%)
测评专家	每 40 名考生配备 2 名考评员。要求具有化工总控工国家职业技能鉴定考评员资格

(3)考核时量

60 分钟。

(4)评价标准

表 2-17-2 T-2-17 评价标准

评价内容及配分		评分标准	得分
操作质量 (80 分) (自动评定)	列管式换热器 冷态开车 (56 分)	开车准备;启动冷物流进料泵 P101A;冷物流进料;启动热物流入口泵 P102A;热物流进料	
	离心泵事故调节阀 FV101 阀卡处理 (24 分)	打开旁路阀 VD09,调节流量至正常	
职业素养 (20 分)	软件使用 (10 分)	1. 按要求准确填写考核基本信息(2 分);正确进入相应考核室(2 分);操作完毕,正常关闭计算机(2 分) 2. 未插入 U 盘、移动硬盘等电子设备(2 分);未启动仿真软件以外的任何程序(2 分)	

续表

评价内容及配分		评分标准	得分
职业素养 (20分)	安全文明操作 (10分)	1. 穿戴符合机房管理要求(3分) 2. 保持操作工位整齐、清洁(2分) 3. 严格遵守操作规程,各项指标均处于标准范围(5分); 任意一项质量指标超过零限偏差扣2分,不累加	
总　　分			

18. 试题编号:T‐2‐18　化工单元 DCS 操作 18

考核技能点编号:J‐2‐1、J‐2‐3

(1)任务描述

首先完成列管式换热器的冷态开车。来自界外的92℃冷物流由离心泵输送至换热器壳程,被流经管程的来自于另一设备的225℃热物流加热至(145±5)℃,并有20%被汽化。冷物流流量由流量控制器 FIC101 控制,正常流量为(12 000±360)kg/h。来自另一设备的225℃热物流经泵 P102A/B 输送至换热器 E101 与流经壳程的冷物流进行热交换,热物流出口温度由 TIC101 控制稳定在(177±5)℃。

再完成离心泵事故处理(P101A 入口管线堵),事故现象如下:泵 P101A 入口、出口压力急剧下降,FIC101 流量急剧减小到零。

列管式换热器及离心泵工艺流程图(DCS 图和现场图)见附录1。

(2)实施条件

表 2‐18‐1　T‐2‐18 实施条件

项　　目	基本实施条件
场　　地	化工仿真机房(工位数≥40),照明通风良好
设　　备	41 台计算机(含1台教师站),具体配置要求见附录2
软件环境	1. 预装"化工单元实习仿真软件 CSTS",并激活成功 2. 教师站按要求组卷并建立、开放考核室;确保学员站能以局域网模式成功连接教师站
组卷形式	列管式换热器冷态开车(70%)+离心泵事故(P101A 入口管线堵)(30%)
测评专家	每40名考生配备2名考评员。要求具有化工总控工国家职业技能鉴定考评员资格

(3)考核时量

60 分钟。

(4)评价标准

表 2-18-2 T-2-18 评价标准

评价内容及配分		评分标准	得分
操作质量 (80分) (自动评定)	列管式换热器 冷态开车 (56分)	开车准备,启动冷物流进料泵 P101A,冷物流进料,启动热物流入口泵 P102A,热物流进料	
	离心泵事故(P101A 入口管线堵)处理 (24分)	切换到备用泵 P101B	
职业素养 (20分)	软件使用 (10分)	1. 按要求准确填写考核基本信息(2分);正确进入相应考核室(2分);操作完毕,正常关闭计算机(2分) 2. 未插入 U 盘、移动硬盘等电子设备(2分);未启动仿真软件以外的任何程序(2分)	
	安全文明操作 (10分)	1. 穿戴符合机房管理要求(3分) 2. 保持操作工位整齐、清洁(2分) 3. 严格遵守操作规程,各项指标均处于标准范围(5分);任意一项质量指标超过零限偏差扣2分,不累加	
总　　　分			

19. 试题编号:T-2-19 化工单元 DCS 操作 19

考核技能点编号:J-2-1、J-2-3

(1)任务描述

首先完成列管式换热器的冷态开车。来自界外的 92℃冷物流由离心泵输送至换热器壳程,被流经管程的来自于另一设备的 225℃热物流加热至(145±5)℃,并有 20%被汽化。冷物流流量由流量控制器 FIC101 控制,正常流量为(12 000±360)kg/h。来自另一设备的 225℃热物流经泵 P102A/B 输送至换热器 E101 与流经壳程的冷物流进行热交换,热物流出口温度由 TIC101 控制稳定在(177±5)℃。

再完成离心泵事故处理(泵 P101A 汽蚀),事故现象如下:泵 P101A 入口、出口压力上下波动,泵 P101A 出口流量波动。

列管式换热器及离心泵工艺流程图(DCS 图和现场图)见附录1。

(2)实施条件

表 2-19-1 T-2-19 实施条件

项　　目	基本实施条件
场　地	化工仿真机房(工位数≥40),照明通风良好
设　备	41 台计算机(含 1 台教师站),具体配置要求见附录2
软件环境	1. 预装"化工单元实习仿真软件 CSTS",并激活成功 2. 教师站按要求组卷并建立、开放考核室;确保学员站能以局域网模式成功连接教师站
组卷形式	列管式换热器冷态开车(70%)+离心泵事故(泵 P101A 汽蚀)(30%)

续表

项 目	基本实施条件
测评专家	每40名考生配备2名考评员。要求具有化工总控工国家职业技能鉴定考评员资格

(3)考核时量

60分钟。

(4)评价标准

表 2‑19‑2 T‑2‑19 评价标准

评价内容及配分		评分标准	得分
操作质量 (80分) (自动评定)	列管式换热器 冷态开车 (56分)	开车准备,启动冷物流进料泵 P101A,冷物流进料,启动热物流入口泵 P102A,热物流进料	
	离心泵事故泵 P101A 汽蚀 处理(24分)	切换到备用泵 P101B	
职业素养 (20分)	软件使用 (10分)	1. 按要求准确填写考核基本信息(2分);正确进入相应考核室(2分);操作完毕,正常关闭计算机(2分) 2. 未插入 U 盘、移动硬盘等电子设备(2分);未启动仿真软件以外的任何程序(2分)	
	安全文明操作 (10分)	1. 穿戴符合机房管理要求(3分) 2. 保持操作工位整齐、清洁(2分) 3. 严格遵守操作规程,各项指标均处于标准范围(5分);任意一项质量指标超过零限偏差扣 2 分,不累加	
总 分			

20. 试题编号:T‑2‑20 化工单元 DCS 操作 20

考核技能点编号:J‑2‑1、J‑2‑3

(1)任务描述

首先完成列管式换热器的冷态开车。来自界外的 92℃冷物流由离心泵输送至换热器壳程,被流经管程的来自于另一设备的 225℃热物流加热至(145±5)℃,并有 20%被汽化。冷物流流量由流量控制器 FIC101 控制,正常流量为(12 000±360)kg/h。来自另一设备的 225℃热物流经泵 P102A/B 输送至换热器 E101 与流经壳程的冷物流进行热交换,热物流出口温度由 TIC101 控制稳定在(177±5)℃。

再完成离心泵事故处理(泵 P101A 气缚),事故现象如下:P101A 泵入口、出口压力急剧下降,FIC101 流量急剧减少。

列管式换热器及离心泵工艺流程图(DCS图和现场图)见附录 1。

(2)实施条件

表 2-20-1 T-2-20 实施条件

项目	基本实施条件
场地	化工仿真机房(工位数≥40),照明通风良好
设备	41 台计算机(含 1 台教师站),具体配置要求见附录 2
软件环境	1. 预装"化工单元实习仿真软件 CSTS",并激活成功 2. 教师站按要求组卷并建立、开放考核室;确保学员站能以局域网模式成功连接教师站
组卷形式	列管式换热器冷态开车(70%)+离心泵事故(泵 P101A 气缚)(30%)
测评专家	每 40 名考生配备 2 名考评员。要求具有化工总控工国家职业技能鉴定考评员资格

(3)考核时量

60 分钟。

(4)评价标准

表 2-20-2 T-2-20 评价标准

评价内容及配分		评分标准	得分
操作质量 (80 分) (自动评定)	列管式换热器冷态开车 (56 分)	开车准备,启动冷物流进料泵 P101A,冷物流进料,启动热物流入口泵 P102A,热物流进料	
	离心泵事故(泵 P101A 气缚)处理(24 分)	关闭泵 P101A,再按规程重新启动	
职业素养 (20 分)	软件使用 (10 分)	1. 按要求准确填写考核基本信息(2 分);正确进入相应考核室(2 分);操作完毕,正常关闭计算机(2 分) 2. 未插入 U 盘、移动硬盘等电子设备(2 分);未启动仿真软件以外的任何程序(2 分)	
	安全文明操作 (10 分)	1. 穿戴符合机房管理要求(3 分) 2. 保持操作工位整齐、清洁(2 分) 3. 严格遵守操作规程,各项指标均处于标准范围(5 分);任意一项质量指标超过零限偏差扣 2 分,不累加	
总分			

21. 试题编号:T-2-21 化工单元 DCS 操作 21

考核技能点编号:J-2-1、J-2-2

(1)任务描述

首先完成列管式换热器的冷态开车。来自界外的 92℃冷物流由离心泵输送至换热器壳程,被流经管程的来自于另一设备的 225℃热物流加热至(145±5)℃,并有 20%被汽化。冷物流流量由流量控制器 FIC101 控制,正常流量为(12 000±360)kg/h。来自另一设备的 225℃热物流经泵 P102A/B 输送至换热器 E101 与流经壳程的冷物流进行热交换,热物流出口温度由 TIC101 控制稳定在(177±5)℃。

再完成列管式换热器的正常停车。列管式换热器处于正常运行状态,按照正常停车操作规程,依次停热物流进料泵 P102A、停热物流进料、停冷物流进料泵 P101A、停冷物流进料、E101 管程泄液、E101 壳程泄液。

列管式换热器工艺流程图(DCS 图和现场图)见附录1。

(2)实施条件

表 2‑21‑1 T‑2‑21 实施条件

项　　目	基本实施条件
场　　地	化工仿真机房(工位数≥40),照明通风良好
设　　备	41 台计算机(含 1 台教师站),具体配置要求见附录2
软件环境	1. 预装"化工单元实习仿真软件 CSTS",并激活成功 2. 教师站按要求组卷并建立、开放考核室;确保学员站能以局域网模式成功连接教师站
组卷形式	列管式换热器冷态开车(70%)+列管式换热器正常停车(30%)
测评专家	每 40 名考生配备 2 名考评员。要求具有化工总控工国家职业技能鉴定考评员资格

(3)考核时量

60 分钟。

(4)评价标准

表 2‑21‑2 T‑2‑21 评价标准

评价内容及配分		评分标准	得分
操作质量 (80 分) (自动评定)	列管式换热器 冷态开车 (56 分)	开车准备,启动冷物流进料泵 P101A,冷物流进料,启动热物流入口泵 P102A,热物流进料	
	列管式换热器 正常停车 (24 分)	停热物流进料泵 P102A,停热物流进料,停冷物流进料泵 P101A,停冷物流进料,E101 管程泄液,E101 壳程泄液	
职业素养 (20 分)	软件使用 10 分	1. 按要求准确填写考核基本信息(2 分);正确进入相应考核室(2 分);操作完毕,正常关闭计算机(2 分) 2. 未插入 U 盘、移动硬盘等电子设备(2 分);未启动仿真软件以外的任何程序(2 分)	
	安全文明操作 (10 分)	1. 穿戴符合机房管理要求(3 分) 2. 保持操作工位整齐、清洁(2 分) 3. 严格遵守操作规程,各项指标均处于标准范围(5 分);任意一项质量指标超过零限偏差扣 2 分,不累加	
总　　分			

22. 试题编号:T-2-22 化工单元 DCS 操作 22

考核技能点编号:J-2-1、J-2-3

(1)任务描述

首先完成列管式换热器的冷态开车。来自界外的 92℃ 冷物流由离心泵输送至换热器壳程,被流经管程的来自于另一设备的 225℃ 热物流加热至(145±5)℃,并有 20% 被汽化。冷物流流量由流量控制器 FIC101 控制,正常流量为(12 000±360)kg/h。来自另一设备的 225℃ 热物流经泵 P102A/B 输送至换热器 E101 与流经壳程的冷物流进行热交换,热物流出口温度由 TIC101 控制稳定在(177±5)℃。

再完成列管式换热器事故(FIC101 阀卡)处理,事故现象如下:FIC101 流量减小,P101 泵出口压力升高,冷物流出口温度升高。

列管式换热器工艺流程图(DCS 图和现场图)见附录 1。

(2)实施条件

表 2-22-1 T-2-22

项　目	基本实施条件
场　地	化工仿真机房(工位数≥40),照明通风良好
设　备	41 台计算机(含 1 台教师站),具体配置要求见附录 2
软件环境	1. 预装"化工单元实习仿真软件 CSTS",并激活成功 2. 教师站按要求组卷并建立、开放考核室;确保学员站能以局域网模式成功连接教师站
组卷形式	列管式换热器冷态开车(70%)+列管式换热器事故(FIC101 阀卡)(30%)
测评专家	每 40 名考生配备 2 名考评员。要求具有化工总控工国家职业技能鉴定考评员资格

(3)考核时量

60 分钟。

(4)评价标准

表 2-22-2 T-2-22 评价标准

评价内容及配分		评分标准	得分
操作质量 (80 分) (自动评定)	列管式换热器冷态开车 (56 分)	开车准备,启动冷物流进料泵 P101A,冷物流进料,启动热物流入口泵 P102A,热物流进料	
	列管式换热器事故(FIC101 阀卡)处理 (24 分)	打开 FIC101 旁路阀 VD01,关闭 FIC101 及其前后阀,调节 VD01 使流量达到正常值	
职业素养 (20 分)	软件使用 (10 分)	1. 按要求准确填写考核基本信息(2分);正确进入相应考核室(2分);操作完毕,正常关闭计算机(2分) 2. 未插入 U 盘、移动硬盘等电子设备(2分);未启动仿真软件以外的任何程序(2分)	

续表

评价内容及配分		评分标准	得分
职业素养 (20分)	安全文明操作 (10分)	1. 穿戴符合机房管理要求(3分) 2. 保持操作工位整齐、清洁(2分) 3. 严格遵守操作规程,各项指标均处于标准范围(5分); 任意一项质量指标超过零限偏差扣2分,不累加	
总　　分			

23. 试题编号:T-2-23　化工单元 DCS 操作 23

考核技能点编号:J-2-1、J-2-3

(1)任务描述

首先完成列管式换热器的冷态开车。来自界外的 92℃冷物流由离心泵输送至换热器壳程,被流经管程的来自于另一设备的 225℃热物流加热至(145±5)℃,并有 20%被汽化。冷物流流量由流量控制器 FIC101 控制,正常流量为(12 000±360)kg/h。来自另一设备的 225℃热物流经泵 P102A/B 输送至换热器 E101 与流经壳程的冷物流进行热交换,热物流出口温度由 TIC101 控制稳定在(177±5)℃。

再完成列管式换热器事故处理(P101A 泵坏),事故现象如下:P101 泵出口压力急剧下降;FIC101 流量急剧减小;冷物流出口温度升高,汽化率增大。

列管式换热器工艺流程图(DCS 图和现场图)见附录 1。

(2)实施条件

表 2-23-1　T-2-23

项　　目	基本实施条件
场　　地	化工仿真机房(工位数≥40),照明通风良好
设　　备	41 台计算机(含 1 台教师站),具体配置要求见附录 2
软件环境	1. 预装"化工单元实习仿真软件 CSTS",并激活成功 2. 教师站按要求组卷并建立、开放考核室;确保学员站能以局域网模式成功连接教师站
组卷形式	列管式换热器冷态开车(70%)+列管式换热器事故(P101A 泵坏)(30%)
测评专家	每 40 名考生配备 2 名考评员。要求具有化工总控工国家职业技能鉴定考评员资格

(3)考核时量

60 分钟。

(4)评价标准

表 2-23-2　T-2-23 评价标准

评价内容及配分		评分标准	得分
操作质量 (80 分) (自动评定)	列管式换热器 冷态开车 (56 分)	开车准备,启动冷物流进料泵 P101A,冷物流进料,启动热物流入口泵 P102A,热物流进料	
	列管式换热器事故 (P101A 泵坏)处理 (24 分)	关闭 P101A 泵,开启 P101B 泵	
职业素养 (20 分)	软件使用 (10 分)	1. 按要求准确填写考核基本信息(2分);正确进入相应考核室(2分);操作完毕,正常关闭计算机(2分) 2. 未插入 U 盘、移动硬盘等电子设备(2分);未启动仿真软件以外的任何程序(2分)	
	安全文明操作 (10 分)	1. 穿戴符合机房管理要求(3分) 2. 保持操作工位整齐、清洁(2分) 3. 严格遵守操作规程,各项指标均处于标准范围(5分);任意一项质量指标超过零限偏差扣 2 分,不累加	
总　　分			

24. 试题编号:T-2-24　化工单元 DCS 操作 24

考核技能点编号:J-2-1、J-2-3

(1)任务描述

首先完成列管式换热器的冷态开车。来自界外的 92℃冷物流由离心泵输送至换热器壳程,被流经管程的来自于另一设备的 225℃热物流加热至(145±5)℃,并有 20%被汽化。冷物流流量由流量控制器 FIC101 控制,正常流量为(12 000±360)kg/h。来自另一设备的 225℃热物流经泵 P102A/B 输送至换热器 E101 与流经壳程的冷物流进行热交换,热物流出口温度由 TIC101 控制稳定在(177±5)℃。

再完成列管式换热器事故(P102A 泵坏)处理,事故现象如下:P102 泵出口压力急剧下降;冷物流出口温度下降,汽化率降低。

列管式换热器工艺流程图(DCS 图和现场图)见附录 1。

(2)实施条件

表 2-24-1　T-2-24 实施条件

项　　目	基本实施条件
场　　地	化工仿真机房(工位数≥40),照明通风良好
设　　备	41 台计算机(含 1 台教师站),具体配置要求见附录 2
软件环境	1. 预装"化工单元实习仿真软件 CSTS",并激活成功 2. 教师站按要求组卷并建立、开放考核室;确保学员站能以局域网模式成功连接教师站
组卷形式	列管式换热器冷态开车(70%)+列管式换热器事故(P102A 泵坏)(30%)

续表

项　目	基本实施条件
测评专家	每 40 名考生配备 2 名考评员。要求具有化工总控工国家职业技能鉴定考评员资格

（3）考核时量

60 分钟。

（4）评价标准

表 2－24－2　T－2－24 评价标准

评价内容及配分		评分标准	得分
操作质量 （80 分） （自动评定）	列管式换热器 冷态开车 （56 分）	开车准备,启动冷物流进料泵 P101A,冷物流进料,启动热物流入口泵 P102A,热物流进料	
	列管式换热器事故 （P102A 泵坏）处理 （24 分）	关闭 P102A 泵,开启 P102B 泵	
职业素养 （20 分）	软件使用 （10 分）	1. 按要求准确填写考核基本信息(2 分);正确进入相应考核室(2 分);操作完毕,正常关闭计算机(2 分) 2. 未插入 U 盘、移动硬盘等电子设备(2 分);未启动仿真软件以外的任何程序(2 分)	
	安全文明操作 （10 分）	1. 穿戴符合机房管理要求(3 分) 2. 保持操作工位整齐、清洁(2 分) 3. 严格遵守操作规程,各项指标均处于标准范围(5 分);任意一项质量指标超过零限偏差扣 2 分,不累加	
总　　分			

25. 试题编号：T－2－25　化工单元 DCS 操作 25

考核技能点编号：J－2－1、J－2－3

（1）任务描述

首先完成列管式换热器的冷态开车。来自界外的 92℃冷物流由离心泵输送至换热器壳程,被流经管程的来自于另一设备的 225℃热物流加热至(145±5)℃,并有 20%被汽化。冷物流流量由流量控制器 FIC101 控制,正常流量为(12 000±360)kg/h。来自另一设备的 225℃热物流经泵 P102A/B 输送至换热器 E101 与流经壳程的冷物流进行热交换,热物流出口温度由 TIC101 控制稳定在(177±5)℃。

再完成列管式换热器事故处理(TV101A 阀卡),事故现象如下:热物流经换热器换热后的温度降低,冷物流出口温度降低。

列管式换热器工艺流程图(DCS 图和现场图)见附录 1。

（2）实施条件

表 2-25-1　T-2-25 实施条件

项　目	基本实施条件
场　地	化工仿真机房(工位数≥40),照明通风良好
设　备	41 台计算机(含 1 台教师站),具体配置要求见附录 2
软件环境	1. 预装"化工单元实习仿真软件 CSTS",并激活成功 2. 教师站按要求组卷并建立、开放考核室;确保学员站能以局域网模式成功连接教师站
组卷形式	列管式换热器冷态开车(70%)＋列管式换热器事故(TV101A 阀卡)(30%)
测评专家	每 40 名考生配备 2 名考评员。要求具有化工总控工国家职业技能鉴定考评员资格

(3)考核时量

60 分钟。

(4)评价标准

表 2-25-2　T-2-25 评价标准

评价内容及配分		评分标准	得分
操作质量 (80 分) (自动评定)	列管式换热器 冷态开车 (56 分)	开车准备;启动冷物流进料泵 P101A;冷物流进料;启动热物流入口泵 P102A;热物流进料	
	列管式换热器事故 (TV101A 阀卡) 处理(24 分)	打开 TV101A 旁路阀 VD08,关闭 TV101A 前后阀,调节 VD08 开度使各温度达到正常值	
职业素养 (20 分)	软件使用 (10 分)	1. 按要求准确填写考核基本信息(2 分);正确进入相应考核室(2 分);操作完毕,正常关闭计算机(2 分) 2. 未插入 U 盘、移动硬盘等电子设备(2 分);未启动仿真软件以外的任何程序(2 分)	
	安全文明操作 (10 分)	1. 穿戴符合机房管理要求(3 分) 2. 保持操作工位整齐、清洁(2 分) 3. 严格遵守操作规程,各项指标均处于标准范围(5 分);任意一项质量指标超过零限偏差扣 2 分,不累加	
总　　分			

26. 试题编号:T-2-26　化工单元 DCS 操作 26

考核技能点编号:J-2-1、J-2-3

(1)任务描述

首先完成列管式换热器的冷态开车。来自界外的 92℃冷物流由离心泵输送至换热器壳程,被流经管程的来自于另一设备的 225℃热物流加热至(145±5)℃,并有 20%被汽化。冷物流流量由流量控制器 FIC101 控制,正常流量为(12 000±360)kg/h。来自另一设备的 225℃热物流经泵 P102A/B 输送至换热器 E101 与流经壳程的冷物流进行热交换,热物流出口温度由 TIC101 控制稳定在(177±5)℃。

再完成列管式换热器事故(部分管堵)处理,事故现象如下:热物流流量减小;冷物流出口温度降低,汽化率降低;热物流 P102 泵出口压力略升高。

列管式换热器工艺流程图(DCS 图和现场图)见附录1。

(2)实施条件

表 2-26-1　T-2-26 实施条件

项　目	基本实施条件
场　地	化工仿真机房(工位数≥40),照明通风良好
设　备	41 台计算机(含 1 台教师站),具体配置要求见附录2
软件环境	1. 预装"化工单元实习仿真软件 CSTS",并激活成功 2. 教师站按要求组卷并建立、开放考核室;确保学员站能以局域网模式成功连接教师站
组卷形式	列管式换热器冷态开车(70%)+列管式换热器事故(部分管堵)(30%)
测评专家	每40名考生配备 2 名考评员。要求具有化工总控工国家职业技能鉴定考评员资格

(3)考核时量

60 分钟。

(4)评价标准

表 2-26-2　T-2-26 评价标准

评价内容及配分		评分标准	得分
操作质量 (80分) (自动评定)	列管式换热器 冷态开车 (56 分)	开车准备,启动冷物流进料泵 P101A,冷物流进料,启动热物流入口泵 P102A,热物流进料	
	列管式换热器事故 (部分管堵)处理 (24 分)	停热物流进料泵 P102A,停热物流进料,停冷物流进料泵 P101A,停冷物流进料,E101 管程泄液,E101 壳程泄液	
职业素养 (20分)	软件使用 (10分)	1. 按要求准确填写考核基本信息(2分);正确进入相应考核室(2分);操作完毕,正常关闭计算机(2分) 2. 未插入 U 盘、移动硬盘等电子设备(2分);未启动仿真软件以外的任何程序(2分)	
	安全文明操作 (10分)	1. 穿戴符合机房管理要求(3分) 2. 保持操作工位整齐、清洁(2分) 3. 严格遵守操作规程,各项指标均处于标准范围(5分);任意一项质量指标超过零限偏差扣 2 分,不累加	
总　分			

27. 试题编号:T－2－27　化工单元 DCS 操作 27

考核技能点编号:J－2－1、J－2－3

(1)任务描述

首先完成列管式换热器的冷态开车。来自界外的 92℃冷物流由离心泵输送至换热器壳程,被流经管程的来自于另一设备的 225℃热物流加热至(145±5)℃,并有 20％被汽化。冷物流流量由流量控制器 FIC101 控制,正常流量为(12 000±360)kg/h。来自另一设备的 225℃热物流经泵 P102A/B 输送至换热器 E101 与流经壳程的冷物流进行热交换,热物流出口温度由 TIC101 控制稳定在(177±5)℃。

再完成列管式换热器事故(换热器结垢严重)处理,事故现象如下:冷物流出口温度下降;热物流出口温度升高。

列管式换热器工艺流程图(DCS 图和现场图)见附录 1。

(2)实施条件

表 2－27－1　T－2－27 实施条件

项　　目	基本实施条件
场　　地	化工仿真机房(工位数≥40),照明通风良好
设　　备	41 台计算机(含 1 台教师站),具体配置要求见附录 2
软件环境	1. 预装"化工单元实习仿真软件 CSTS",并激活成功 2. 教师站按要求组卷并建立、开放考核室;确保学员站能以局域网模式成功连接教师站
组卷形式	列管式换热器冷态开车(70％)＋列管式换热器事故(换热器结垢严重)(30％)
测评专家	每 40 名考生配备 2 名考评员。要求具有化工总控工国家职业技能鉴定考评员资格

(3)考核时量

60 分钟。

(4)评价标准

表 2－27－2　T－2－27 评价标准

评价内容及配分		评分标准	得分
操作质量 (80 分) (自动评定)	列管式换热器冷态开车 (56 分)	开车准备,启动冷物流进料泵 P101A,冷物流进料,启动热物流入口泵 P102A,热物流进料	
	列管式换热器事故(换热器结垢严重)处理(24 分)	停热物流进料泵 P102A,停冷物流进料泵 P101A,停冷物流进料,E101 管程泄液,E101 壳程泄液	
职业素养 (20 分)	软件使用 (10 分)	1. 按要求准确填写考核基本信息(2 分);正确进入相应考核室(2 分);操作完毕,正常关闭计算机(2 分) 2. 未插入 U 盘、移动硬盘等电子设备(2 分);未启动仿真软件以外的任何程序(2 分)	

续表

评价内容及配分		评分标准	得分
职业素养 (20分)	安全文明操作 (10分)	1. 穿戴符合机房管理要求(3分) 2. 保持操作工位整齐、清洁(2分) 3. 严格遵守操作规程,各项指标均处于标准范围(5分);任意一项质量指标超过零限偏差扣2分,不累加	
总　　分			

28. 试题编号:T‐2‐28　化工单元 DCS 操作 28

考核技能点编号:J‐2‐1、J‐2‐4

(1)任务描述

首先完成列管式换热器的冷态开车。来自界外的 92℃冷物流由离心泵输送至换热器壳程,被流经管程的来自于另一设备的 225℃热物流加热至(145±5)℃,并有 20%被汽化。冷物流流量由流量控制器 FIC101 控制,正常流量为(12 000±360)kg/h。来自另一设备的 225℃热物流经泵 P102A/B 输送至换热器 E101 与流经壳程的冷物流进行热交换,热物流出口温度由 TIC101 控制稳定在(177±5)℃。

再完成精馏塔随机工况处理,即针对正常工况下出现的随机事故,及时采取有效措施进行调控,确保各工艺参数处于标准范围。

列管式换热器及精馏工艺流程图(DCS 图和现场图)见附录 1。

(2)实施条件

表 2‐28‐1　T‐2‐28 实施条件

项　　目	基本实施条件
场　　地	化工仿真机房(工位数≥40),照明通风良好
设　　备	41 台计算机(含 1 台教师站),具体配置要求见附录 2
软件环境	1. 预装"化工单元实习仿真软件 CSTS",并激活成功 2. 教师站按要求组卷并建立、开放考核室;确保学员站能以局域网模式成功连接教师站
组卷形式	列管式换热器冷态开车(70%)＋精馏塔随机工况(30%)
测评专家	每 40 名考生配备 2 名考评员。要求具有化工总控工国家职业技能鉴定考评员资格

(3)考核时量

60 分钟。

(4)评价标准

表 2 - 28 - 2　T - 2 - 28 评价标准

评价内容及配分		评分标准	得分
操作质量 (80 分) (自动评定)	列管式换热器 冷态开车 (56 分)	开车准备,启动冷物流进料泵 P101A,冷物流进料,启动热物流入口泵 P102A,热物流进料	
	精馏塔随机工况 (24 分)	处理及时、有效,确保各工艺参数处于标准范围	
职业素养 (20 分)	软件使用 (10 分)	1. 按要求准确填写考核基本信息(2分);正确进入相应考核室(2分);操作完毕,正常关闭计算机(2分) 2. 未插入 U 盘、移动硬盘等电子设备(2分);未启动仿真软件以外的任何程序(2分)	
	安全文明操作 (10 分)	1. 穿戴符合机房管理要求(3分) 2. 保持操作工位整齐、清洁(2分) 3. 严格遵守操作规程,各项指标均处于标准范围(5分);任意一项质量指标超过零限偏差扣 2 分,不累加	
总　　分			

29. 试题编号:T - 2 - 29　化工单元 DCS 操作 29

考核技能点编号:J - 2 - 1、J - 2 - 2

(1)任务描述

首先完成精馏塔冷态开车。利用精馏方法,在脱丁烷塔中将丁烷从脱丙烷塔釜混合物中分离出来。67.8℃的脱丙烷塔釜液经流量调节器 FIC101 控制,自脱丁烷塔第 16 块板进料,通过调节再沸器加热蒸汽的流量,控制提馏段灵敏板温度在 89.3℃,从而控制丁烷分离质量。

再完成离心泵的正常停车。离心泵处于正常运行状态,按照正常停车操作步骤,依次对 V101 停进料、停泵、对 P101A 泄液、对 V101 罐泄压泄液。

精馏及离心泵工艺流程图(DCS 图和现场图)见附录1。

(2)实施条件

表 2 - 29 - 1　T - 2 - 29 实施条件

项　目	基本实施条件
场　地	化工仿真机房(工位数≥40),照明通风良好
设　备	41 台计算机(含 1 台教师站),具体配置要求见附录 2
软件环境	1. 预装"化工单元实习仿真软件 CSTS",并激活成功 2. 教师站按要求组卷并建立、开放考核室;确保学员站能以局域网模式成功连接教师站
组卷形式	精馏塔冷态开车(70%)+离心泵正常停车(30%)
测评专家	每40名考生配备 2 名考评员。要求具有化工总控工国家职业技能鉴定考评员资格

（3）考核时量

60分钟。

（4）评价标准

表 2-29-2 T-2-29 评价标准

评价内容及配分		评分标准	得分
操作质量 （80分） （自动评定）	精馏塔冷态开车 （56分）	进料过程,启动再沸器,建立回流,调整至正常	
	离心泵正常停车 （24分）	罐 V101 停进料,停泵,泵 P101A 泄液,罐 V101 泄压、泄液。	
职业素养 （20分）	软件使用 （10分）	1. 按要求准确填写考核基本信息（2分）;正确进入相应考核室（2分）;操作完毕,正常关闭计算机（2分） 2. 未插入 U 盘、移动硬盘等电子设备（2分）;未启动仿真软件以外的任何程序（2分）	
	安全文明操作 （10分）	1. 穿戴符合机房管理要求（3分） 2. 保持操作工位整齐、清洁（2分） 3. 严格遵守操作规程,各项指标均处于标准范围（5分）;任意一项质量指标超过零限偏差扣 2 分,不累加	
总　　　分			

30. 试题编号:T-2-30　化工单元 DCS 操作 30

考核技能点编号:J-2-1、J-2-3

（1）任务描述

首先完成精馏塔冷态开车。利用精馏方法,在脱丁烷塔中将丁烷从脱丙烷塔釜混合物中分离出来。67.8℃的脱丙烷塔釜液经流量调节器 FIC101 控制,自脱丁烷塔第 16 块板进料,通过调节再沸器加热蒸汽的流量,控制提馏段灵敏板温度在 89.3℃,从而控制丁烷分离质量。

再完成离心泵事故（P101A 泵坏）处理,事故现象如下:泵出口压力急剧下降,FIC101 流量急降为零。

精馏及离心泵工艺流程图（DCS 图和现场图）见附录1。

（2）实施条件

表 2-30-1 T-2-30 实施条件

项　　　目	基本实施条件
场　　　地	化工仿真机房（工位数≥40）,照明通风良好
设　　　备	41 台计算机（含 1 台教师站）,具体配置要求见附录2
软件环境	1. 预装"化工单元实习仿真软件 CSTS",并激活成功 2. 教师站按要求组卷并建立、开放考核室;确保学员站能以局域网模式成功连接教师站
组卷形式	精馏塔冷态开车（70%）+离心泵事故（P101A 泵坏）（30%）

续表

项 目	基本实施条件
测评专家	每40名考生配备2名考评员。要求具有化工总控工国家职业技能鉴定考评员资格

（3）考核时量

60分钟。

（4）评价标准

表2-30-2 T-2-30评价标准

评价内容及配分		评分标准	得分
操作质量（80分）（自动评定）	精馏塔冷态开车（56分）	进料过程；启动再沸器；建立回流；调整至正常。	
	离心泵事故（P101A泵坏）处理（24分）	切换到备用泵P101B	
职业素养（20分）	软件使用（10分）	1. 按要求准确填写考核基本信息（2分）；正确进入相应考核室（2分）；操作完毕，正常关闭计算机（2分） 2. 未插入U盘、移动硬盘等电子设备（2分）；未启动仿真软件以外的任何程序（2分）	
	安全文明操作（10分）	1. 穿戴符合机房管理要求（3分） 2. 保持操作工位整齐、清洁（2分） 3. 严格遵守操作规程，各项指标均处于标准范围（5分）；任意一项质量指标超过零限偏差扣2分，不累加	
总 分			

31. 试题编号：T-2-31 化工单元DCS操作31

考核技能点编号：J-2-1、J-2-3

（1）任务描述

首先完成精馏塔冷态开车。利用精馏方法，在脱丁烷塔中将丁烷从脱丙烷塔釜混合物中分离出来。67.8℃的脱丙烷塔釜液经流量调节器FIC101控制，自脱丁烷塔第16块板进料，通过调节再沸器加热蒸汽的流量，控制提馏段灵敏板温度在89.3℃，从而控制丁烷分离质量。

再完成离心泵事故（调节阀FV101阀卡）处理，事故现象如下：FIC101的液体流量不可调节。

精馏及离心泵工艺流程图（DCS图和现场图）见附录1。

（2）实施条件

表2-31-1 T-2-31实施条件

项 目	基本实施条件
场 地	化工仿真机房（工位数≥40），照明通风良好

续表

项 目	基本实施条件
设 备	41 台计算机(含 1 台教师站),具体配置要求见附录 2
软件环境	1. 预装"化工单元实习仿真软件 CSTS",并激活成功 2. 教师站按要求组卷并建立、开放考核室;确保学员站能以局域网模式成功连接教师站
组卷形式	精馏塔冷态开车(70%)+离心泵事故(调节阀 FV101 阀卡)(30%)
测评专家	每 40 名考生配备 2 名考评员。要求具有化工总控工国家职业技能鉴定考评员资格

(3)考核时量

60 分钟。

(4)评价标准

表 2-31-2　T-2-31 评价标准

评价内容及配分		评分标准	得分
操作质量 (80 分) (自动评定)	精馏塔冷态开车 (56 分)	进料过程,启动再沸器,建立回流,调整至正常	
	离心泵事故(调节阀 FV101 阀卡)处理 (24 分)	打开旁路阀 VD09,调节流量至正常	
职业素养 (20 分)	软件使用 (10 分)	1. 按要求准确填写考核基本信息(2 分);正确进入相应考核室(2 分);操作完毕,正常关闭计算机(2 分) 2. 未插入 U 盘、移动硬盘等电子设备(2 分);未启动仿真软件以外的任何程序(2 分)	
	安全文明操作 (10 分)	1. 穿戴符合机房管理要求(3 分) 2. 保持操作工位整齐、清洁(2 分) 3. 严格遵守操作规程,各项指标均处于标准范围(5 分);任意一项质量指标超过零限偏差扣 2 分,不累加	
总　　分			

32. 试题编号:T-2-32　化工单元 DCS 操作 32

考核技能点编号:J-2-1、J-2-3

(1)任务描述

首先完成精馏塔冷态开车。利用精馏方法,在脱丁烷塔中将丁烷从脱丙烷塔釜混合物中分离出来。67.8℃的脱丙烷塔釜液经流量调节器 FIC101 控制,自脱丁烷塔第 16 块板进料,通过调节再沸器加热蒸汽的流量,控制提馏段灵敏板温度在 89.3℃,从而控制丁烷分离质量。

再完成离心泵事故(P101A 入口管线堵)处理,事故现象如下:泵 P101A 入口、出口压力急剧下降,FIC101 流量急剧减小到零。

精馏及离心泵工艺流程图(DCS 图和现场图)见附录 1。

(2)实施条件

表 2 - 32 - 2　T - 2 - 32 实施条件

项　　目	基本实施条件
场　　地	化工仿真机房(工位数≥40),照明通风良好
设　　备	41 台计算机(含 1 台教师站),具体配置要求见附录 2
软件环境	1. 预装"化工单元实习仿真软件 CSTS",并激活成功 2. 教师站按要求组卷并建立、开放考核室;确保学员站能以局域网模式成功连接教师站
组卷形式	精馏塔冷态开车(70%)+离心泵事故(P101A 入口管线堵)(30%)
测评专家	每 40 名考生配备 2 名考评员。要求具有化工总控工国家职业技能鉴定考评员资格

(3)考核时量

60 分钟。

(4)评价标准

表 3 - 32 - 2　T - 2 - 32 评价标准

评价内容及配分		评分标准	得分
操作质量 (80 分) (自动评定)	精馏塔冷态开车 (56 分)	进料过程,启动再沸器,建立回流,调整至正常	
	离心泵事故(P101A 入口管线堵)处理 (24 分)	切换到备用泵 P101B	
职业素养 (20 分)	软件使用 (10 分)	1. 按要求准确填写考核基本信息(2分);正确进入相应考核室(2分);操作完毕,正常关闭计算机(2分) 2. 未插入 U 盘、移动硬盘等电子设备(2分);未启动仿真软件以外的任何程序(2分)	
	安全文明操作 (10 分)	1. 穿戴符合机房管理要求(3分) 2. 保持操作工位整齐、清洁(2分) 3. 严格遵守操作规程,各项指标均处于标准范围(5分);任意一项质量指标超过零限偏差扣 2 分,不累加	
总　　分			

33. 试题编号:T - 2 - 33　化工单元 DCS 操作 33

考核技能点编号:J - 2 - 1、J - 2 - 3

(1)任务描述

首先完成精馏塔冷态开车。利用精馏方法,在脱丁烷塔中将丁烷从脱丙烷塔釜混合物中分离出来。67.8℃的脱丙烷塔釜液经流量调节器 FIC101 控制,自脱丁烷塔第 16 块板进料,通过调节再沸器加热蒸汽的流量,控制提馏段灵敏板温度在 89.3℃,从而控制丁烷分离质量。

再完成离心泵事故(泵 P101A 汽蚀)处理,事故现象如下:泵 P101A 入口、出口压力上下波动,泵 P101A 出口流量波动。

精馏及离心泵工艺流程图(DCS 图和现场图)见附录 1。

(2)实施条件

表 2－33－1　T－2－33 实施条件

项　　　目	基本实施条件
场　　　地	化工仿真机房(工位数≥40),照明通风良好
设　　　备	41 台计算机(含 1 台教师站),具体配置要求见附录 2
软件环境	1. 预装"化工单元实习仿真软件 CSTS",并激活成功 2. 教师站按要求组卷并建立、开放考核室;确保学员站能以局域网模式成功连接教师站
组卷形式	精馏塔冷态开车(70%)＋离心泵事故(泵 P101A 汽蚀)(30%)
测评专家	每 40 名考生配备 2 名考评员。要求具有化工总控工国家职业技能鉴定考评员资格

(3)考核时量

60 分钟。

(4)评价标准

评价内容及配分		评分标准	得分
操作质量 (80 分) (自动评定)	精馏塔冷态开车 (56 分)	进料过程,启动再沸器,建立回流,调整至正常	
	离心泵事故 (泵 P101A 汽蚀) 处理(24 分)	切换到备用泵 P101B	
职业素养 (20 分)	软件使用 (10 分)	1. 按要求准确填写考核基本信息(2 分);正确进入相应考核室(2 分);操作完毕,正常关闭计算机(2 分) 2. 未插入 U 盘、移动硬盘等电子设备(2 分);未启动仿真软件以外的任何程序(2 分)	
	安全文明操作 (10 分)	1. 穿戴符合机房管理要求(3 分) 2. 保持操作工位整齐、清洁(2 分) 3. 严格遵守操作规程,各项指标均处于标准范围(5 分);任意一项质量指标超过零限偏差扣 2 分,不累加	
总　　　分			

34. 试题编号:T－2－34　化工单元 DCS 操作 34

考核技能点编号:J－2－1、J－2－3

(1)任务描述

首先完成精馏塔冷态开车。利用精馏方法,在脱丁烷塔中将丁烷从脱丙烷塔釜混合物中分离出来。67.8℃的脱丙烷塔釜液经流量调节器 FIC101 控制,自脱丁烷塔第 16 块板进料,通过调节再沸器加热蒸汽的流量,控制提馏段灵敏板温度在 89.3℃,从而控制丁烷分离质量。

再完成离心泵事故(泵 P101A 气缚)处理,事故现象如下:P101A 泵入口、出口压力急剧下降,FIC101 流量急剧减少。

精馏及离心泵工艺流程图(DCS 图和现场图)见附录1。

(2)实施条件

表 2-34-1 T-2-34 实施条件

项　　目	基本实施条件
场　地	化工仿真机房(工位数≥40),照明通风良好
设　　备	41 台计算机(含 1 台教师站),具体配置要求见附录2
软件环境	1. 预装"化工单元实习仿真软件 CSTS",并激活成功 2. 教师站按要求组卷并建立、开放考核室;确保学员站能以局域网模式成功连接教师站
组卷形式	精馏塔冷态开车(70%)+离心泵事故(泵 P101A 气缚)(30%)
测评专家	每 40 名考生配备 2 名考评员。要求具有化工总控工国家职业技能鉴定考评员资格

(3)考核时量

60 分钟。

(4)评价标准

表 2-34-2 T-2-34 评价标准

评价内容及配分		评分标准	得分
操作质量 (80 分) (自动评定)	精馏塔冷态开车 (56 分)	进料过程;启动再沸器;建立回流;调整至正常	
	离心泵事故(泵 P101A 气缚) 处理(24 分)	关闭泵 P101A,再按规程重新启动	
职业素养 (20 分)	软件使用 (10 分)	1. 按要求准确填写考核基本信息(2分);正确进入相应考核室(2分);操作完毕,正常关闭计算机(2分) 2. 未插入 U 盘、移动硬盘等电子设备(2分);未启动仿真软件以外的任何程序(2分)。	
	安全文明操作 (10 分)	1. 穿戴符合机房管理要求(3分) 2. 保持操作工位整齐、清洁(2分) 3. 严格遵守操作规程,各项指标均处于标准范围(5分);任意一项质量指标超过零限偏差扣2分,不累加	
总　　分			

35. 试题编号:T-2-35 化工单元 DCS 操作 35

考核技能点编号:J-2-1、J-2-2

(1)任务描述

首先完成精馏塔冷态开车。利用精馏方法,在脱丁烷塔中将丁烷从脱丙烷塔釜混合物中分离出来。67.8℃的脱丙烷塔釜液经流量调节器 FIC101 控制,自脱丁烷塔第 16 块板进料,通过调节再沸器加热蒸汽的流量,控制提馏段灵敏板温度在 89.3℃,从而控制丁烷分离质量。

再完成列管式换热器的正常停车。列管式换热器处于正常运行状态,按照正常停车操作规程,依次停热物流进料泵 P102A、停热物流进料、停冷物流进料泵 P101A、停冷物流进料、E101 管程泄液、E101 壳程泄液。

精馏及列管式换热器工艺流程图(DCS 图和现场图)见附录 1。

(2)实施条件

表 2-35-1 T-2-35 实施条件

项　目	基本实施条件
场　地	化工仿真机房(工位数≥40),照明通风良好
设　备	41 台计算机(含 1 台教师站),具体配置要求见附录 2
软件环境	1. 预装"化工单元实习仿真软件 CSTS",并激活成功 2. 教师站按要求组卷并建立、开放考核室;确保学员站能以局域网模式成功连接教师站
组卷形式	精馏塔冷态开车(70%)+列管式换热器正常停车(30%)
测评专家	每 40 名考生配备 2 名考评员。要求具有化工总控工国家职业技能鉴定考评员资格

(3)考核时量

60 分钟。

(4)评价标准

表 2-35-2 T-2-35 评价标准

评价内容及配分		评分标准	得分
操作质量 (80 分) (自动评定)	精馏塔冷态开车 (56 分)	进料过程,启动再沸器,建立回流,调整至正常。	
	列管式换热器 正常停车 (24 分)	停热物流进料泵 P102A;停热物流进料;停冷物流进料泵 P101A;停冷物流进料;E101 管程泄液;E101 壳程泄液	
职业素养 (20 分)	软件使用 (10 分)	1. 按要求准确填写考核基本信息(2 分);正确进入相应考核室(2 分);操作完毕,正常关闭计算机(2 分) 2. 未插入 U 盘、移动硬盘等电子设备(2 分);未启动仿真软件以外的任何程序(2 分)	
	安全文明操作 (10 分)	1. 穿戴符合机房管理要求(3 分) 2. 保持操作工位整齐、清洁(2 分) 3. 严格遵守操作规程,各项指标均处于标准范围(5 分);任意一项质量指标超过零限偏差扣 2 分,不累加	
总　分			

36. 试题编号:T-2-36　化工单元 DCS 操作 36

考核技能点编号:J-2-1、J-2-3

(1)任务描述

首先完成精馏塔冷态开车。利用精馏方法,在脱丁烷塔中将丁烷从脱丙烷塔釜混合物中分离出来。67.8℃的脱丙烷塔釜液经流量调节器 FIC101 控制,自脱丁烷塔第 16 块板进料,通过调节再沸器加热蒸汽的流量,控制提馏段灵敏板温度在 89.3℃,从而控制丁烷分离质量。

再完成列管式换热器事故(FIC101 阀卡)处理,事故现象如下:FIC101 流量减小;P101 泵出口压力升高;冷物流出口温度升高。

精馏及列管式换热器工艺流程图(DCS 图和现场图)见附录 1。

(2)实施条件

表 2-36-1　T-2-36 实施条件

项　　目	基本实施条件
场　　地	化工仿真机房(工位数≥40),照明通风良好
设　　备	41 台计算机(含 1 台教师站),具体配置要求见附录 2
软件环境	1. 预装"化工单元实习仿真软件 CSTS",并激活成功 2. 教师站按要求组卷并建立、开放考核室;确保学员站能以局域网模式成功连接教师站
组卷形式	精馏塔冷态开车(70%)+列管式换热器事故(FIC101 阀卡)(30%)
测评专家	每 40 名考生配备 2 名考评员。要求具有化工总控工国家职业技能鉴定考评员资格

(3)考核时量

60 分钟。

(4)评价标准

表 2-36-2　T-2-36 评价标准

评价内容及配分		评分标准	得分
操作质量 (80 分) (自动评定)	精馏塔冷态开车 (56 分)	进料过程,启动再沸器,建立回流,调整至正常	
	列管式换热器事故 (FIC101 阀卡)处理 (24 分)	打开 FIC101 旁路阀 VD01,关闭 FIC101 及其前后阀,调节 VD01 使流量达到正常值	
职业素养 (20 分)	软件使用 (10 分)	1. 按要求准确填写考核基本信息(2 分);正确进入相应考核室(2 分);操作完毕,正常关闭计算机(2 分) 2. 未插入 U 盘、移动硬盘等电子设备(2 分);未启动仿真软件以外的任何程序(2 分)	

续表

评价内容及配分		评分标准	得分
职业素养 (20分)	安全文明操作 (10分)	1. 穿戴符合机房管理要求(3分) 2. 保持操作工位整齐、清洁(2分) 3. 严格遵守操作规程,各项指标均处于标准范围(5分);任意一项质量指标超过零限偏差扣2分,不累加	
总　　分			

37. 试题编号:T-2-37　化工单元 DCS 操作 37

考核技能点编号:J-2-1、J-2-3

(1)任务描述

首先完成精馏塔冷态开车。利用精馏方法,在脱丁烷塔中将丁烷从脱丙烷塔釜混合物中分离出来。67.8℃的脱丙烷塔釜液经流量调节器 FIC101 控制,自脱丁烷塔第 16 块板进料,通过调节再沸器加热蒸汽的流量,控制提馏段灵敏板温度在 89.3℃,从而控制丁烷分离质量。

再完成列管式换热器事故(P101A 泵坏)处理,事故现象如下:P101 泵出口压力急剧下降;FIC101 流量急剧减小;冷物流出口温度升高,汽化率增大。

精馏及列管式换热器工艺流程图(DCS图和现场图)见附录1。

(2)实施条件

表 2-37-1　T-2-37 实施条件

项　　目	基本实施条件
场　　地	化工仿真机房(工位数≥40),照明通风良好
设　　备	41 台计算机(含 1 台教师站),具体配置要求见附录 2
软件环境	1. 预装"化工单元实习仿真软件 CSTS",并激活成功 2. 教师站按要求组卷并建立、开放考核室;确保学员站能以局域网模式成功连接教师站
组卷形式	精馏塔冷态开车(70%)+列管式换热器事故(P101A 泵坏)(30%)
测评专家	每 40 名考生配备 2 名考评员。要求具有化工总控工国家职业技能鉴定考评员资格

(3)考核时量

60 分钟。

(4)评价标准

表 2-37-2　T-2-37 评价标准

评价内容及配分		评分标准	得分
操作质量 (80分) (自动评定)	精馏塔冷态开车 (56分)	进料过程,启动再沸器,建立回流,调整至正常	

续表

评价内容及配分		评分标准	得分
操作质量 (80分) (自动评定)	列管式换热器事故 (P101A泵坏)处理 (24分)	关闭 P101A 泵,开启 P101B 泵	
职业素养 (20分)	软件使用 (10分)	1. 按要求准确填写考核基本信息(2分);正确进入相应考核室(2分);操作完毕,正常关闭计算机(2分) 2. 未插入 U 盘、移动硬盘等电子设备(2分);未启动仿真软件以外的任何程序(2分)	
	安全文明操作 (10分)	1. 穿戴符合机房管理要求(3分) 2. 保持操作工位整齐、清洁(2分) 3. 严格遵守操作规程,各项指标均处于标准范围(5分);任意一项质量指标超过零限偏差扣2分,不累加	
总　　分			

38. 试题编号:T-2-38　化工单元 DCS 操作 38

考核技能点编号:J-2-1、J-2-3

(1)任务描述

首先完成精馏塔冷态开车。利用精馏方法,在脱丁烷塔中将丁烷从脱丙烷塔釜混合物中分离出来。67.8℃的脱丙烷塔釜液经流量调节器 FIC101 控制,自脱丁烷塔第16块板进料,通过调节再沸器加热蒸汽的流量,控制提馏段灵敏板温度在89.3℃,从而控制丁烷分离质量。

再完成列管式换热器事故(P102A泵坏)处理,事故现象如下:P102泵出口压力急剧下降;冷物流出口温度下降,汽化率降低。

精馏及列管式换热器工艺流程图(DCS图和现场图)见附录1。

(2)实施条件

表 2-38-1　T-2-38 实施条件

项　　目	基本实施条件
场　　地	化工仿真机房(工位数≥40),照明通风良好
设　　备	41 台计算机(含1台教师站),具体配置要求见附录2
软件环境	1. 预装"化工单元实习仿真软件 CSTS",并激活成功 2. 教师站按要求组卷并建立、开放考核室;确保学员站能以局域网模式成功连接教师站
组卷形式	精馏塔冷态开车(70%)+列管式换热器事故(P102A泵坏)(30%)
测评专家	每40名考生配备2名考评员。要求具有化工总控工国家职业技能鉴定考评员资格

(3)考核时量

60分钟。

(4)评价标准

表 2 - 38 - 2　T - 2 - 38 评价标准

评价内容及配分		评分标准	得分
操作质量 （80分） （自动评定）	精馏塔冷态开车 （56分）	进料过程，启动再沸器，建立回流，调整至正常	
	列管式换热器事故 （P102A 泵坏）处理 （24分）	关闭 P102A 泵，开启 P102B 泵	
职业素养 （20分）	软件使用 （10分）	1. 按要求准确填写考核基本信息（2分）；正确进入相应考核室（2分）；操作完毕，正常关闭计算机（2分） 2. 未插入 U 盘、移动硬盘等电子设备（2分）；未启动仿真软件以外的任何程序（2分）	
	安全文明操作 （10分）	1. 穿戴符合机房管理要求（3分） 2. 保持操作工位整齐、清洁（2分） 3. 严格遵守操作规程，各项指标均处于标准范围（5分）；任意一项质量指标超过零限偏差扣 2 分，不累加	
总　　　分			

39. 试题编号：T - 2 - 39　化工单元 DCS 操作 39

考核技能点编号：J - 2 - 1、J - 2 - 3

（1）任务描述

首先完成精馏塔冷态开车。利用精馏方法，在脱丁烷塔中将丁烷从脱丙烷塔釜混合物中分离出来。67.8℃的脱丙烷塔釜液经流量调节器 FIC101 控制，自脱丁烷塔第 16 块板进料，通过调节再沸器加热蒸汽的流量，控制提馏段灵敏板温度在 89.3℃，从而控制丁烷分离质量。

再完成列管式换热器事故（TV101A 阀卡）处理，事故现象如下：热物流经换热器换热后的温度降低；冷物流出口温度降低。

精馏及列管式换热器工艺流程图（DCS 图和现场图）见附录1。

（2）实施条件

表 2 - 39 - 1　T - 2 - 39 实施条件

项　　目	基本实施条件
场　　地	化工仿真机房（工位数≥40），照明通风良好
设　　备	41 台计算机（含 1 台教师站），具体配置要求见附录2
软件环境	1. 预装"化工单元实习仿真软件 CSTS"，并激活成功 2. 教师站按要求组卷并建立、开放考核室；确保学员站能以局域网模式成功连接教师站
组卷形式	精馏塔冷态开车（70%）+列管式换热器事故（TV101A 阀卡）（30%）
测评专家	每 40 名考生配备 2 名考评员。要求具有化工总控工国家职业技能鉴定考评员资格

（3）考核时量

60 分钟。

（4）评价标准

表 2 - 39 - 2　T - 2 - 39 评价标准

评价内容及配分		评分标准	得分
操作质量 （80 分） （自动评定）	精馏塔冷态开车 （56 分）	进料过程，启动再沸器，建立回流，调整至正常	
	列管式换热器事故 （TV101A 阀卡） 处理（24 分）	打开 TV101A 旁路阀 VD08，关闭 TV101A 前后阀，调节 VD08 开度使各温度达到正常值	
职业素养 （20 分）	软件使用 （10 分）	1. 按要求准确填写考核基本信息（2 分）；正确进入相应考核室（2 分）；操作完毕，正常关闭计算机（2 分） 2. 未插入 U 盘、移动硬盘等电子设备（2 分）；未启动仿真软件以外的任何程序（2 分）	
	安全文明操作 （10 分）	1. 穿戴符合机房管理要求（3 分） 2. 保持操作工位整齐、清洁（2 分） 3. 严格遵守操作规程，各项指标均处于标准范围（5 分）；任意一项质量指标超过零限偏差扣 2 分，不累加	
总　　分			

40. 试题编号：T - 2 - 40　化工单元 DCS 操作 40

考核技能点编号：J - 2 - 1、J - 2 - 3

（1）任务描述

首先完成精馏塔冷态开车。利用精馏方法，在脱丁烷塔中将丁烷从脱丙烷塔釜混合物中分离出来。67.8℃的脱丙烷塔釜液经流量调节器 FIC101 控制，自脱丁烷塔第 16 块板进料，通过调节再沸器加热蒸汽的流量，控制提馏段灵敏板温度在 89.3℃，从而控制丁烷分离质量。

再完成列管式换热器事故（部分管堵）处理，事故现象如下：热物流流量减小；冷物流出口温度降低，汽化率降低；热物流 P102 泵出口压力略升高。

精馏及列管式换热器工艺流程图（DCS 图和现场图）见附录 1。

（2）实施条件

表 2 - 40 - 1　T - 2 - 40 实施条件

项　　目	基本实施条件
场　　地	化工仿真机房（工位数≥40），照明通风良好
设　　备	41 台计算机（含 1 台教师站），具体配置要求见附录 2
软件环境	1. 预装"化工单元实习仿真软件 CSTS"，并激活成功 2. 教师站按要求组卷并建立、开放考核室；确保学员站能以局域网模式成功连接教师站
组卷形式	精馏塔冷态开车（70%）＋列管式换热器事故（部分管堵）（30%）

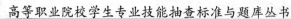

续表

项　　目	基本实施条件
测评专家	每 40 名考生配备 2 名考评员。要求具有化工总控工国家职业技能鉴定考评员资格

（3）考核时量

60 分钟。

（4）评价标准

表 2-40-2　T-2-40 评价标准

评价内容及配分		评分标准	得分
操作质量 （80 分） （自动评定）	精馏塔冷态开车 （56 分）	进料过程，启动再沸器，建立回流，调整至正常	
	列管式换热器事故 （部分管堵）处理 （24 分）	停热物流进料泵 P102A，停热物流进料，停冷物流进料泵 P101A，停冷物流进料，E101 管程泄液，E101 壳程泄液	
职业素养 （20 分）	软件使用 （10 分）	1. 按要求准确填写考核基本信息（2 分）；正确进入相应考核室（2 分）；操作完毕，正常关闭计算机（2 分） 2. 未插入 U 盘、移动硬盘等电子设备（2 分）；未启动仿真软件以外的任何程序（2 分）	
	安全文明操作 （10 分）	1. 穿戴符合机房管理要求（3 分） 2. 保持操作工位整齐、清洁（2 分） 3. 严格遵守操作规程，各项指标均处于标准范围（5 分）；任意一项质量指标超过零限偏差扣 2 分，不累加	
总　　分			

41. 试题编号：T-2-41　化工单元 DCS 操作 41

考核技能点编号：J-2-1、J-2-3

（1）任务描述

首先完成精馏塔冷态开车。利用精馏方法，在脱丁烷塔中将丁烷从脱丙烷塔釜混合物中分离出来。67.8℃的脱丙烷塔釜液经流量调节器 FIC101 控制，自脱丁烷塔第 16 块板进料，通过调节再沸器加热蒸汽的流量，控制提馏段灵敏板温度在 89.3℃，从而控制丁烷分离质量。

再完成列管式换热器事故（换热器结垢严重）处理，事故现象如下：冷物流出口温度下降；热物流出口温度升高。

精馏及列管式换热器工艺流程图（DCS 图和现场图）见附录 1。

（2）实施条件

表 2-41-1　T-2-41 实施条件

项　　目	基本实施条件
场　　地	化工仿真机房（工位数≥40），照明通风良好

续表

项　目	基本实施条件
设　备	41台计算机(含1台教师站),具体配置要求见附录2
软件环境	1. 预装"化工单元实习仿真软件CSTS",并激活成功 2. 教师站按要求组卷并建立、开放考核室;确保学员站能以局域网模式成功连接教师站
组卷形式	精馏塔冷态开车(70%)+列管式换热器事故(换热器结垢严重)(30%)
测评专家	每40名考生配备2名考评员。要求具有化工总控工国家职业技能鉴定考评员资格

(3)考核时量

60分钟。

(4)评价标准

表2-41-2　T-2-41评价标准

评价内容及配分		评分标准	得分
操作质量 (80分) (自动评定)	精馏塔冷态开车 (56分)	进料过程,启动再沸器,建立回流,调整至正常	
	列管式换热器事故(换热器结垢严重)处理 (24分)	停热物流进料泵P102A,停热物流进料,停冷物流进料泵P101A,停冷物流进料,E101管程泄液,E101壳程泄液	
职业素养 (20分)	软件使用 (10分)	1. 按要求准确填写考核基本信息(2分);正确进入相应考核室(2分);操作完毕,正常关闭计算机(2分) 2. 未插入U盘、移动硬盘等电子设备(2分);未启动仿真软件以外的任何程序(2分)	
	安全文明操作 (10分)	1. 穿戴符合机房管理要求(3分) 2. 保持操作工位整齐、清洁(2分) 3. 严格遵守操作规程,各项指标均处于标准范围(5分);任意一项质量指标超过零限偏差扣2分,不累加	
总　分			

42. 试题编号:T-2-42　化工单元DCS操作42

考核技能点编号:J-2-1、J-2-4

(1)任务描述

首先完成精馏塔冷态开车。利用精馏方法,在脱丁烷塔中将丁烷从脱丙烷塔釜混合物中分离出来。67.8℃的脱丙烷塔釜液经流量调节器FIC101控制,自脱丁烷塔第16块板进料,通过调节再沸器加热蒸汽的流量,控制提馏段灵敏板温度在89.3℃,从而控制丁烷分离质量。

再完成精馏塔随机工况处理,即针对正常工况下出现的随机事故,及时采取有效措施进行调控,确保各工艺参数处于标准范围。

精馏及精馏工艺流程图(DCS图和现场图)见附录1。

(2)实施条件

表2-42-1 T-2-42实施条件

项　目	基本实施条件
场　地	化工仿真机房(工位数≥40),照明通风良好
设　备	41台计算机(含1台教师站),具体配置要求见附录2
软件环境	1. 预装"化工单元实习仿真软件CSTS",并激活成功 2. 教师站按要求组卷并建立、开放考核室;确保学员站能以局域网模式成功连接教师站
组卷形式	精馏塔冷态开车(70%)+精馏塔随机工况(30%)
测评专家	每40名考生配备2名考评员。要求具有化工总控工国家职业技能鉴定考评员资格

(3)考核时量

60分钟。

(4)评价标准

表2-42-2 T-2-42评价标准

评价内容及配分		评分标准	得分
操作质量 (80分) (自动评定)	精馏塔冷态开车 (56分)	进料过程,启动再沸器,建立回流,调整至正常	
	精馏塔随机工况 (24分)	处理及时、有效,确保各工艺参数处于标准范围	
职业素养 (20分)	软件使用 (10分)	1. 按要求准确填写考核基本信息(2分);正确进入相应考核室(2分);操作完毕,正常关闭计算机(2分) 2. 未插入U盘、移动硬盘等电子设备(2分);未启动仿真软件以外的任何程序(2分)	
	安全文明操作 (10分)	1. 穿戴符合机房管理要求(3分) 2. 保持操作工位整齐、清洁(2分) 3. 严格遵守操作规程,各项指标均处于标准范围(5分);任意一项质量指标超过零限偏差扣2分,不累加	
总　　分			

43. 试题编号:T-2-43 典型反应器DCS操作1

考核技能点编号:J-2-1、J-2-3

(1)任务描述

首先完成间歇反应釜冷态开车。利用间歇反应釜生产2-巯基苯并噻唑。分别将来自备料工序的CS_2,$C_6H_4ClNO_2$,Na_2Sn注入计量罐及沉淀罐中,经计量沉淀后利用位差及离心泵压入反应釜中。釜温由夹套中的蒸汽、冷却水及蛇管中的冷却水控制,设有分程控制TIC101

（只控制冷却水），通过控制反应釜温度来控制反应速度及副反应速度，从而获得较高的收率并确保反应过程安全，反应结束后通过增压蒸汽挤压出料。

再完成间歇反应釜事故（超温超压）处理，事故现象如下：温度大于 128℃，压力大于 8atm。

间歇反应釜工艺流程图（DCS 图和现场图）见附录1。

（2）实施条件

表 2‐43‐1　T‐2‐43 实施条件

项　　目	基本实施条件
场　　地	化工仿真机房（工位数≥40），照明通风良好
设　　备	41 台计算机（含 1 台教师站），具体配置要求见附录2
软件环境	1. 预装"化工单元实习仿真软件 CSTS"，并激活成功 2. 教师站按要求组卷并建立、开放考核室；确保学员站能以局域网模式成功连接教师站
组卷形式	间歇釜冷态开车（70%）＋间歇釜事故（超温超压）（30%）
测评专家	每 40 名考生配备 2 名考评员。要求具有化工总控工国家职业技能鉴定考评员资格

（3）考核时量

60 分钟。

（4）评价标准

表 2‐43‐2　T‐2‐43 评价标准

评价内容及配分		评分标准	得分
操作质量 （80 分） （自动评定）	间歇釜冷态开车 （56 分）	1. 备料过程：向沉淀罐 VX03 进料 Na_2Sn；向计量罐 VX01 进料 CS_2；向计量罐 VX02 进料邻硝基氯苯 2. 进料：进料准备；从 VX03 中向反应器 RX01 中进料 Na_2Sn；从 VX01 中向反应器 RX01 中进料 CS_2；从 VX02 中向反应器 RX01 中进料邻硝基氯苯；进料完毕 3. 开车阶段：开启搅拌电机和蒸汽阀 4. 反应控制：控制反应温度（110±10）℃	
	间歇釜事故 （超温超压）处理 （24 分）	开大冷却水，打开高压冷却水阀 V20；关闭搅拌器 PUM1，使反应速度下降；如果气压超过 12atm，打开放空阀 V12	
职业素养 （20 分）	软件使用 （10 分）	1. 按要求准确填写考核基本信息（2分）；正确进入相应考核室（2分）；操作完毕，正常关闭计算机（2分） 2. 未插入 U 盘、移动硬盘等电子设备（2分）；未启动仿真软件以外的任何程序（2分）	

续表

评价内容及配分		评分标准	得分
职业素养 （20分）	安全文明操作 （10分）	1. 穿戴符合机房管理要求（3分） 2. 保持操作工位整齐、清洁（2分） 3. 严格遵守操作规程，各项指标均处于标准范围（5分）；任意一项质量指标超过零限偏差扣 2 分，不累加	
总　　分			

44. 试题编号：T‑2‑44　典型反应器 DCS 操作 2

考核技能点编号：J‑2‑1、J‑2‑3

（1）任务描述

首先完成间歇反应釜冷态开车。利用间歇反应釜生产 2‑巯基苯并噻唑。分别将来自备料工序的 CS_2，$C_6H_4ClNO_2$，Na_2Sn 注入计量罐及沉淀罐中，经计量沉淀后利用位差及离心泵压入反应釜中。釜温由夹套中的蒸汽、冷却水及蛇管中的冷却水控制，设有分程控制 TIC101（只控制冷却水），通过控制反应釜温度来控制反应速度及副反应速度，从而获得较高的收率并确保反应过程安全，反应结束后通过增压蒸汽挤压出料。

再完成间歇反应釜事故（搅拌器 M1 停转）处理，事故现象如下：反应速度逐渐下降为低值，产物浓度变化缓慢。

间歇反应釜工艺流程图（DCS 图和现场图）见附录 1。

（2）实施条件

表 2‑44‑1　T‑2‑44 实施条件

项　　目	基本实施条件
场　　地	化工仿真机房（工位数≥40），照明通风良好
设　　备	41 台计算机（含 1 台教师站），具体配置要求见附录 2
软件环境	1. 预装"化工单元实习仿真软件 CSTS"，并激活成功 2. 教师站按要求组卷并建立、开放考核室；确保学员站能以局域网模式成功连接教师站
组卷形式	间歇釜冷态开车（70%）＋间歇釜事故（搅拌器 M1 停转）（30%）
测评专家	每 40 名考生配备 2 名考评员。要求具有化工总控工国家职业技能鉴定考评员资格

（3）考核时量

60 分钟。

（4）评价标准

表 2-44-2 T-2-44 评价标准

评价内容及配分		评分标准	得分
操作质量 (80分) (自动评定)	间歇釜冷态开车 (56分)	1. 备料过程:向沉淀罐 VX03 进料 Na_2Sn;向计量罐 VX01 进料 CS_2;向计量罐 VX02 进料邻硝基氯苯 2. 进料:进料准备;从 VX03 中向反应器 RX01 中进料 Na_2Sn;从 VX01 中向反应器 RX01 中进料 CS_2;从 VX02 中向反应器 RX01 中进料邻硝基氯苯;进料完毕 3. 开车阶段:开启搅拌电机和蒸汽阀 4. 反应控制:控制反应温度(110±10)℃	
	间歇釜事故(搅拌器 M1 停转)处理 (24分)	停止操作,出料	
职业素养 (20分)	软件使用 (10分)	1. 按要求准确填写考核基本信息(2分);正确进入相应考核室(2分);操作完毕,正常关闭计算机(2分) 2. 未插入 U 盘、移动硬盘等电子设备(2分);未启动仿真软件以外的任何程序(2分)	
	安全文明操作 (10分)	1. 穿戴符合机房管理要求(3分) 2. 保持操作工位整齐、清洁(2分) 3. 严格遵守操作规程,各项指标均处于标准范围(5分);任意一项质量指标超过零限偏差扣 2 分,不累加	
总　　分			

45. 试题编号:T-2-45 典型反应器 DCS 操作 3

考核技能点编号:J-2-1、J-2-3

(1)任务描述

首先完成间歇反应釜冷态开车。利用间歇反应釜生产 2-巯基苯并噻唑。分别将来自备料工序的 CS_2,$C_6H_4ClNO_2$,Na_2Sn 注入计量罐及沉淀罐中,经计量沉淀后利用位差及离心泵压入反应釜中。釜温由夹套中的蒸汽、冷却水及蛇管中的冷却水控制,设有分程控制 TIC101(只控制冷却水),通过控制反应釜温度来控制反应速度及副反应速度,从而获得较高的收率并确保反应过程安全,反应结束后通过增压蒸汽挤压出料。

再完成间歇釜事故(V22 阀卡)处理,事故现象如下:开大冷却水阀对控制反应釜温度无作用,且出口温度逐渐上升。

间歇反应釜工艺流程图(DCS 图和现场图)见附录 1。

(2)实施条件

表 2-45-1 T-2-45 实施条件

项　　目	基本实施条件
场　　地	化工仿真机房(工位数≥40),照明通风良好
设　　备	41 台计算机(含 1 台教师站),具体配置要求见附录 2

续表

项 目	基本实施条件
软件环境	1. 预装"化工单元实习仿真软件CSTS",并激活成功 2. 教师站按要求组卷并建立、开放考核室;确保学员站能以局域网模式成功连接教师站
组卷形式	间歇釜冷态开车(70%)+间歇釜事故(V22阀卡)(30%)
测评专家	每40名考生配备2名考评员。要求具有化工总控工国家职业技能鉴定考评员资格

(3)考核时量

60分钟。

(4)评价标准

表2-45-2 T-2-45评价标准

评价内容及配分		评分标准	得分
操作质量 (80分) (自动评定)	间歇釜冷态开车 (56分)	1. 备料过程:向沉淀罐VX03进料Na_2Sn;向计量罐VX01进料CS_2;向计量罐VX02进料邻硝基氯苯 2. 进料:进料准备;从VX03中向反应器RX01中进料Na_2Sn;从VX01中向反应器RX01中进料CS_2;从VX02中向反应器RX01中进料邻硝基氯苯;进料完毕 3. 开车阶段:开启搅拌电机和蒸汽阀 4. 反应控制:控制反应温度(110±10)℃	
	间歇釜事故 (V22阀卡)处理 (24分)	开冷却水旁路阀V17调节	
职业素养 (20分)	软件使用 (10分)	1. 按要求准确填写考核基本信息(2分);正确进入相应考核室(2分);操作完毕,正常关闭计算机(2分) 2. 未插入U盘、移动硬盘等电子设备(2分);未启动仿真软件以外的任何程序(2分)	
	安全文明操作 (10分)	1. 穿戴符合机房管理要求(3分) 2. 保持操作工位整齐、清洁(2分) 3. 严格遵守操作规程,各项指标均处于标准范围(5分);任意一项质量指标超过零限偏差扣2分,不累加	
总 分			

46. 试题编号:T-2-46 典型反应器DCS操作4

考核技能点编号:J-2-1、J-2-3

(1)任务描述

首先完成间歇反应釜冷态开车。利用间歇反应釜生产2-巯基苯并噻唑。分别将来自备料工序的CS_2、$C_6H_4ClNO_2$、Na_2Sn注入计量罐及沉淀罐中,经计量沉淀后利用位差及离心泵压入反应釜中。釜温由夹套中的蒸汽、冷却水及蛇管中的冷却水控制,设有分程控制 TIC101 (只控制冷却水),通过控制反应釜温度来控制反应速度及副反应速度,从而获得较高的收率并确保反应过程安全,反应结束后通过增压蒸汽挤压出料。

再完成间歇釜事故(出料管堵塞)处理,事故现象如下:出料时,釜内压力较高,但液位下降很慢。

间歇反应釜工艺流程图(DCS 图和现场图)见附录 1。

(2)实施条件

表 2-46-1 T-2-46 实施条件

项　目	基本实施条件
场　地	化工仿真机房(工位数≥40),照明通风良好
设　备	41 台计算机(含 1 台教师站),具体配置要求见附录 2
软件环境	1. 预装"化工单元实习仿真软件 CSTS",并激活成功 2. 教师站按要求组卷并建立、开放考核室;确保学员站能以局域网模式成功连接教师站
组卷形式	间歇釜冷态开车(70%)+间歇釜事故(出料管堵塞)(30%)
测评专家	每 40 名考生配备 2 名考评员。要求具有化工总控工国家职业技能鉴定考评员资格

(3)考核时量

60 分钟。

(4)评价标准

表 2-46-2 T-2-46 评价标准

评价内容及配分		评分标准	得分
操作质量 (80 分) (自动评定)	间歇釜冷态开车 (56 分)	1. 备料过程:向沉淀罐 VX03 进料 Na_2Sn;向计量罐 VX01 进料 CS_2;向计量罐 VX02 进料邻硝基氯苯 2. 进料:进料准备;从 VX03 中向反应器 RX01 中进料 Na_2Sn;从 VX01 中向反应器 RX01 中进料 CS_2;从 VX02 中向反应器 RX01 中进料邻硝基氯苯;进料完毕 3. 开车阶段:开启搅拌电机和蒸汽阀 4. 反应控制:控制反应温度(110±10)℃	
	间歇釜事故(出料管堵塞)处理 (24 分)	开出料预热蒸汽阀 V14 吹扫 5 分钟以上	
职业素养 (20 分)	软件使用 (10 分)	1. 按要求准确填写考核基本信息(2 分);正确进入相应考核室(2 分);操作完毕,正常关闭计算机(2 分) 2. 未插入 U 盘、移动硬盘等电子设备(2 分);未启动仿真软件以外的任何程序(2 分)	

续表

评价内容及配分		评分标准	得分
职业素养 （20分）	安全文明操作 （10分）	1. 穿戴符合机房管理要求（3分） 2. 保持操作工位整齐、清洁（2分） 3. 严格遵守操作规程，各项指标均处于标准范围（5分）；任意一项质量指标超过零限偏差扣2分，不累加	
总　　分			

47. 试题编号：T‑2‑47　典型反应器 DCS 操作 5

考核技能点编号：J‑2‑1、J‑2‑2

(1)任务描述

首先完成间歇反应釜冷态开车。利用间歇反应釜生产 2‑巯基苯并噻唑。分别将来自备料工序的 CS_2，$C_6H_4ClNO_2$，Na_2Sn 注入计量罐及沉淀罐中，经计量沉淀后利用位差及离心泵压入反应釜中。釜温由夹套中的蒸汽、冷却水及蛇管中的冷却水控制，设有分程控制 TIC101（只控制冷却水），通过控制反应釜温度来控制反应速度及副反应速度，从而获得较高的收率并确保反应过程安全，反应结束后通过增压蒸汽挤压出料。

再完成固定床反应器正常停车。固定床反应器处于正常运行状态，按照正常停车操作规程，依次关闭氢气进料、关闭加热蒸汽、关闭乙炔进料、将反应器、闪蒸器温度压力逐渐降至常温常压。

间歇反应釜及固定床反应器工艺流程图(DCS图和现场图)见附录1。

(2)实施条件

表 2‑47‑1　T‑2‑47 实施条件

项　　目	基本实施条件
场　　地	化工仿真机房（工位数≥40），照明通风良好
设　　备	41 台计算机（含 1 台教师站），具体配置要求见附录 2
软件环境	1. 预装"化工单元实习仿真软件 CSTS"，并激活成功 2. 教师站按要求组卷并建立、开放考核室；确保学员站能以局域网模式成功连接教师站
组卷形式	间歇釜冷态开车（70%）+固定床正常停车（30%）
测评专家	每 40 名考生配备 2 名考评员。要求具有化工总控工国家职业技能鉴定考评员资格

(3)考核时量

60 分钟。

(4)评价标准

表2-47-2　T-2-47评价标准

评价内容及配分		评分标准	得分
操作质量 (80分) (自动评定)	间歇釜冷态开车 (56分)	1. 备料过程:向沉淀罐 VX03 进料 Na₂Sn;向计量罐 VX01 进料 CS₂;向计量罐 VX02 进料邻硝基氯苯 2. 进料:进料准备;从 VX03 中向反应器 RX01 中进料 Na₂Sn;从 VX01 中向反应器 RX01 中进料 CS₂;从 VX02 中向反应器 RX01 中进料邻硝基氯苯;进料完毕 3. 开车阶段:开启搅拌电机和蒸汽阀 4. 反应控制:控制反应温度(110±10)℃	
	固定床正常停车 (24分)	关闭氢气进料;关闭加热蒸汽;关闭乙炔进料;将反应器、闪蒸器温度压力逐渐降至常温常压	
职业素养 (20分)	软件使用 (10分)	1. 按要求准确填写考核基本信息(2分);正确进入相应考核室(2分);操作完毕,正常关闭计算机(2分) 2. 未插入 U 盘、移动硬盘等电子设备(2分);未启动仿真软件以外的任何程序(2分)	
	安全文明操作 (10分)	1. 穿戴符合机房管理要求(3分) 2. 保持操作工位整齐、清洁(2分) 3. 严格遵守操作规程,各项指标均处于标准范围(5分);任意一项质量指标超过零限偏差扣2分,不累加	
总　　分			

48. 试题编号:T-2-48　典型反应器 DCS 操作 6

考核技能点编号:J-2-1、J-2-3

(1)任务描述

首先完成间歇反应釜冷态开车。利用间歇反应釜生产 2-巯基苯并噻唑。分别将来自备料工序的 CS₂、C₆H₄ClNO₂、Na₂Sn 注入计量罐及沉淀罐中,经计量沉淀后利用位差及离心泵压入反应釜中。釜温由夹套中的蒸汽、冷却水及蛇管中的冷却水控制,设有分程控制 TIC101(只控制冷却水),通过控制反应釜温度来控制反应速度及副反应速度,从而获得较高的收率并确保反应过程安全,反应结束后通过增压蒸汽挤压出料。

再完成固定床事故(氢气进料阀卡)处理,事故现象如下:氢气量无法自动调节,反应器温度下降。

间歇反应釜及固定床反应器工艺流程图(DCS图和现场图)见附录1。

(2)实施条件

表2-48-1　T-2-48实施条件

项　目	基本实施条件
场　地	化工仿真机房(工位数≥40),照明通风良好
设　备	41 台计算机(含1台教师站),具体配置要求见附录2

续表

项　目	基本实施条件
软件环境	1. 预装"化工单元实习仿真软件 CSTS",并激活成功 2. 教师站按要求组卷并建立、开放考核室;确保学员站能以局域网模式成功连接教师站
组卷形式	间歇釜冷态开车(70%)＋固定床事故(氢气进料阀卡)(30%)
测评专家	每40名考生配备2名考评员。要求具有化工总控工国家职业技能鉴定考评员资格

(3)考核时量

60分钟。

(4)评价标准

表 2-48-1　T-2-48 评价标准

评价内容及配分		评分标准	得分
操作质量 (80分) (自动评定)	间歇釜冷态开车 (56分)	1. 备料过程:向沉淀罐 VX03 进料 Na_2Sn;向计量罐 VX01 进料 CS_2;向计量罐 VX02 进料邻硝基氯苯 2. 进料:进料准备;从 VX03 中向反应器 RX01 中进料 Na_2Sn;从 VX01 中向反应器 RX01 中进料 CS_2;从 VX02 中向反应器 RX01 中进料邻硝基氯苯;进料完毕 3. 开车阶段:开启搅拌电机和蒸汽阀 4. 反应控制:控制反应温度(110 ± 10)℃	
	固定床事故(氢气进料阀卡)处理 (24分)	降低 EH-429 冷却水的量;利用旁路阀 KXV1404 手动调节氢气量	
职业素养 (20分)	软件使用 (10分)	1. 按要求准确填写考核基本信息(2分);正确进入相应考核室(2分);操作完毕,正常关闭计算机(2分) 2. 未插入 U 盘、移动硬盘等电子设备(2分);未启动仿真软件以外的任何程序(2分)	
	安全文明操作 (10分)	1. 穿戴符合机房管理要求(3分) 2. 保持操作工位整齐、清洁(2分) 3. 严格遵守操作规程,各项指标均处于标准范围(5分);任意一项质量指标超过零限偏差扣2分,不累加	
总　分			

49. 试题编号:T-2-49　典型反应器 DCS 操作 7

考核技能点编号:J-2-1、J-2-3

(1)任务描述

首先完成间歇反应釜冷态开车。利用间歇反应釜生产 2-巯基苯并噻唑。分别将来自备

料工序的 CS_2，$C_6H_4ClNO_2$，Na_2Sn 注入计量罐及沉淀罐中，经计量沉淀后利用位差及离心泵压入反应釜中。釜温由夹套中的蒸汽、冷却水及蛇管中的冷却水控制，设有分程控制 TIC101（只控制冷却水），通过控制反应釜温度来控制反应速度及副反应速度，从而获得较高的收率并确保反应过程安全，反应结束后通过增压蒸汽挤压出料。

再完成固定床事故（预热器阀卡）处理，事故现象如下：换热器出口温度超高，反应器器温度上升。

间歇反应釜及固定床反应器工艺流程图（DCS 图和现场图）见附录 1。

（2）实施条件

表 2-49-1　T-2-49 实施条件

项　　目	基本实施条件
场　　地	化工仿真机房（工位数≥40），照明通风良好
设　　备	41 台计算机（含 1 台教师站），具体配置要求见附录 2
软件环境	1. 预装"化工单元实习仿真软件 CSTS"，并激活成功 2. 教师站按要求组卷并建立、开放考核室；确保学员站能以局域网模式成功连接教师站
组卷形式	间歇釜冷态开车（70%）＋固定床事故（预热器阀卡）（30%）
测评专家	每 40 名考生配备 2 名考评员。要求具有化工总控工国家职业技能鉴定考评员资格

（3）考核时量

60 分钟。

（4）评价标准

表 2-49-1　T-2-49 评价标准

评价内容及配分		评分标准	得分
操作质量 （80 分） （自动评定）	间歇釜冷态开车 （56 分）	1. 备料过程：向沉淀罐 VX03 进料 Na_2Sn；向计量罐 VX01 进料 CS_2；向计量罐 VX02 进料邻硝基氯苯 2. 进料：进料准备；从 VX03 中向反应器 RX01 中进料 Na_2Sn；从 VX01 中向反应器 RX01 中进料 CS_2；从 VX02 中向反应器 RX01 中进料邻硝基氯苯；进料完毕 3. 开车阶段：开启搅拌电机和蒸汽阀 4. 反应控制：控制反应温度（110±10）℃	
	固定床事故（预热器阀卡）处理 （24 分）	增加 EH-429 冷却水的量；减少配氢量	
职业素养 （20 分）	软件使用 （10 分）	1. 按要求准确填写考核基本信息（2 分）；正确进入相应考核室（2 分）；操作完毕，正常关闭计算机（2 分） 2. 未插入 U 盘、移动硬盘等电子设备（2 分）；未启动仿真软件以外的任何程序（2 分）	

续表

评价内容及配分		评分标准	得分
职业素养 (20分)	安全文明操作 (10分)	1. 穿戴符合机房管理要求(3分) 2. 保持操作工位整齐、清洁(2分) 3. 严格遵守操作规程,各项指标均处于标准范围(5分); 任意一项质量指标超过零限偏差扣2分,不累加	
总　　　分			

50. 试题编号:T－2－50　典型反应器 DCS 操作 8

考核技能点编号:J－2－1、J－2－3

(1)任务描述

首先完成间歇反应釜冷态开车。利用间歇反应釜生产 2－巯基苯并噻唑。分别将来自备料工序的 CS_2,$C_6H_4ClNO_2$,Na_2Sn 注入计量罐及沉淀罐中,经计量沉淀后利用位差及离心泵压入反应釜中。釜温由夹套中的蒸汽、冷却水及蛇管中的冷却水控制,设有分程控制 TIC101 (只控制冷却水),通过控制反应釜温度来控制反应速度及副反应速度,从而获得较高的收率并确保反应过程安全,反应结束后通过增压蒸汽挤压出料。

再完成固定床事故(闪蒸罐压力调节阀卡)处理,事故现象如下:闪蒸罐压力、温度超高。

间歇反应釜及固定床反应器工艺流程图(DCS图和现场图)见附录1。

(2)实施条件

表 2－50－1　T－2－50 实施条件

项　　目	基本实施条件
场　　地	化工仿真机房(工位数≥40),照明通风良好
设　　备	41 台计算机(含 1 台教师站),具体配置要求见附录 2
软件环境	1. 预装"化工单元实习仿真软件 CSTS",并激活成功 2. 教师站按要求组卷并建立、开放考核室;确保学员站能以局域网模式成功连接教师站
组卷形式	间歇釜冷态开车(70%)＋ 固定床事故(闪蒸罐压力调节阀卡)(30%)
测评专家	每 40 名考生配备 2 名考评员。要求具有化工总控工国家职业技能鉴定考评员资格

(3)考核时量

60 分钟。

(4)评价标准

表 2-50-2　T-2-50 评价标准

评价内容及配分		评分标准	得分
操作质量 (80分) (自动评定)	间歇釜冷态开车 (56分)	1. 备料过程:向沉淀罐 VX03 进料 Na₂Sn;向计量罐 VX01 进料 CS₂;向计量罐 VX02 进料邻硝基氯苯 2. 进料:进料准备;从 VX03 中向反应器 RX01 中进料 Na₂Sn;从 VX01 中向反应器 RX01 中进料 CS₂;从 VX02 中向反应器 RX01 中进料邻硝基氯苯;进料完毕 3. 开车阶段:开启搅拌电机和蒸汽阀 4. 反应控制:控制反应温度(110±10)℃	
	固定床事故(闪蒸罐压力调节阀卡)处理(24分)	增加 EH-429 冷却水的量;利用旁路阀 KXV1434 手动调节	
职业素养 (20分)	软件使用 (10分)	1. 按要求准确填写考核基本信息(2分);正确进入相应考核室(2分);操作完毕,正常关闭计算机(2分) 2. 未插入 U 盘、移动硬盘等电子设备(2分);未启动仿真软件以外的任何程序(2分)	
	安全文明操作 (10分)	1. 穿戴符合机房管理要求(3分) 2. 保持操作工位整齐、清洁(2分) 3. 严格遵守操作规程,各项指标均处于标准范围(5分);任意一项质量指标超过零限偏差扣 2 分,不累加	
总　分			

51. 试题编号:T-2-51　典型反应器 DCS 操作 9

考核技能点编号:J-2-1、J-2-3

(1)任务描述

首先完成间歇反应釜冷态开车。利用间歇反应釜生产 2-巯基苯并噻唑。分别将来自备料工序的 CS_2,$C_6H_4ClNO_2$,Na_2Sn 注入计量罐及沉淀罐中,经计量沉淀后利用位差及离心泵压入反应釜中。釜温由夹套中的蒸汽、冷却水及蛇管中的冷却水控制,设有分程控制 TIC101(只控制冷却水),通过控制反应釜温度来控制反应速度及副反应速度,从而获得较高的收率并确保反应过程安全,反应结束后通过增压蒸汽挤压出料。

再完成固定床事故(反应器漏气)处理,事故现象如下:反应器压力迅速降低。

间歇反应釜及固定床反应器工艺流程图(DCS 图和现场图)见附录 1。

(2)实施条件

表 2-51-1　T-2-51 实施条件

项　目	基本实施条件
场　地	化工仿真机房(工位数≥40),照明通风良好
设　备	41 台计算机(含 1 台教师站),具体配置要求见附录 2

续表

项　目	基本实施条件
软件环境	1. 预装"化工单元实习仿真软件 CSTS",并激活成功 2. 教师站按要求组卷并建立、开放考核室;确保学员站能以局域网模式成功连接教师站
组卷形式	间歇釜冷态开车(70%)＋ 固定床事故(反应器漏气)(30%)
测评专家	每40名考生配备2名考评员。要求具有化工总控工国家职业技能鉴定考评员资格

(3)考核时量

60 分钟。

(4)评价标准

表 2－51－2　T－2－51 评价标准

评价内容及配分		评分标准	得分
操作质量 (80分) (自动评定)	间歇釜冷态开车 (56分)	1. 备料过程:向沉淀罐 VX03 进料 Na_2Sn;向计量罐 VX01 进料 CS_2;向计量罐 VX02 进料邻硝基氯苯 2. 进料:进料准备;从 VX03 中向反应器 RX01 中进料 Na_2Sn;从 VX01 中向反应器 RX01 中进料 CS_2;从 VX02 中向反应器 RX01 中进料邻硝基氯苯;进料完毕 3. 开车阶段:开启搅拌电机和蒸汽阀 4. 反应控制:控制反应温度(110±10)℃	
	固定床事故(反应器漏气)处理 (24分)	关闭氢气进料;关闭加热蒸汽;关闭乙炔进料;将反应器、闪蒸器温度压力逐渐降至常温常压	
职业素养 (20分)	软件使用 (10分)	1. 按要求准确填写考核基本信息(2分);正确进入相应考核室(2分);操作完毕,正常关闭计算机(2分) 2. 未插入 U 盘、移动硬盘等电子设备(2分);未启动仿真软件以外的任何程序(2分)	
	安全文明操作 (10分)	1. 穿戴符合机房管理要求(3分) 2. 保持操作工位整齐、清洁(2分) 3. 严格遵守操作规程,各项指标均处于标准范围(5分);任意一项质量指标超过零限偏差扣2分,不累加	
总　　分			

52. 试题编号:T－2－52　典型反应器 DCS 操作 10

考核技能点编号:J－2－1、J－2－3

(1)任务描述

首先完成间歇反应釜冷态开车。利用间歇反应釜生产 2-巯基苯并噻唑。分别将来自备料工序的 CS_2,$C_6H_4ClNO_2$,Na_2Sn 注入计量罐及沉淀罐中,经计量沉淀后利用位差及离心泵压入反应釜中。釜温由夹套中的蒸汽、冷却水及蛇管中的冷却水控制,设有分程控制 TIC101(只控制冷却水),通过控制反应釜温度来控制反应速度及副反应速度,从而获得较高的收率并确保反应过程安全,反应结束后通过增压蒸汽挤压出料。

再完成固定床事故(冷却水停)处理,事故现象如下:闪蒸罐压力、温度超高。

间歇反应釜及固定床反应器工艺流程图(DCS 图和现场图)见附录 1。

(2)实施条件

表 2-52-1　T-2-52 实施条件

项　目	基本实施条件
场　地	化工仿真机房(工位数≥40),照明通风良好
设　备	41 台计算机(含 1 台教师站),具体配置要求见附录 2
软件环境	1. 预装"化工单元实习仿真软件 CSTS",并激活成功 2. 教师站按要求组卷并建立、开放考核室;确保学员站能以局域网模式成功连接教师站
组卷形式	间歇釜冷态开车(70%)＋ 固定床事故(冷却水停)(30%)
测评专家	每 40 名考生配备 2 名考评员。要求具有化工总控工国家职业技能鉴定考评员资格

(3)考核时量

60 分钟。

(4)评价标准

表 2-52-2　T-2-52 评价标准

评价内容		分值	评分标准
操作质量 (80 分) (自动评定)	间歇釜冷态开车 (56 分)	1. 备料过程:向沉淀罐 VX03 进料 Na_2Sn;向计量罐 VX01 进料 CS_2;向计量罐 VX02 进料邻硝基氯苯 2. 进料:进料准备;从 VX03 中向反应器 RX01 中进料 Na_2Sn;从 VX01 中向反应器 RX01 中进料 CS_2;从 VX02 中向反应器 RX01 中进料邻硝基氯苯;进料完毕 3. 开车阶段:开启搅拌电机和蒸汽阀 4. 反应控制:控制反应温度(110±10)℃	
	固定床事故 (冷却水停)处理 (24 分)	关闭氢气进料;关闭加热蒸汽;关闭乙炔进料;将反应器、闪蒸器温度压力逐渐降至常温常压	
职业素养 (20 分)	软件使用 (10 分)	1. 按要求准确填写考核基本信息(2分);正确进入相应考核室(2分);操作完毕,正常关闭计算机(2分) 2. 未插入 U 盘、移动硬盘等电子设备(2分);未启动仿真软件以外的任何程序(2分)	

续表

评价内容		分值	评分标准
职业素养 (20分)	安全文明操作 (10分)	1. 穿戴符合机房管理要求(3分) 2. 保持操作工位整齐、清洁(2分) 3. 严格遵守操作规程,各项指标均处于标准范围(5分);任意一项质量指标超过零限偏差扣2分,不累加	
	总 分		

53. 试题编号:T - 2 - 53 典型反应器 DCS 操作 11

考核技能点编号:J - 2 - 1、J - 2 - 3

(1)任务描述

首先完成间歇反应釜冷态开车。利用间歇反应釜生产 2 -巯基苯并噻唑。分别将来自备料工序的 CS_2、$C_6H_4ClNO_2$、Na_2Sn 注入计量罐及沉淀罐中,经计量沉淀后利用位差及离心泵压入反应釜中。釜温由夹套中的蒸汽、冷却水及蛇管中的冷却水控制,设有分程控制 TIC101(只控制冷却水),通过控制反应釜温度来控制反应速度及副反应速度,从而获得较高的收率并确保反应过程安全,反应结束后通过增压蒸汽挤压出料。

再完成固定床事故(反应器超温)处理,事故现象如下:反应器温度超高。

间歇反应釜及固定床反应器工艺流程图(DCS图和现场图)见附录1。

(2)实施条件

表 2 - 53 - 1 T - 2 - 53 实施条件

项 目	基本实施条件
场 地	化工仿真机房(工位数≥40),照明通风良好
设 备	41 台计算机(含 1 台教师站),具体配置要求见附录 2
软件环境	1. 预装"化工单元实习仿真软件 CSTS",并激活成功 2. 教师站按要求组卷并建立、开放考核室;确保学员站能以局域网模式成功连接教师站
组卷形式	间歇釜冷态开车(70%)+ 固定床事故(反应器超温)(30%)
测评专家	每 40 名考生配备 2 名考评员。要求具有化工总控工国家职业技能鉴定考评员资格

(3)考核时量

60 分钟。

(4)评价标准

表 2-53-2　T-2-53 评价标准

评价内容及配分		评分标准	得分
操作质量 （80分） （自动评定）	间歇釜冷态开车 （56分）	1. 备料过程：向沉淀罐 VX03 进料 Na_2Sn；向计量罐 VX01 进料 CS_2；向计量罐 VX02 进料邻硝基氯苯 2. 进料：进料准备；从 VX03 中向反应器 RX01 中进料 Na_2Sn；从 VX01 中向反应器 RX01 中进料 CS_2；从 VX02 中向反应器 RX01 中进料邻硝基氯苯；进料完毕 3. 开车阶段：开启搅拌电机和蒸汽阀 4. 反应控制：控制反应温度（110±10）℃	
	固定床事故（反应器超温）处理 （24分）	增加 EH-429 冷却水的量	
职业素养 （20分）	软件使用 （10分）	1. 按要求准确填写考核基本信息（2分）；正确进入相应考核室（2分）；操作完毕，正常关闭计算机（2分） 2. 未插入 U 盘、移动硬盘等电子设备（2分）；未启动仿真软件以外的任何程序（2分）	
	安全文明操作 （10分）	1. 穿戴符合机房管理要求（3分） 2. 保持操作工位整齐、清洁（2分） 3. 严格遵守操作规程，各项指标均处于标准范围（5分）；任意一项质量指标超过零限偏差扣2分，不累加	
总　　分			

54. 试题编号：T-2-54　典型反应器 DCS 操作 12

考核技能点编号：J-2-1、J-2-3

（1）任务描述

首先完成间歇反应釜冷态开车。利用间歇反应釜生产 2-巯基苯并噻唑。分别将来自备料工序的 CS_2、$C_6H_4ClNO_2$、Na_2Sn 注入计量罐及沉淀罐中，经计量沉淀后利用位差及离心泵压入反应釜中。釜温由夹套中的蒸汽、冷却水及蛇管中的冷却水控制，设有分程控制 TIC101（只控制冷却水），通过控制反应釜温度来控制反应速度及副反应速度，从而获得较高的收率并确保反应过程安全，反应结束后通过增压蒸汽挤压出料。

再完成固定床随机工况处理，即针对正常工况下出现的随机事故，及时采取有效措施进行调控，确保各工艺参数处于标准范围。

间歇反应釜及固定床反应器工艺流程图（DCS图和现场图）见附录1。

（2）实施条件

表 2-54-1　T-2-54 实施条件

项　　目	基本实施条件
场　　地	化工仿真机房（工位数≥40），照明通风良好
设　　备	41台计算机（含1台教师站），具体配置要求见附录2

续表

项　　目	基本实施条件
软件环境	1. 预装"化工单元实习仿真软件CSTS",并激活成功 2. 教师站按要求组卷并建立、开放考核室;确保学员站能以局域网模式成功连接教师站
组卷形式	间歇釜冷态开车(70%)＋ 固定床随机工况(30%)
测评专家	每40名考生配备2名考评员。要求具有化工总控工国家职业技能鉴定考评员资格

(3)考核时量

60分钟。

(4)评价标准

表 2-54-2　T-2-54 评价标准

评价内容及配分		评分标准	得分
操作质量 (80分) (自动评定)	间歇釜冷态开车 (56分)	1. 备料过程:向沉淀罐VX03进料Na_2Sn;向计量罐VX01进料CS_2;向计量罐VX02进料邻硝基氯苯 2. 进料:进料准备;从VX03中向反应器RX01中进料Na_2Sn;从VX01中向反应器RX01中进料CS_2;从VX02中向反应器RX01中进料邻硝基氯苯;进料完毕 3. 开车阶段:开启搅拌电机和蒸汽阀 4. 反应控制:控制反应温度(110±10)℃	
	固定床随机工况 (24分)	处理及时、有效,确保各工艺参数处于标准范围	
职业素养 (20分)	软件使用 (10分)	1. 按要求准确填写考核基本信息(2分);正确进入相应考核室(2分);操作完毕,正常关闭计算机(2分) 2. 未插入U盘、移动硬盘等电子设备(2分);未启动仿真软件以外的任何程序(2分)	
	安全文明操作 (10分)	1. 穿戴符合机房管理要求(3分) 2. 保持操作工位整齐、清洁(2分) 3. 严格遵守操作规程,各项指标均处于标准范围(5分);任意一项质量指标超过零限偏差扣2分,不累加	
总　　分			

55. 试题编号:T-2-55　典型反应器 DCS 操作 13

考核技能点编号:J-2-1、J-2-3

(1)任务描述

首先完成固定床反应器冷态开车。以C_2为主的烃原料和H_2、CH_4混合气,按一定比例在管线中混合后经原料气/反应气换热器(EH-423)预热,再经原料预热器(EH-424)预热到(38±1)℃,进入固定床反应器(ER-424A/B)。ER-424A/B中的反应原料在(2.52±0.1)

MPa、(44 ± 0.5)℃下反应生成 C_2H_6，反应器中的热量由反应器壳侧循环的加压 C_4 冷剂蒸发带走，C_4 蒸汽在水冷器 EH-429 中由冷却水冷凝。

再完成间歇釜事故（超温超压）处理，事故现象如下：温度大于 128℃，压力大于 8atm。

固定床反应器及间歇反应釜工艺流程图（DCS 图和现场图）见附录 1。

（2）实施条件

表 2-55-1 T-2-55 实施条件

项 目	基本实施条件
场 地	化工仿真机房（工位数≥40），照明通风良好
设 备	41 台计算机（含 1 台教师站），具体配置要求见附录 2
软件环境	1. 预装"化工单元实习仿真软件 CSTS"，并激活成功 2. 教师站按要求组卷并建立、开放考核室；确保学员站能以局域网模式成功连接教师站
组卷形式	固定床冷态开车（70%）＋间歇釜事故（超温超压）（30%）
测评专家	每 40 名考生配备 2 名考评员。要求具有化工总控工国家职业技能鉴定考评员资格

（3）考核时量

60 分钟。

（4）评价标准

表 2-55-2 T-2-55 评价标准

评价内容及配分		评分标准	得分
操作质量 （80分） （自动评定）	固定床冷态开车 （56分）	1. EV429 闪蒸器充丁烷 2. ER424A 反应器充丁烷：确认事项，充丁烷 3. ER424A 启动：启动前准备工作，ER424A 充压、实气置换、ER424A 配氢，调整丁烷制冷剂压力	
	间歇釜事故 （超温超压）处理 （24分）	开大冷却水，打开高压冷却水阀 V20；关闭搅拌器 PUM1，使反应速度下降；如果气压超过 12atm，打开放空阀 V12	
职业素养 （20分）	软件使用 （10分）	1. 按要求准确填写考核基本信息（2分）；正确进入相应考核室（2分）；操作完毕，正常关闭计算机（2分） 2. 未插入 U 盘、移动硬盘等电子设备（2分）；未启动仿真软件以外的任何程序（2分）	
	安全文明操作 （10分）	1. 穿戴符合机房管理要求（3分） 2. 保持操作工位整齐、清洁（2分） 3. 严格遵守操作规程，各项指标均处于标准范围（5分）；任意一项质量指标超过零限偏差扣 2 分，不累加	
总 分			

56. 试题编号:T-2-56 典型反应器 DCS 操作 14

考核技能点编号:J-2-1、J-2-3

(1)任务描述

首先完成固定床反应器冷态开车。以 C_2 为主的烃原料和 H_2,CH_4 混合气,按一定比例在管线中混合后经原料气/反应气换热器(EH-423)预热,再经原料预热器(EH-424)预热到 $(38\pm1)℃$,进入固定床反应器(ER-424A/B)。ER-424A/B 中的反应原料在 (2.52 ± 0.1) MPa,$(44\pm0.5)℃$下反应生成 C_2H_6,反应器中的热量由反应器壳侧循环的加压 C_4 冷剂蒸发带走,C_4 蒸汽在水冷器 EH-429 中由冷却水冷凝。

再完成间歇反应釜事故(搅拌器 M1 停转)处理,事故现象如下:反应速度逐渐下降为低值,产物浓度变化缓慢。

固定床反应器及间歇反应釜工艺流程图(DCS 图和现场图)见附录 1。

(2)实施条件

表 2-56-1 T-2-56 实施条件

项 目	基本实施条件
场 地	化工仿真机房(工位数≥40),照明通风良好
设 备	41 台计算机(含 1 台教师站),具体配置要求见附录 2
软件环境	1. 预装"化工单元实习仿真软件 CSTS",并激活成功 2. 教师站按要求组卷并建立、开放考核室;确保学员站能以局域网模式成功连接教师站
组卷形式	固定床冷态开车(70%)+间歇釜事故(搅拌器 M1 停转)(30%)
测评专家	每 40 名考生配备 2 名考评员。要求具有化工总控工国家职业技能鉴定考评员资格

(3)考核时量

60 分钟。

(4)评价标准

表 2-56-2 T-2-56 评价标准

评价内容及配分		评分标准	得分
操作质量 (80 分) (自动评定)	固定床冷态开车 (56 分)	1. EV429 闪蒸器充丁烷 2. ER424A 反应器充丁烷;确认事项,充丁烷 3. ER424A 启动:启动前准备工作,ER424A 充压、实气置换,ER424A 配氢,调整丁烷制冷剂压力	
	间歇釜事故(搅拌器 M1 停转)处理 (24 分)	停止操作,出料	
职业素养 (20 分)	软件使用 (10 分)	1. 按要求准确填写考核基本信息(2 分);正确进入相应考核室(2 分);操作完毕,正常关闭计算机(2 分) 2. 未插入 U 盘、移动硬盘等电子设备(2 分);未启动仿真软件以外的任何程序(2 分)	

续表

评价内容及配分		评分标准	得分
职业素养 (20分)	安全文明操作 (10分)	1. 穿戴符合机房管理要求(3分) 2. 保持操作工位整齐、清洁(2分) 3. 严格遵守操作规程,各项指标均处于标准范围(5分); 任意一项质量指标超过零限偏差扣2分,不累加	
总　　分			

57. 试题编号:T-2-57　典型反应器 DCS 操作 15

考核技能点编号:J-2-1、J-2-3

(1)任务描述

首先完成固定床反应器冷态开车。以 C_2 为主的烃原料和 H_2、CH_4 混合气,按一定比例在管线中混合后经原料气/反应气换热器(EH-423)预热,再经原料预热器(EH-424)预热到 $(38\pm1)℃$,进入固定床反应器(ER-424A/B)。ER-424A/B 中的反应原料在 (2.52 ± 0.1) MPa、$(44\pm0.5)℃$ 下反应生成 C_2H_6,反应器中的热量由反应器壳侧循环的加压 C_4 冷剂蒸发带走,C_4 蒸汽在水冷器 EH-429 中由冷却水冷凝。

再完成间歇釜事故(V22 阀卡)处理,事故现象如下:开大冷却水阀对控制反应釜温度无作用,且出口温度逐渐上升。

固定床反应器及间歇反应釜工艺流程图(DCS 图和现场图)见附录1。

(2)实施条件

表 2-57-1　T-2-57 实施条件

项　　目	基本实施条件
场　　地	化工仿真机房(工位数≥40),照明通风良好
设　　备	41 台计算机(含1台教师站),具体配置要求见附录2
软件环境	1. 预装"化工单元实习仿真软件 CSTS",并激活成功 2. 教师站按要求组卷并建立、开放考核室;确保学员站能以局域网模式成功连接教师站
组卷形式	固定床冷态开车(70%)+间歇釜事故(V22 阀卡)(30%)
测评专家	每 40 名考生配备 2 名考评员。要求具有化工总控工国家职业技能鉴定考评员资格

(3)考核时量

60 分钟。

(4)评价标准

表 2 - 57 - 2　T - 2 - 57 评价标准

评价内容及配分		评分标准	得分
操作质量 （80 分） （自动评定）	固定床冷态开车 （56 分）	1. EV429 闪蒸器充丁烷 2. ER424A 反应器充丁烷：确认事项，充丁烷 3. ER424A 启动：启动前准备工作，ER424A 充压、实气置换，ER424A 配氢，调整丁烷制冷剂压力	
	间歇釜事故 （V22 阀卡）处理 （24 分）	开冷却水旁路阀 V17 调节	
职业素养 （20 分）	软件使用 （10 分）	1. 按要求准确填写考核基本信息（2 分）；正确进入相应考核室（2 分）；操作完毕，正常关闭计算机（2 分） 2. 未插入 U 盘、移动硬盘等电子设备（2 分）；未启动仿真软件以外的任何程序（2 分）	
	安全文明操作 （10 分）	1. 穿戴符合机房管理要求（3 分） 2. 保持操作工位整齐、清洁（2 分） 3. 严格遵守操作规程，各项指标均处于标准范围（5 分）；任意一项质量指标超过零限偏差扣 2 分，不累加	
总　　分			

58. 试题编号：T - 2 - 58　典型反应器 DCS 操作 16

考核技能点编号：J - 2 - 1、J - 2 - 3

(1)任务描述

首先完成固定床反应器冷态开车。以 C_2 为主的烃原料和 H_2，CH_4 混合气，按一定比例在管线中混合后经原料气/反应气换热器（EH - 423）预热，再经原料预热器（EH - 424）预热到（38±1）℃，进入固定床反应器（ER - 424A/B）。ER - 424A/B 中的反应原料在（2.52±0.1）MPa，（44±0.5）℃下反应生成 C_2H_6，反应器中的热量由反应器壳侧循环的加压 C_4 冷剂蒸发带走，C_4 蒸汽在水冷器 EH - 429 中由冷却水冷凝。

再完成间歇釜事故（出料管堵塞）处理，事故现象如下：出料时，釜内压力较高，但液位下降很慢。

固定床反应器及间歇反应釜工艺流程图（DCS 图和现场图）见附录 1。

(2)实施条件

表 2 - 58 - 1　T - 2 - 58 实施条件

项　　目	基本实施条件
场　　地	化工仿真机房（工位数≥40），照明通风良好
设　　备	41 台计算机（含 1 台教师站），具体配置要求见附录 2
软件环境	1. 预装"化工单元实习仿真软件 CSTS"，并激活成功 2. 教师站按要求组卷并建立、开放考核室；确保学员站能以局域网模式成功连接教师站

续表

项　目	基本实施条件
组卷形式	固定床冷态开车(70%)＋间歇釜事故(出料管堵塞)(30%)
测评专家	每40名考生配备2名考评员。要求具有化工总控工国家职业技能鉴定考评员资格

(3)考核时量

60分钟。

(4)评价标准

表2-58-2　T-2-58评价标准

评价内容及配分		评分标准	得分
操作质量 (80分) (自动评定)	固定床冷态开车 (56分)	1. EV429闪蒸器充丁烷 2. ER424A反应器充丁烷:确认事项,充丁烷 3. ER424A启动:启动前准备工作,ER424A充压、实气置换,ER424A配氢,调整丁烷制冷剂压力	
	间歇釜事故(出料管堵塞)处理 (24分)	开出料预热蒸汽阀V14吹扫5分钟以上	
职业素养 (20分)	软件使用 (10分)	1. 按要求准确填写考核基本信息(2分);正确进入相应考核室(2分);操作完毕,正常关闭计算机(2分) 2. 未插入U盘、移动硬盘等电子设备(2分);未启动仿真软件以外的任何程序(2分)	
	安全文明操作 (10分)	1. 穿戴符合机房管理要求(3分) 2. 保持操作工位整洁、清洁(2分) 3. 严格遵守操作规程,各项指标均处于标准范围(5分);任意一项质量指标超过零限偏差扣2分,不累加	
总　　分			

59. 试题编号:T-2-59　典型反应器DCS操作17

考核技能点编号:J-2-1、J-2-2

(1)任务描述

首先完成固定床反应器冷态开车。以C_2为丰的烃原料和H_2,CH_4混合气,按一定比例在管线中混合后经原料气/反应气换热器(EH-423)预热,再经原料预热器(EH-424)预热到$(38\pm1)℃$,进入固定床反应器(ER-424A/B)。ER-424A/B中的反应原料在(2.52 ± 0.1)MPa,$(44\pm0.5)℃$下反应生成C_2H_6,反应器中的热量由反应器壳侧循环的加压C_4冷剂蒸发带走,C_4蒸汽在水冷器EH-429中由冷却水冷凝。

再完成固定床反应器正常停车。固定床反应器处于正常运行状态,按照正常停车操作规程,依次关闭氢气进料、关闭加热蒸汽、关闭乙炔进料、将反应器、闪蒸器温度压力逐渐降至常温常压。

固定床反应器工艺流程图(DCS图和现场图)见附录1。
(2)实施条件

表 2-59-1　T-2-59 实施条件

项　　目	基本实施条件
场　　地	化工仿真机房(工位数≥40),照明通风良好
设　　备	41 台计算机(含 1 台教师站),具体配置要求见附录 2
软件环境	1. 预装"化工单元实习仿真软件 CSTS",并激活成功 2. 教师站按要求组卷并建立、开放考核室;确保学员站能以局域网模式成功连接教师站
组卷形式	固定床冷态开车(70%)+固定床正常停车(30%)
测评专家	每 40 名考生配备 2 名考评员。要求具有化工总控工国家职业技能鉴定考评员资格

(3)考核时量

60 分钟。

(4)评价标准

表 2-59-2　T-2-59 评价标准

评价内容及配分		评分标准	得分
操作质量 (80 分) (自动评定)	固定床冷态开车 (56 分)	1. EV429 闪蒸器充丁烷 2. ER424A 反应器充丁烷:确认事项,充丁烷 3. ER424A 启动:启动前准备工作,ER424A 充压、实气置换,ER424A 配氢,调整丁烷制冷剂压力	
	固定床正常停车 (24 分)	关闭氢气进料;关闭加热蒸汽;关闭乙炔进料;将反应器、闪蒸器温度压力逐渐降至常温常压	
职业素养 (20 分)	软件使用 (10 分)	1. 按要求准确填写考核基本信息(2 分);正确进入相应考核室(2 分);操作完毕,正常关闭计算机(2 分) 2. 未插入 U 盘、移动硬盘等电子设备(2 分);未启动仿真软件以外的任何程序(2 分)	
	安全文明操作 (10 分)	1. 穿戴符合机房管理要求(3 分) 2. 保持操作工位整齐、清洁(2 分) 3. 严格遵守操作规程,各项指标均处于标准范围(5 分);任意一项质量指标超过零限偏差扣 2 分,不累加	
总　　分			

60. 试题编号:T-2-60　典型反应器 DCS 操作 18

考核技能点编号:J-2-1、J-2-3

(1)任务描述

首先完成固定床反应器冷态开车。以 C_2 为主的烃原料和 H_2、CH_4 混合气,按一定比例在管线中混合后经原料气/反应气换热器(EH-423)预热,再经原料预热器(EH-424)预热到 $(38\pm1)℃$,进入固定床反应器(ER-424A/B)。ER-424A/B 中的反应原料在 (2.52 ± 0.1) MPa、$(44\pm0.5)℃$ 下反应生成 C_2H_6,反应器中的热量由反应器壳侧循环的加压 C_4 冷剂蒸发带走,C_4 蒸汽在水冷器 EH-429 中由冷却水冷凝。

再完成固定床事故(氢气进料阀卡)处理,事故现象如下:氢气量无法自动调节,反应器温度下降。

固定床反应器工艺流程图(DCS 图和现场图)见附录1。

(2)实施条件

表 2-60-1　T-2-60 实施条件

项　目	基本实施条件
场　地	化工仿真机房(工位数≥40),照明通风良好
设　备	41 台计算机(含 1 台教师站),具体配置要求见附录2
软件环境	1. 预装"化工单元实习仿真软件 CSTS",并激活成功 2. 教师站按要求组卷并建立、开放考核室;确保学员站能以局域网模式成功连接教师站
组卷形式	固定床冷态开车(70%)+固定床事故(氢气进料阀卡)(30%)
测评专家	每 40 名考生配备 2 名考评员。要求具有化工总控工国家职业技能鉴定考评员资格

(3)考核时量

60 分钟。

(4)评价标准

表 2-60-2　T-2-60 评价标准

评价内容及配分		评分标准	得分
操作质量 (80分) (自动评定)	固定床冷态开车 (56分)	1. EV429 闪蒸器充丁烷 2. ER424A 反应器充丁烷:确认事项,充丁烷 3. ER424A 启动:启动前准备工作,ER424A 充压、实气置换、ER424A 配氢,调整丁烷制冷剂压力	
	固定床事故(氢气进料阀卡)处理 (24分)	降低 EH-429 冷却水的量;利用旁路阀 KXV1404 手动调节氢气量	
职业素养 (20分)	软件使用 (10分)	1. 按要求准确填写考核基本信息(2分);正确进入相应考核室(2分);操作完毕,正常关闭计算机(2分) 2. 未插入 U 盘、移动硬盘等电子设备(2分);未启动仿真软件以外的任何程序(2分)	

续表

评价内容及配分		评分标准	得分
职业素养 （20分）	安全文明操作 （10分）	1. 穿戴符合机房管理要求（3分） 2. 保持操作工位整齐、清洁（2分） 3. 严格遵守操作规程，各项指标均处于标准范围（5分）；任意一项质量指标超过零限偏差扣2分，不累加	
总　　分			

61. 试题编号：T-2-61　典型反应器 DCS 操作 19

考核技能点编号：J-2-1、J-2-3

（1）任务描述

首先完成固定床反应器冷态开车。以 C_2 为主的烃原料和 H_2，CH_4 混合气，按一定比例在管线中混合后经原料气/反应气换热器（EH-423）预热，再经原料预热器（EH-424）预热到 (38 ± 1)℃，进入固定床反应器（ER-424A/B）。ER-424A/B 中的反应原料在 (2.52 ± 0.1) MPa，(44 ± 0.5)℃下反应生成 C_2H_6，反应器中的热量由反应器壳侧循环的加压 C_4 冷剂蒸发带走，C_4 蒸汽在水冷器 EH-429 中由冷却水冷凝。

再完成固定床事故（预热器阀卡）处理，事故现象如下：换热器出口温度超高，反应器器温度上升。

固定床反应器工艺流程图（DCS图和现场图）见附录1。

（2）实施条件

表 2-61-1　T-2-61 实施条件

项　　目	基本实施条件
场　　地	化工仿真机房（工位数≥40），照明通风良好
设　　备	41台计算机（含1台教师站），具体配置要求见附录2
软件环境	1. 预装"化工单元实习仿真软件 CSTS"，并激活成功 2. 教师站按要求组卷并建立、开放考核室；确保学员站能以局域网模式成功连接教师站
组卷形式	固定床冷态开车（70%）＋固定床事故（预热器阀卡）（30%）
测评专家	每40名考生配备2名考评员。要求具有化工总控工国家职业技能鉴定考评员资格

（3）考核时量

60分钟。

（4）评价标准

表 2-61-2 T-2-61 评价标准

评价内容及配分		评分标准	得分
操作质量 (80分) (自动评定)	固定床冷态开车 (56分)	1. EV429 闪蒸器充丁烷 2. ER424A 反应器充丁烷:确认事项,充丁烷 3. ER424A 启动:启动前准备工作,ER424A 充压、实气置换,ER424A 配氢,调整丁烷制冷剂压力	
	固定床事故(预热器阀卡)处理 (24分)	增加 EH-429 冷却水的量;减少配氢量	
职业素养 (20分)	软件使用 (10分)	1. 按要求准确填写考核基本信息(2分);正确进入相应考核室(2分);操作完毕,正常关闭计算机(2分) 2. 未插入 U 盘、移动硬盘等电子设备(2分);未启动仿真软件以外的任何程序(2分)	
	安全文明操作 (10分)	1. 穿戴符合机房管理要求(3分) 2. 保持操作工位整齐、清洁(2分) 3. 严格遵守操作规程,各项指标均处于标准范围(5分);任意一项质量指标超过零限偏差扣2分,不累加	
总　　分			

62. 试题编号:T-2-62 典型反应器 DCS 操作 20

考核技能点编号:J-2-1、J-2-3

(1)任务描述

首先完成固定床反应器冷态开车。以 C_2 为主的烃原料和 H_2,CH_4 混合气,按一定比例在管线中混合后经原料气/反应气换热器(EH-423)预热,再经原料预热器(EH-424)预热到 (38 ± 1)℃,进入固定床反应器(ER-424A/B)。ER-424A/B 中的反应原料在 (2.52 ± 0.1) MPa,(44 ± 0.5)℃下反应生成 C_2H_6,反应器中的热量由反应器壳侧循环的加压 C_4 冷剂蒸发带走,C_4 蒸汽在水冷器 EH-429 中由冷却水冷凝。

再完成固定床事故(闪蒸罐压力调节阀卡)处理,事故现象如下:闪蒸罐压力、温度超高。

固定床反应器工艺流程图(DCS图和现场图)见附录1。

(2)实施条件

表 2-62-1 T-2-62 实施条件

项　　目	基本实施条件
场　　地	化工仿真机房(工位数≥40),照明通风良好
设　　备	41 台计算机(含1台教师站),具体配置要求见附录2
软件环境	1. 预装"化工单元实习仿真软件 CSTS",并激活成功 2. 教师站按要求组卷并建立、开放考核室;确保学员站能以局域网模式成功连接教师站
组卷形式	固定床冷态开车(70%)+固定床事故(闪蒸罐压力调节阀卡)(30%)

续表

项　　目	基本实施条件
测评专家	每40名考生配备2名考评员。要求具有化工总控工国家职业技能鉴定考评员资格

（3）考核时量

60分钟。

（4）评价标准

表2-62-2　T-2-62评价标准

评价内容及配分		评分标准	得分
操作质量 （80分） （自动评定）	固定床冷态开车 （56分）	1. EV429 闪蒸器充丁烷 2. ER424A 反应器充丁烷:确认事项,充丁烷 3. ER424A 启动:启动前准备工作,ER424A 充压、实气置换,ER424A 配氢,调整丁烷制冷剂压力	
	固定床事故(闪蒸罐压力调节阀卡)处理(24分)	增加 EH-429 冷却水的量;利用旁路阀 KXV1434 手动调节	
职业素养 （20分）	软件使用 （10分）	1. 按要求准确填写考核基本信息(2分);正确进入相应考核室(2分);操作完毕,正常关闭计算机(2分) 2. 未插入 U 盘、移动硬盘等电子设备(2分);未启动仿真软件以外的任何程序(2分)	
	安全文明操作 （10分）	1. 穿戴符合机房管理要求(3分) 2. 保持操作工位整齐、清洁(2分) 3. 严格遵守操作规程,各项指标均处于标准范围(5分);任意一项质量指标超过零限偏差扣2分,不累加	
总　　分			

63. 试题编号:T-2-63　典型反应器 DCS 操作 21

考核技能点编号:J-2-2、J-2-3、J-2-4

（1）任务描述

首先完成固定床反应器冷态开车。以 C_2 为主的烃原料和 H_2、CH_4 混合气,按一定比例在管线中混合后经原料气/反应气换热器(EH-423)预热,再经原料预热器(EH-424)预热到 (38 ± 1)℃,进入固定床反应器(ER-424A/B)。ER-424A/B 中的反应原料在 (2.52 ± 0.1) MPa,(44 ± 0.5)℃下反应生成 C_2H_6,反应器中的热量由反应器壳侧循环的加压 C_4 冷剂蒸发带走,C_4 蒸汽在水冷器 EH-429 中由冷却水冷凝。

再完成固定床事故(冷却水停)处理,事故现象如下:反应器温度超高。

固定床反应器工艺流程图(DCS图和现场图)见附录1。

（2）实施条件

表 2‑63‑1　T‑2‑63 实施条件

项　　目	基本实施条件
场　　地	化工仿真机房(工位数≥40),照明通风良好
设　　备	41 台计算机(含 1 台教师站),具体配置要求见附录 2
软件环境	1. 预装"化工单元实习仿真软件 CSTS",并激活成功 2. 教师站按要求组卷并建立、开放考核室;确保学员站能以局域网模式成功连接教师站
组卷形式	固定床冷态开车(70%)+固定床事故(冷却水停)(30%)
测评专家	每 40 名考生配备 2 名考评员。要求具有化工总控工国家职业技能鉴定考评员资格

(3)考核时量

60 分钟。

(4)评价标准

表 2‑63‑2　T‑2‑63 评价标准

评价内容及配分		评分标准	得分
操作质量 (80 分) (自动评定)	固定床冷态开车 (56 分)	1. EV429 闪蒸器充丁烷 2. ER424A 反应器充丁烷:确认事项,充丁烷 3. ER424A 启动:启动前准备工作,ER424A 充压,实气置换,ER424A 配氢,调整丁烷制冷剂压力	
	固定床事故 (冷却水停)处理 (24 分)	关闭氢气进料;关闭加热蒸汽;关闭乙炔进料;将反应器、闪蒸器温度压力逐渐降至常温常压	
职业素养 (20 分)	软件使用 (10 分)	1. 按要求准确填写考核基本信息(2 分);正确进入相应考核室(2 分);操作完毕,正常关闭计算机(2 分) 2. 未插入 U 盘、移动硬盘等电子设备(2 分);未启动仿真软件以外的任何程序(2 分)	
	安全文明操作 (10 分)	1. 穿戴符合机房管理要求(3 分) 2. 保持操作工位整齐、清洁(2 分) 3. 严格遵守操作规程,各项指标均处于标准范围(5 分);任意一项质量指标超过零限偏差扣 2 分,不累加	
总　　分			

64. 试题编号:T‑2‑64　典型反应器 DCS 操作 22

考核技能点编号:J‑2‑1、J‑2‑3

(1)任务描述

首先完成固定床反应器冷态开车。以 C_2 为主的烃原料和 H_2,CH_4 混合气,按一定比例在管线中混合后经原料气/反应气换热器(EH‑423)预热,再经原料预热器(EH‑424)预热到(38 ± 1)℃,进入固定床反应器(ER‑424A/B)。ER‑424A/B 中的反应原料在(2.52 ± 0.1)MPa,

(44 ± 0.5)℃下反应生成 C_2H_6，反应器中的热量由反应器壳侧循环的加压 C_4 冷剂蒸发带走，C_4 蒸汽在水冷器 EH-429 中由冷却水冷凝。

再完成固定床事故(反应器超温)处理，事故现象如下:反应器温度超高。

固定床反应器工艺流程图(DCS 图和现场图)见附录 1。

(2)实施条件

表 2-64-1 T-2-64 实施条件

项　　目	基本实施条件
场　　地	化工仿真机房(工位数≥40)，照明通风良好
设　　备	41 台计算机(含 1 台教师站)，具体配置要求见附录 2
软件环境	1. 预装"化工单元实习仿真软件 CSTS"，并激活成功 2. 教师站按要求组卷并建立、开放考核室;确保学员站能以局域网模式成功连接教师站
组卷形式	固定床冷态开车(70%)+固定床事故(反应器超温)(30%)
测评专家	每 40 名考生配备 2 名考评员。要求具有化工总控工国家职业技能鉴定考评员资格

(3)考核时量

60 分钟。

(4)评价标准

表 2-64-2 T-2-64 评价标准

评价内容及配分		评分标准	得分
操作质量 (80 分) (自动评定)	固定床冷态开车 (56 分)	1. EV429 闪蒸器充丁烷 2. ER424A 反应器充丁烷:确认事项,充丁烷 3. ER424A 启动:启动前准备工作,ER424A 充压、实气置换,ER424A 配氢,调整丁烷制冷剂压力	
	固定床事故(反应器超温)处理 (24 分)	增加 EH-429 冷却水的量	
职业素养 (20 分)	软件使用 (10 分)	1. 按要求准确填写考核基本信息(2 分);正确进入相应考核室(2 分);操作完毕,正常关闭计算机(2 分) 2. 未插入 U 盘、移动硬盘等电子设备(2 分);未启动仿真软件以外的任何程序(2 分)	
	安全文明操作 (10 分)	1. 穿戴符合机房管理要求(3 分) 2. 保持操作工位整齐、清洁(2 分) 3. 严格遵守操作规程,各项指标均处于标准范围(5 分);任意一项质量指标超过零限偏差扣 2 分,不累加	
总　　分			

65. 试题编号:T-2-65 典型反应器 DCS 操作 23

考核技能点编号:J-2-1、J-2-4

(1)任务描述

首先完成固定床反应器冷态开车。以 C_2 为主的烃原料和 H_2,CH_4 混合气,按一定比例在管线中混合后经原料气/反应气换热器(EH-423)预热,再经原料预热器(EH-424)预热到 (38 ± 1)℃,进入固定床反应器(ER-424A/B)。ER-424A/B 中的反应原料在 (2.52 ± 0.1)MPa,(44 ± 0.5)℃下反应生成 C_2H_6,反应器中的热量由反应器壳侧循环的加压 C_4 冷剂蒸发带走,C_4 蒸汽在水冷器 EH-429 中由冷却水冷凝。

再完成固定床随机工况处理,即针对正常工况下出现的随机事故,及时采取有效措施进行调控,确保各工艺参数处于标准范围。

固定床反应器工艺流程图(DCS 图和现场图)见附录1。

(2)实施条件

表 2-65-1 T-2-65 实施条件

项 目	基本实施条件
场 地	化工仿真机房(工位数≥40),照明通风良好
设 备	41 台计算机(含 1 台教师站),具体配置要求见附录2
软件环境	1. 预装"化工单元实习仿真软件 CSTS",并激活成功 2. 教师站按要求组卷并建立、开放考核室;确保学员站能以局域网模式成功连接教师站
组卷形式	固定床冷态开车(70%)+固定床随机工况(30%)
测评专家	每 40 名考生配备 2 名考评员。要求具有化工总控工国家职业技能鉴定考评员资格

(3)考核时量

60 分钟。

(4)评价标准

表 2-65-2 T-2-65 评价标准

评价内容及配分		评分标准	得分
操作质量 (80分) (自动评定)	固定床冷态开车 (56分)	1. EV429 闪蒸器充丁烷 2. ER424A 反应器充丁烷;确认事项,充丁烷 3. ER424A 启动:启动前准备工作,ER424A 充压、实气置换、ER424A 配氢,调整丁烷制冷剂压力	
	固定床随机工况 (24分)	处理及时、有效,确保各工艺参数处于标准范围	
职业素养 (20分)	软件使用 (10分)	1. 按要求准确填写考核基本信息(2分);正确进入相应考核室(2分);操作完毕,正常关闭计算机(2分) 2. 未插入 U 盘、移动硬盘等电子设备(2分);未启动仿真软件以外的任何程序(2分)	

续表

评价内容及配分		评分标准	得分
职业素养 (20分)	安全文明操作 (10分)	1. 穿戴符合机房管理要求(3分) 2. 保持操作工位整齐、清洁(2分) 3. 严格遵守操作规程,各项指标均处于标准范围(5分); 任意一项质量指标超过零限偏差扣2分,不累加	
总　　分			

模块三　化工现场操作

1. 试题编号:T-3-1　流体输送工艺流程识别及开车检查1

考核技能点编号:J-3-8

(1)任务描述

某化工厂需要将低位槽中的水通过两台离心泵串联送至高位槽,并使高位槽保持某一液位,请根据流体输送装置现场及设备、阀门、仪表一览表,在现场完成流体输送装置的工艺流程识别及开车检查。

①指出主要设备并说明其用途:原料槽V101、高位槽V102、离心泵P101、离心泵P102;

②指出主要仪表并说明其用途:压力表、液位计、测压点、测温点、流量计;

③按顺序描述水的流程;

④按工艺流程,检查各阀门的开关状态,并指出3处错误的阀门开关状态,挂红牌标示。

设备、阀门、仪表一览表见附录3。

(2)实施条件

表3-1-1　T-3-1实施条件

项　　目	基本实施条件
场　　地	化工单元操作实训中心
仪器设备	流体输送实训装置2套,1工位/套
材料、工具、人员	标识牌6张
测评专家	每套装置配备1名考评员,考评员要求具备三年以上化工总控工的工作经历或实训指导经历

(3)考核时量

60分钟。

(4)评价标准

表 3-1-2 T-3-1评价标准

评价内容及配分		评分标准	得分
工艺流程识别（65分）	主要设备识别（15分）	指出主要设备并说明其用途：原料槽 V101、高位槽 V102、离心泵 P101、离心泵 P102	
	主要仪表识别（15分）	指出主要仪表并说明其用途：压力表、液位计、压力变送器、热电阻、流量计	
	工艺流程识别（35分）	按顺序描述水的流程	
开车检查（15分）	阀门标识牌标示（15分）	按工艺流程，检查各阀门的开关状态，并指出 3 处错误的阀门开关状态，挂红牌标示	
职业素养（20分）	安全生产节约环保（20分）	1. 着装符合职业要求(5分) 2. 正确操作设备、使用工具(5分) 3. 操作环境整洁、有序(5分) 4. 文明礼貌，服从安排(5分)	
总　　分			

2. 试题编号：T-3-2　流体输送工艺流程识别及开车检查 2

考核技能点编号：J-3-8

(1)任务描述

某化工厂需要将低位槽中的水通过两台离心泵并联送至合成器，并使合成器保持某一液位，请根据流体输送装置现场及设备、阀门、仪表一览表，在现场完成流体输送装置的工艺流程识别及开车检查。

①指出主要设备并说明其用途：原料槽 V101、高位槽 V102、合成器 T101、离心泵 P101、离心泵 P102。

②指出主要仪表并说明其用途：压力表、液位计、测压点、测温点、流量计。

③按顺序描述水的流程。

④按工艺流程，检查各阀门的开关状态，并指出 3 处错误的阀门开关状态，挂红牌标示。

设备、阀门、仪表一览表见附录3。

(2)实施条件

表 3-2-1 T-3-2实施条件

项　　目	基本实施条件
场　　地	化工单元操作实训中心
仪器设备	流体输送实训装置 2 套，1 工位/套
材料、工具、人员	标识牌 6 张

续表

项　　目	基本实施条件
测评专家	每套装置配备1名考评员,考评员要求具备三年以上化工总控工的工作经历或实训指导经历

(3)考核时量

60分钟。

(4)评价标准

表3-2-2　T-3-2评价标准

评价内容及配分		评分标准	得分
工艺流程识别 (65分)	主要设备识别 (15分)	指出主要设备并说明其用途:原料槽 V101、高位槽 V102、合成器 T101、离心泵 P101、离心泵 P102	
	主要仪表识别 (15分)	指出主要仪表并说明其用途:压力表、液位计、测压点、测温点、流量计	
	工艺流程识别 (35分)	按顺序描述水的流程	
开车检查 (15分)	阀门标识牌标示 (15分)	按工艺流程,检查各阀门的开关状态,并指出3处错误的阀门开关状态,挂红牌标示	
职业素养 (20分)	安全生产节约环保 (20分)	1. 着装符合职业要求(5分) 2. 正确操作设备、使用工具(5分) 3. 操作环境整洁、有序(5分) 4. 文明礼貌,服从安排(5分)	
总　　分			

3. 试题编号:T-3-3　离心泵开、停车

考核技能点编号:J-3-3、J-3-5、J-3-9、J-3-14

(1)任务描述

某化工厂需要将低位槽中丙烯酸通过离心泵送至高位槽,输送前,需试车,要求实训室内模拟完成此生产任务。请完成单台离心泵(A泵)的开、停车操作。

设备、阀门、仪表一览表见附录3。

(2)实施条件

表 3-3-1 T-3-3 实施条件

项　目	基本实施条件
场　地	化工单元操作实训中心
仪器设备	流体输送实训装置 2 套,1 工位/套
材料、工具、人员	原料液,操作记录单 1 张,笔 1 支,助手 1 人/套
测评专家	每套装置配备 1 名考评员,考评员要求具备三年以上化工总控工的工作经历或实训指导经历

(3)考核时量

60 分钟。

(4)评价标准

表 3-3-2 T-3-3 评价标准

评价内容及配分		评分标准			得分
操作规范 (65 分)	开车准备 (20 分)	原料、水、电等公用工程检查(20 分)			
	开车操作 (35 分)	1. 灌泵:明确灌泵方式并进行正确的灌泵操作(5 分) 2. 正确检查离心泵出、入口阀状态(5 分) 3. 通过控制台 DCS 控制系统正确打通流体输送线路(8 分),启动 A 泵(3 分),待泵运行平稳后,打开 A 泵出口阀(2 分),缓慢打开玻璃转子流量计阀门并控制流量为 2~6 m³/h(8 分),待流量稳定后打开压力表和真空表,并观察、记录读数(4 分)			
	停车操作 (10 分)	1. 逐渐关闭玻璃转子流量计阀门(2 分) 2. 正确关闭离心泵出口阀门,正确停泵(3 分) 3. 按现场操作流程关闭 DCS 控制系统,切断控制台、仪表盘电源(3 分) 4. 清理现场,做好设备、管道、阀门维护工作(2 分)			
操作质量 (15 分)	指标项 (15 分)	原料槽液位	流量计流量	高位槽液位	
		30~50 cm	2~6 m³/h	50~70 cm	
职业素养 (20 分)	文明规范操作 (20 分)	1. 着装符合职业要求(5 分) 2. 正确操作设备、使用工具(5 分) 3. 操作环境整洁、有序(5 分) 4. 文明礼貌,服从安排(5 分)			
总　　分					

表3-3-3　T-3-3操作记录单

序号	时间 （5分钟/次）	原料罐 液位(mm)	高位槽 液位(mm)	A泵进口 压力(kPa)	A泵出口 压力(MPa)	泵出口 流量(m³/h)
1						
2						
3						
4						
5						
6						
操作记事						
异常现象记录						
记录人			学校			

4. 试题编号:T-3-4　单台离心泵输送流体至高位槽

考核技能点编号：J-3-3、J-3-5、J-3-9、J-3-14

（1）任务描述

某化工厂需要将低位槽中丙烯酸通过离心泵送至高位槽,并使高位槽保持某一液位,要求实训室内模拟完成此生产任务。请使用单台离心泵（A泵）向高位槽中输送水至液位40cm。

设备、阀门、仪表一览表见附录3。

（2）实施条件

GE 3-4-1　T-3-4实施条件

项　目	基本实施条件
场　地	化工单元操作实训中心
仪器设备	流体输送实训装置2套,1工位/套
材料、工具、人员	原料液,操作记录单1张,笔1支,助手1人/套
测评专家	每套装置配备1名考评员,考评员要求具备三年以上化工总控工的工作经历或实训指导经历

（3）考核时量

60分钟。

（4）评价标准

表 3-4-2 T-3-4 评价标准

评价内容及配分		评分标准			得分
操作规范 (65分)	开车准备 (20分)	原料、水、电等公用工程检查			
	开车操作 (35分)	1. 灌泵(5分) 2. 通过控制台 DCS 控制系统正确打通流体输送线路,并观察、记录读数(20分) 3. 通过离心泵控制高位槽液位为 35～45 cm(10分)			
	停车操作 (10分)	1. 逐渐关闭玻璃转子流量计阀门(1分) 2. 正确关闭离心泵出口阀门,正确停泵(3分) 3. 正确打开高位槽至原料罐出口阀,对高位槽进行泄液(2分) 4. 按现场操作流程关闭 DCS 控制系统,切断控制台、仪表盘电源(2分) 5. 清理现场,搞好设备、管道、阀门维护工作。(2分)			
操作质量 (15分)	指标项 (15分)	原料罐液位	流量计流量	高位槽液位	
		30～50 cm	2～7 m³/h	35～45 cm	
职业素养 (20分)	文明规范 操作 (20分)	1. 着装符合职业要求(5分) 2. 正确操作设备、使用工具(5分) 3. 操作环境整洁、有序(5分) 4. 文明礼貌,服从安排(5分)			
总　分					

表 3-4-3 T-3-4 操作记录单

序号	时间 (5分钟/次)	原料罐 液位(mm)	高位槽 液位(mm)	A泵进口 压力(kPa)	A泵出口 压力(MPa)	泵出口 流量(m³/h)
1						
2						
3						
4						
5						
6						
操作记事						
异常现象记录						
记录人			学校			

5. 试题编号:T‑3‑5　单台离心泵输送流体至合成器

考核技能点编号:J‑3‑3、J‑3‑5、J‑3‑9、J‑3‑14、J‑3‑16

(1)任务描述

某化工厂需要将低位槽中丙烯酸通过离心泵送至高位槽,再通过高位槽送至合成器,并使高位槽、合成器保持某一液位,要求实训室内模拟完成此生产任务。请使用单台离心泵(A 泵)向高位槽 V102 中输送水至液位至 40 cm,然后将水送合成器 T101,保持高位槽液位为 40 cm,并使合成器液位为 70 cm。

设备、阀门、仪表一览表见附录 3。

(2)实施条件

表 3‑5‑1　T‑3‑5 实施条件

项　　目	基本实施条件
场　　地	化工单元操作实训中心
仪器设备	流体输送实训装置 2 套,1 工位/套
材料、工具、人员	原料液,操作记录单 1 张,笔 1 支,助手 1 人/套
测评专家	每套装置配备 1 名考评员,考评员要求具备三年以上化工总控工的工作经历或实训指导经历

(3)考核时量

60 分钟。

(4)评价标准

表 3‑5‑2　T‑3‑5 评价标准

评价内容及配分		评分标准	得分
操作规范 (65 分)	开车准备 (20 分)	原料、水、电等公用工程检查	
	开车操作 (35 分)	1. 灌泵(5 分) 2. 正确检查离心泵出、入口阀门状态(5 分) 3. 通过控制台 DCS 控制系统正确打通流体输送线路,并观察、记录读数(15 分) 4. 控制高位槽液位为 35～45 cm(5 分),控制合成器液位为 65～75 cm(5 分)	
	停车操作 (10 分)	1. 逐渐关闭玻璃转子流量计阀门(1 分) 2. 正确关闭离心泵出口阀门,正确停泵(3 分) 3. 正确打开高位槽至原料罐出口阀,对高位槽进行泄液(2 分) 4. 按现场操作流程关闭 DCS 控制系统,切断控制台、仪表盘电源(2 分) 5. 清理现场,搞好设备、管道、阀门维护工作(2 分)	

续表

评价内容及配分		评分标准				得分
操作质量 (15分)	指标项 (15分)	原料罐液位	流量计流量	高位槽液位	合成器液位	
		30～50 cm	2～7 m³/h	35～45 cm	65～75 cm	
职业素养 (20分)	文明规范 操作 (20分)	1. 着装符合职业要求(5分) 2. 正确操作设备、使用工具(5分) 3. 操作环境整洁、有序(5分) 4. 文明礼貌,服从安排(5分)				
总　　分						

表3-5-3 T-3-5操作记录单

序号	时间 (5分钟/次)	原料罐 液位(mm)	高位槽 液位(mm)	A泵进口 压力(kPa)	A泵出口 压力(MPa)	泵出口 流量(m³/h)
1						
2						
3						
4						
5						
6						
操作记事						
异常现象记录						
记录人			学校			

6. 试题编号:T-3-6　两台离心泵串联输送流体至高位槽

考核技能点编号:J-3-3、J-3-5、J-3-9、J-3-14、J-3-16

(1)任务描述

某化工厂需要通过两台泵串联将低位槽中丙烯酸通过离心泵送至高位槽,再通过高位槽送至合成器,并使高位槽、合成器保持某一液位,要求实训室内模拟完成此生产任务。请使用两台泵(A泵和B泵)串联向高位槽 V102 中输送水至液位为 40 cm,然后将水送至合成器 T101,保持高位槽液位为 40 cm,并使合成器液位为 70 cm。

设备、阀门、仪表一览表见附录3。

(2)实施条件

表3-6-1 T-3-6实施条件

项　　目	基本实施条件
场　　地	化工单元操作实训中心
仪器设备	流体输送实训装置2套,1工位/套
材料、工具、人员	原料液,操作记录单1张,笔1支,助手1人/套

续表

项 目	基本实施条件
测评专家	每套装置配备1名考评员,考评员要求具备三年以上化工总控工的工作经历或实训指导经历

（3）考核时量

60分钟。

（4）评价标准

表3-6-2 T-3-6评价标准

评价内容及配分		评分标准				得分
操作规范 （65分）	开车准备 （20分）	原料、水、电等公用工程检查				
	开车操作 （35分）	1. 灌泵（5分） 2. 正确检查离心泵出、入口阀门状态（3分） 3. 通过控制台DCS控制系统打通流体输送线路（5分），按串联方式分别启动A泵及B泵（5分），控制流量为2～7 m³/h（5分），并观察、记录读数（2分） 4. 控制高位槽液位为35～45 cm（5分），控制合成器液位为65～75 cm（5分）				
	停车操作 （10分）	1. 逐渐关闭玻璃转子流量计阀门（1分） 2. 正确停泵（3分） 3. 正确打开高位槽至原料罐出口阀门，对高位槽、合成器进行泄液（2分） 4. 按现场操作流程关闭DCS控制系统，切断控制台、仪表盘电源（2分） 5. 清理现场，做好设备、管道、阀门维护工作（2分）				
操作质量 （15分）	指标项 （15分）	原料罐液位	流量计流量	高位槽液位	合成器液位	
		30～50 cm	2～7 m³/h	35～45 cm	65～75 cm	
职业素养 （20分）	文明规范 操作 （20分）	1. 着装符合职业要求（5分） 2. 正确操作设备、使用工具（5分） 3. 操作环境整洁、有序（5分） 4. 文明礼貌，服从安排（5分）				
总 分						

表3-6-3 T-3-6操作记录单

序号	时间（5分钟/次）	原料罐液位（mm）	高位槽液位（mm）	A泵进口压力（kPa）	B泵出口压力（MPa）	A泵进口压力（kPa）	B泵出口压力（MPa）	泵出口流量（m³/h）
1								
2								

续表

序号	时间(5分钟/次)	原料罐液位(mm)	高位槽液位(mm)	A泵进口压力(kPa)	B泵出口压力(MPa)	A泵进口压力(kPa)	B泵出口压力(MPa)	泵出口流量(m³/h)
3								
4								
5								
6								
操作记事								
异常现象记录								
记录人			学校					

7. 试题编号：T-3-7　离心泵并联输送流体至合成器

考核技能点编号：J-3-3、J-3-5、J-3-6、J-3-9、J-3-14、J-3-16

（1）任务描述

某化工厂需要通过两台泵并联将低位槽中丙烯酸通过离心泵送至高位槽，再通过高位槽送至合成器，并使高位槽、合成器保持某一液位，要求实训室内模拟完成此生产任务。请使用两台泵（A泵和B泵）并联向高位槽 V102 中输送水至液位至 30 cm，然后将水送至合成器 T101，保持高位槽液位为 40 cm，并使合成器液位为 70 cm。

设备、阀门、仪表一览表见附录3。

（2）实施条件

表 3-7-1　T-3-7实施条件

项　目	基本实施条件
场　地	化工单元操作实训中心
仪器设备	流体输送实训装置2套,1工位/套
材料、工具、人员	原料液,操作记录单1张,笔1支,助手1人/套
测评专家	每套装置配备1名考评员,考评员要求具备三年以上化工总控工的工作经历或实训指导经历

（3）考核时量

60 分钟。

（4）评价标准

表 3-7-2　T-3-7 评价标准

评价内容及配分		评分标准	备注
操作规范 (65分)	开车准备 (20分)	原料、水、电等公用工程检查	
	开车操作 (35分)	1. 灌泵(5分) 2. 正确检查离心泵出、入口阀门状态(3分) 3. 通过控制台 DCS 控制系统打通流体输送线路(5分),按并联方式分别启动 A 泵及 B 泵(5分),控制流量为 2～7 m³/h(5分),并观察、记录读数(2分)。 4. 控制高位槽液位为 35～45 cm (5分),控制合成器液位为 65～75 cm (5分)	
	停车操作 (10分)	1. 逐渐关闭玻璃转子流量计阀门(1分) 2. 正确的停泵(3分) 3. 正确打开高位槽至原料罐出口阀,对高位槽、合成器进行泄液(2分) 4. 按现场操作流程关闭 DCS 控制系统,切断控制台、仪表盘电源(2分) 5. 清理现场,搞好设备、管道、阀门维护工作(2分)	
操作质量 (15分)	指标项 (15分)	原料罐液位　　流量计流量　　高位槽液位　　合成器液位 30～50 cm　　2～7 m³/h　　35～45 cm　　65～75 cm	
职业素养 (20分)	文明规范 操作 (20分)	1. 着装符合职业要求(5分) 2. 正确操作设备、使用工具(5分) 3. 操作环境整洁、有序(5分) 4. 文明礼貌,服从安排(5分)	
总　　分			

表 3-7-3　T-3-7 操作记录单

序号	时间 (5分 钟/次)	原料罐 液位 (mm)	高位槽 液位 (mm)	A泵进 口压力 (kPa)	B泵出 口压力 (MPa)	A泵进 口压力 (kPa)	B泵出 口压力 (MPa)	泵出口 流量 (m³/h)	合成器 压力 (MPa)	进合成 器流量 (m³/h)	出合成 器流量 (m³/h)	合成器 液位
1												
2												
3												
4												
5												
6												
操作记事												

续表

序号	时间(5分钟/次)	原料罐液位(mm)	高位槽液位(mm)	A泵进口压力(kPa)	B泵出口压力(MPa)	A泵进口压力(kPa)	B泵出口压力(MPa)	泵出口流量(m³/h)	合成器压力(MPa)	进合成器流量(m³/h)	出合成器流量(m³/h)	合成器液位
异常现象记录												
记录人			学校									

8. 试题编号:T-3-8 离心泵事故(A泵坏)处理

考核技能点编号:J-3-5、J-3-9、J-3-14、J-3-16

(1)任务描述

某化工厂需要将低位槽中丙烯酸通过离心泵送至高位槽,使得高位槽液位为30 cm,输送过程中A泵坏,无法正常输液,需切换至备用泵(B泵),要求实训室内模拟完成此生产任务。要求首先使用A泵输送水至高位槽,正常输送2 min后,切换至B泵,确保高位槽液位为35~45 cm。

设备、阀门、仪表一览表见附录3。

(2)实施条件

表3-8-1 T-3-8实施条件

项　　目	基本实施条件
场　　地	化工单元操作实训中心
仪器设备	流体输送实训装置2套,1工位/套
材料、工具、人员	原料液,操作记录单1张,笔1支,助手1人/套
测评专家	每套装置配备1名考评员,考评员要求具备三年以上化工总控工的工作经历或实训指导经历

(3)考核时量

60分钟。

(4)评价标准

表3-8-2 T-3-8评价标准

评价内容及配分		评分标准	得分
操作规范(65分)	开车准备(20分)	原料、水、电等公用工程检查	
	开车及事故处理(35分)	1. 正确灌泵(5分) 2. 正确检查离心泵出、入口阀门状态(5分) 3. 通过控制台DCS控制系统打通流体输送线路,启动离心泵A泵,控制流量为2~7 m³/h,并观察、记录读数(10分)	

续表

评价内容及配分		评分标准		得分
操作规范 (65分)	开车及事故处理 (35分)	4. 备用泵 B 泵代替 A 泵运行：对 B 泵进行灌泵，正确启动 B 泵，待 B 泵运行平稳后(10~20 s)，关闭 A 泵出口阀的同时打开 B 泵出口阀，维持流量稳定在 2~7 m³/h，然后停 A 泵(10分) 5. 控制高位槽液位为 35~45cm(5分)		
	停车操作 (10分)	1. 逐渐关闭玻璃转子流量计阀门(1分) 2. 正确关闭离心泵出口阀门，正确的停泵(3分) 3. 打开高位槽至原料罐出口阀，对高位槽、合成器进行泄液(2分) 4. 按现场操作流程关闭 DCS 控制系统，切断控制台、仪表盘电源(2分) 5. 清理现场，搞好设备、管道、阀门维护工作(2分)		
操作质量 (15分)	指标项 (15分)	流量计流量	高位槽液位	
		2~7 m³/h	35~45 cm	
职业素养 (20分)	文明规范操作 (20分)	1. 着装符合职业要求(5分) 2. 正确操作设备、使用工具(5分) 3. 操作环境整洁、有序(5分) 4. 文明礼貌，服从安排(5分)		
总　　分				

表 3-8-3　T-8-3 操作记录单

序号	时间(5分钟/次)	原料罐液位 mm	高位槽液位 mm	A 泵进口压力 kPa	B 泵出口压力 MPa	A 泵进口压力 kPa	B 泵出口压力 MPa	泵出口流量 m³/h
1								
2								
3								
4								
5								
6								
操作记事								
异常现象记录								
记录人			学校					

9. 试题编号:T-3-9 套管式换热器工艺流程识别及开车检查

考核技能点编号:J-3-2、J-3-3、J-3-5、J-3-6、J-3-7、J-3-16

(1)任务描述

某化工厂需要将室温的空气用0.01MPa(表压)的水蒸气通过一套管换热器加热到70℃～80℃后用于某干燥操作。请根据换热装置现场及设备、阀门、仪表一览表,在现场完成该换热装置的工艺流程识别及开车检查:

①指出主要设备并说明其用途:鼓风机C601、水冷却器E604、套管换热器E601、蒸汽发生器R601;

②指出主要仪表并说明其用途:压力表、液位计、流量计、差压变送器、热电阻;

③按顺序描述空气的流程;

④按顺序描述水蒸气的流程;

⑤按工艺流程,检查各阀门的开关状态,并指出3处错误的阀门开关状态,挂红牌标示。

设备、阀门、仪表一览表见附录4。

(2)实施条件

表3-9-1 T-3-9实施条件

项　　目	基本实施条件
场　　地	化工单元操作实训中心
仪器设备	换热装置(UTS-GL)2套,1工位/套
材料、工具、人员	标识牌6张
测评专家	每套装置配备1名考评员,考评员要求具备三年以上化工总控工的工作经历或实训指导经历

(3)考核时量

60分钟。

(4)评价标准

表3-9-2 T-3-9评价标准

评价内容及配分		评分标准	得分
工艺流程识别 (65分)	主要设备识别 (15分)	指出主要设备并说明其用途:鼓风机C601、水冷却器E604、套管换热器E601、蒸汽发生器R601	
	主要仪表识别 (15分)	指出主要仪表并说明其用途:压力表、液位计、流量计、差压变送器、热电阻	
	工艺流程识别 (35分)	1. 按顺序描述空气的流程(20分) 2. 按顺序描述水蒸气的流程(15分)	
开车检查 (15分)	阀门标识牌示(15分)	按工艺流程,检查各阀门的开关状态,并指出3处错误的阀门开关状态,红牌标示	

续表

评价内容及配分		评分标准	得分
职业素养 (20分)	安全生产 节约环保 (20分)	1. 着装符合职业要求(5分) 2. 正确操作设备、使用工具(5分) 3. 操作环境整洁、有序(5分) 4. 文明礼貌,服从安排(5分)	
总 分			

10. 试题编号:T-3-10 套管式换热器的开车

考核技能点编号:J-3-2、J-3-4、J-3-5、J-3-6、J-3-7、J-3-15、J-3-16

(1)任务描述

某化工厂需要将室温的空气用加压水蒸气通过一套管换热器加热到70℃~80℃后用于某干燥操作。请根据换热装置现场及设备、阀门、仪表一览表,在现场装置完成套管式换热装置的开车准备和开车操作,并填写操作记录单。

设备、阀门、仪表一览表见附录4。

(2)实施条件

表3-10-1 T-3-10实施条件

项 目	基本实施条件
场 地	化工单元操作实训中心
仪器设备	传热装置(UTS-CR)2套,1工位/套
材料、人员	助手1人/套
测评专家	每套装置配备1名考评员,考评员要求具备三年以上化工总控工的工作经历或实训指导经历

(3)考核时量

90分钟。

(4)评价标准

表3-10-2 T-3-10评价标准

评价内容及配分		评分标准	得分
操作规范 (65分)	开车准备 (20分)	1. 检查总电源、仪表盘电源,查看电压表、温度显示、实时监控仪(5分) 2. 试电(4分) 3. 检查并确定工艺流程中各阀门状态,调整至准备开车状态(7分) 4. 准备原料:接通自来水管,打开阀门VA29,向蒸汽发生器通自来水至其正常液位的1/3~2/3处(4分)	
	开车操作 (45分)	1. 设备预热:依次开启套管式换热器蒸汽进、出口阀(VA25,VA26,VA22,VA23,VA24),关闭其他与套管换热器相连接的管路阀门,通入蒸汽预热(15分)	

续表

评价内容及配分		评分标准	得分
操作规范 (65分)	开车操作 (45分)	2. 控制蒸汽发生器 R601 加热功率;保证其压力(0~0.2 MPa)和液位(200~500 mm)在范围内;调节 VA26,控制套管式换热器内蒸汽压力为 0~0.05 MPa 之间的某一恒定值(15分) 3. 打开套管式换热器冷风进口阀(VA10),启动冷风风机 C601,调节其流量 FIC601 为 15~60 m³/h 之间的某一恒定值时;开启冷风风机出口阀 VA04,开启水冷却器空气出口阀 VA07,自来水进出阀(VA01、VA03),通过阀门 VA01 调节冷却水流量,通过阀门 VA06 控制冷风温度稳定在 20℃~30℃(10分) 4. 待套管式换热器冷风进出口温度和套管式换热器内蒸汽压力基本恒定时,可认为换热过程基本平衡,记录相应的工艺参数(5分)	

操作质量 (15分)	指标项 (15分)	蒸汽发生器内压力	套管式换热器内压力	冷风流量	蒸汽发生器液位	空气出口温度
		0~0.2MPa	0~0.05MPa	15~60m³/h	200~500mm	70℃~80℃

| 职业素养
(20分) | 安全生产
节约环保
(20分) | 1. 着装符合职业要求(5分)
2. 正确操作设备、使用工具(5分)
3. 操作环境整洁、有序(5分)
4. 文明礼貌,服从安排(5分) | |

总　分

表 3-10-3　T-3-10 操作记录单

序号	时间 (10分钟/次)	冷风			蒸汽			冷风进口温度 (℃)	冷风出口温度 (℃)	管道蒸汽压力 (MPa)
		水冷却器进口压力 (MPa)	阀门 VA07 开度(%)	风机出口流量 (m³/h)	电加热开度 (%)	蒸汽压力 (MPa)	液位 (mm)			
1										
2										
3										
4										
5										
6										
操作记事										
异常情况记录										
记录人				学校						

11. 试题编号:T-3-11 列管式换热器(并流)工艺流程识别及开车检查

考核技能点编号:J-3-2、J-3-3、J-3-5、J-3-6、J-3-7、J-3-16

(1)任务描述

某化工厂需要将室温的空气用列管式换热器(并流)加热到 40℃~60℃后用于某干燥操作。请根据换热装置现场及设备、阀门、仪表一览表,在现场完成该换热装置的工艺流程识别及开车检查:

①指出主要设备并说明其用途:鼓风机 C601、鼓风机 C602、水冷却器 E604、热风加热器 E605、列管式换热器 E603;

②指出主要仪表并说明其用途:压力表、流量计、差压变送器、热电阻;

③按顺序描述冷空气的流程;

④按顺序描述热空气的流程;

⑤按工艺流程,检查各阀门的开关状态,并指出 3 处错误的阀门开关状态,挂红牌标示。

设备、阀门、仪表一览表见附录4。

(2)实施条件

表 3-11-1 T-3-11 实施条件

项 目	基本实施条件
场 地	化工单元操作实训中心
仪器设备	换热装置(UTS-GL)2 套,1 工位/套
材料、工具、人员	标识牌 6 张
测评专家	每套装置配备 1 名考评员,考评员要求具备三年以上化工总控工的工作经历或实训指导经历

(3)考核时量

60 分钟。

(4)评价标准

表 3-11-2 T-3-12 评价标准

评价内容及配分		评分标准	得分
工艺流程识别 (65 分)	主要设备识别 (15 分)	指出主要设备并说明其用途:鼓风机 C601、鼓风机 C602、水冷却器 E604、热风加热器 E605、列管式换热器 E603	
	主要仪表识别 (15 分)	指出主要仪表并说明其用途:压力表、流量计、差压变送器、热电阻	
	工艺流程识别 (35 分)	1. 按顺序描述冷空气的流程(20 分) 2. 按顺序描述热空气的流程(15 分)	
开车检查 (15 分)	阀门标识牌标示 (15 分)	按工艺流程,检查各阀门的开关状态,并指出 3 处错误的阀门开关状态,挂红牌标示	

续表

评价内容及配分		评分标准	得分
职业素养 (20分)	安全生产 节约环保 (20分)	1. 着装符合职业要求(5分) 2. 正确操作设备、使用工具(5分) 3. 操作环境整洁、有序(5分) 4. 文明礼貌、服从安排(5分)	
总　　分			

12. 试题编号：T－3－12　列管式换热器(并流)的开车

考核技能点编号：J－3－2、J－3－5、J－3－6、J－3－7、J－3－9、J－3－15、J－3－16

(1)任务描述

某化工厂需要将室温的空气用列管式换热器(并流)加热到40℃～60℃后用于某干燥操作。请根据换热装置现场及设备、阀门、仪表一览表，在现场装置完成该列管式换热器(并流)的开车准备和开车操作，并填写操作记录单。

设备、阀门、仪表一览表见附录4。

(2)实施条件

表3－12－1　T－3－12实施条件

项　　目	基本实施条件
场　地	化工单元操作实训中心
仪器设备	传热装置(UTS－CR)2套,1工位/套
材料、人员	助手1人/套
测评专家	每套装置配备1名考评员,考评员要求具备三年以上化工总控工的工作经历或实训指导经历

(3)考核时量

60分钟。

(4)评价标准

表3－12－2　T－3－12评价标准

评价内容及配分		评分标准	得分
操作规范 (65分)	开车准备 (20分)	1. 检查总电源、仪表盘电源,查看电压表、温度显示、实时监控仪(5分) 2. 试电(8分) 3. 检查并确定工艺流程中各阀门状态,调整至准备开车状态(7分)	
	开车操作 (45分)	1. 依次打开热风机出口阀、列管式换热器热风进口阀、热风出口阀,关闭热风管路上的其他阀门(10分) 2. 启动热风机,调节列管式换热器热风进口流量在15～60 m³/h范围内的一个稳定值,开启热风电加热器,调节热风电加热器的加热功率,控制加热器出口热风温度稳定在75℃～85℃。用热风对所存在的设备及相关的管道进行预热,直到列管式换热器热风出口温度稳定(一般控制在60℃以上)(15分)	

续表

评价内容及配分		评分标准				得分
操作规范 (65分)	开车操作 (45分)	3. 开启冷风机出口阀、水冷却器空气出口阀、列管式换热器冷风进口阀和出口阀、水冷却器冷却水进口阀和出口阀,关闭冷风管道上的其他阀门;启动冷风机,通过水冷却器冷风出口阀调节冷风出口流量在15~60 m³/h的一个稳定值(15分) 4. 待列管式换热器的冷、热风出口温度恒定时,可认为换热过程达到平衡,记录有关工艺参数(5分)				
操作质量 (15分)	指标项 (15分)	热风加热器出口热风温度	水冷却器出口冷风温度	冷风出口温度	热风流量	
		75℃~80℃	0~30℃	40℃~60℃	15~60 m³/h	
职业素养 (20分)	安全生产 节约环保 (20分)	1. 着装符合职业要求(5分) 2. 正确操作设备、使用工具(5分) 3. 操作环境整洁、有序(5分) 4. 文明礼貌,服从安排(5分)				
总　　分						

表 3 - 12 - 3　T - 3 - 12 操作记录单

序号	时间 (5分钟 /次)	冷风系统				热风系统			冷风进口温度 (℃)	冷风出口温度 (℃)	热风进口温度 (℃)	热风出口温度 (℃)
		水冷却器进口压力 (MPa)	阀门VA07开度(%)	风机出口流量 (m³/h)	换热器出口流量 (m³/h)	电加热开度 (%)	风机出口流量 (m³/h)	换热器出口流量 (m³/h)				
1												
2												
3												
4												
5												
6												

操作记事

异常情况记录

记录人		学校	

13. 试题编号:T－3－13　列管式换热器(逆流)工艺流程识别及开车检查

考核技能点编号:J－3－2、J－3－3、J－3－5、J－3－6、J－3－7、J－3－16

(1)任务描述

某化工厂需要将室温的空气用列管式换热器(逆流)加热到40℃～60℃后用于某干燥操作。请根据换热装置现场及设备、阀门、仪表一览表,在现场完成该换热装置的工艺流程识别及开车检查:

①指出主要设备并说明其用途:鼓风机C601、鼓风机C602、水冷却器E604、热风加热器E605、列管式换热器E603;

②指出主要仪表并说明其用途:压力表、流量计、差压变送器、热电阻;

③按顺序描述冷空气的流程;

④按顺序描述热空气的流程;

⑤按工艺流程,检查各阀门的开关状态,并指出3处错误的阀门开关状态,挂红牌标示。设备、阀门、仪表一览表见附录4。

(2)实施条件

表3－3－13　T－3－13实施条件

项　　目	基本实施条件
场　　地	化工单元操作实训中心
仪器设备	换热装置(UTS－GL)2套,1工位/套
材料、工具、人员	标识牌6张
测评专家	每套装置配备1名考评员,考评员要求具备三年以上化工总控工的工作经历或实训指导经历

(3)考核时量

60分钟。

(4)评价标准

表3－13－2　T－3－13评价标准

评价内容及配分		评分标准	得分
工艺流程识别 (65分)	主要设备识别 (15分)	指出主要设备并说明其用途:鼓风机C601、鼓风机C602、水冷却器E604、热风加热器E605、列管式换热器E603	
	主要仪表识别 (15分)	指出主要仪表并说明其用途:压力表、流量计、差压变送器、热电阻	
	工艺流程识别 (35分)	1. 按顺序描述冷空气的流程(20分) 2. 按顺序描述热空气的流程(15分)	
开车检查 (15分)	阀门标识牌标示(15分)	按工艺流程,检查各阀门的开关状态,并指出3处错误的阀门开关状态,挂红牌标识	

续表

评价内容及配分		评分标准	得分
职业素养 (20分)	安全生产 节约环保 (20分)	1. 着装符合职业要求(5分) 2. 正确操作设备、使用工具(5分) 3. 操作环境整洁、有序(5分) 4. 文明礼貌,服从安排(5分)	
总　　分			

14. 试题编号:T-3-14 列管式换热器(逆流)的开车

考核技能点编号:J-3-2、J-3-5、J-3-6、J-3-7、J-3-9、J-3-15、J-3-16

(1)任务描述

某化工厂需要将室温的空气用列管式换热器(逆流)加热到40℃～60℃后用于某干燥操作。请根据换热装置现场及设备、阀门、仪表一览表,在现场完成该列管式换热器(逆流)装置的开车准备和开车操作,并填写操作记录单。

设备、阀门、仪表一览表见附录4。

(2)实施条件

表3-14-2 T-3-14实施条件

项　　目	基本实施条件
场　　地	化工单元操作实训中心
仪器设备	传热装置(UTS-CR)2套,1工位/套
材料、人员	助手1人/套
测评专家	每套装置配备1名考评员,考评员要求具备三年以上化工总控工的工作经历或实训指导经历

(3)考核时量

60分钟。

(4)评价标准

表3-14-2 T-3-14评价标准

评价内容及配分		评分标准	得分
操作规范 (65分)	开车准备 (20分)	1. 检查总电源、仪表盘电源,查看电压表、温度显示、实时监控仪(5分) 2. 试电(8分) 3. 检查并确定工艺流程中各阀门状态,调整至准备开车状态(7分)	
	开车操作 (45分)	1. 依次打开热风机出口阀、列管式换热器热风进口阀、热风出口阀,关闭热风管路上的其他阀门(10分) 2. 启动热风机,调节列管式换热器热风进口流量在15～60 m³/h的一个稳定值,开启热风电加热器,调节热风电加热器的加热功率,控制加热器出口热风温度稳定(一般为80℃)。用热风对所存在的设备及相关的管道进行预热,直到列管式换热器热风出口稳定(一般控制在60℃以上)(15分)	

续表

评价内容及配分		评分标准				得分
操作规范 (65分)	开车操作 (45分)	3. 开启冷风机出口阀、水冷却器空气出口阀、列管式换热器冷风进口阀和出口阀、水冷却器冷却水进口阀和出口阀,关闭冷风管道上的其他阀门;启动冷风机,通过水冷却器冷风出口阀调节冷风出口流量在16~60 m³/h 的一个值稳定(15分) 4. 待列管式换热器的冷、热风出口温度恒定时,可认为换热过程达到平衡,记录有关工艺参数(5分)				
操作质量 (15分)	指标项 (15分)	热风加热器出口热风温度	水冷却器出口冷风温度	冷风出口温度	热风流量	
		0~80 ℃	0~30 ℃	40 ℃~60 ℃	15~60 m³/h	
职业素养 (20分)	安全生产节约环保 (20分)	1. 着装符合职业要求(5分) 2. 正确操作设备、使用工具(5分) 3. 操作环境整洁、有序(5分) 4. 文明礼貌,服从安排(5分)				
总　　分						

表 3 - 14 - 3　T - 3 - 14 操作记录单

序号	时间 (5分钟/次)	冷风系统				热风系统			冷风进口温度 (℃)	冷风出口温度 (℃)	热风进口温度 (℃)	热风出口温度 (℃)
		水冷却器进口压力(MPa)	阀门VA07开度(%)	风机出口流量(m³/h)	换热器出口流量(m³/h)	电加热开度(%)	风机出口流量(m³/h)	换热器出口流量(m³/h)				
1												
2												
3												
4												
5												
6												
操作记事												
异常情况记录												
记录人						学校						

15. 试题编号:T-3-15 板式换热器工艺流程识别及开车检查

考核技能点编号:J-3-2、J-3-3、J-3-5、J-3-6、J-3-7、J-3-16

(1)任务描述

某化工厂需要将室温的空气用板式换热器加热到40℃~60℃后用于某干燥操作。请根据换热操作装置现场及设备、阀门、仪表一览表,在现场完成该换热装置的工艺流程识别及开车检查:

①指出主要设备并说明其用途:鼓风机C601、鼓风机C602、水冷却器E604、热风加热器E605、板式换热器E602;

②指出主要仪表并说明其用途:压力表、流量计、差压变送器、热电阻;

③按顺序描述冷空气的流程;

④按顺序描述热空气的流程;

⑤按工艺流程,检查各阀门的开关状态,并指出3处错误的阀门开关状态,挂红牌标示。

设备、阀门、仪表一览表见附录4。

(2)实施条件

表3-15-1 T-3-15实施条件

项　目	基本实施条件	
场　地	化工单元操作实训中心	
仪器设备	换热装置(UTS-GL)2套,1工位/套	
材料、工具、人员	标识牌6张	
测评专家	每套装置配备1名考评员,考评员要求具备三年以上化工总控工的工作经历或实训指导经历	

(3)考核时量

60分钟。

(4)评价标准

表3-15-2 T-3-15评价标准

评价内容及配分		评分标准	得分
工艺流程识别 (65分)	主要设备识别 (15分)	指出主要设备并说明其用途:鼓风机C601、鼓风机C602、水冷却器E604、热风加热器E605、板式换热器E602	
	主要仪表识别 (15分)	指出主要仪表并说明其用途:压力表、流量计、差压变送器、热电阻	
	工艺流程识别 (35分)	1. 按顺序描述冷空气的流程(20分) 2. 按顺序描述热空气的流程(15分)	
开车检查 (15分)	阀门标识牌标示 (15分)	按工艺流程,检查各阀门的开关状态,并指出3处错误的阀门开关状态,挂红牌标示	

续表

评价内容及配分		评分标准	得分
职业素养 (20分)	安全生产 节约环保 (20分)	1. 着装符合职业要求(5分) 2. 正确操作设备、使用工具(5分) 3. 操作环境整洁、有序(5分) 4. 文明礼貌,服从安排(5分)	
		总　分	

16. 试题编号:T-3-16　板式换热器的开车

考核技能点编号:J-3-2、J-3-5、J-3-6、J-3-7、J-3-9、J-3-15、J-3-16

(1)任务描述

某化工厂需要将室温的空气用板式换热器加热到40℃～60℃后用于某干燥操作。请根据换热操作装置现场及设备、阀门、仪表一览表,在现场完成该板式换热装置的开车准备和开车操作,并填写操作记录单。

设备、阀门、仪表一览表见附录4。

(2)实施条件

表3-16-1　T-3-16实施条件

项　　目	基本实施条件
场　　地	化工单元操作实训中心
仪器设备	传热装置(UTS-CR)2套,1工位/套
材料、人员	助手1人/套
测评专家	每套装置配备1名考评员,考评员要求具备三年以上化工总控工的工作经历或实训指导经历

(3)考核时量

60分钟。

(4)评价标准

表3-16-2　T-3-16评价标准

评价内容及配分		评分标准	得分
操作规范 (65分)	开车准备 (20分)	1. 检查总电源、仪表盘电源,查看电压表、温度显示、实时监控仪(5分) 2. 试电(8分) 3. 检查并确定工艺流程中各阀门状态,调整至准备开车状态(7分)	
	开车操作 (45分)	1. 依次打开热风机出口阀,板式换热器热风进口阀、热风出口阀,关闭热风管路上的其他阀门(10分) 2. 启动热风机,调节板式换热器热风进口流量在15～60 m³/h范围的一个稳定值,开启热风电加热器,调节热风电加热器加热功率,控制加热器出口热风温度稳定(一般为80℃)。用热风对所存在的设备及相关的管道进行预热,直到板式换热器热风出口稳定(一般控制在60℃以上)(15分)	

续表

评价内容及配分		评分标准				得分
操作规范 (65分)	开车操作 (45分)	3. 开启冷风机出口阀、水冷却器空气出口阀、板式换热器冷风进口阀和出口阀、水冷却器冷却水进口阀和出口阀,关闭冷风管道上的其他阀门;启动冷风机,通过水冷却器冷风出口阀调节冷风出口流量在16～60 m³/h的一个稳定值(15分) 4. 待板式换热器的冷、热风出口温度恒定时,可认为换热过程达到平衡,记录有关工艺参数(5分)				
操作质量 (15分)	指标项 (15分)	热风加热器出口热风温度	水冷却器出口冷风温度	冷风出口温度	热风流量	
		0～80 ℃	0～30 ℃	40 ℃～60 ℃	15～60 m³/h	
职业素养 (20分)	安全生产 节约环保 (20分)	1. 着装符合职业要求(5分) 2. 正确操作设备、使用工具(5分) 3. 操作环境整洁、有序(5分) 4. 文明礼貌,服从安排(5分)				
总　分						

表 3－16－3　T－3－16 操作记录单

序号	时间 (5分钟/次)	冷风系统				热风系统			冷风进口温度 (℃)	冷风出口温度 (℃)	热风进口温度 (℃)	热风出口温度 (℃)
		水冷却器进口压力 (MPa)	阀门VA07开度(%)	风机出口流量 (m³/h)	换热器出口流量 (m³/h)	电加热开度 (%)	风机出口流量 (m³/h)	换热器出口流量 (m³/h)				
1												
2												
3												
4												
5												
6												
操作记事												
异常情况记录												
记录人					学校							

17. 试题编号:T‑3‑17　吸收工艺流程识别及开车检查

考核技能点编号:J‑3‑8、J‑3‑9、J‑3‑10

(1)任务描述

某石化公司欲采用填料吸收塔从空气‑二氧化碳混合气中回收二氧化碳,用水作吸收剂。已知入塔时混合气中二氧化碳的体积分数为 5%,要求二氧化碳的回收率达到 95%。请根据吸收解吸装置现场及设备、阀门、仪表一览表,在现场完成吸收的工艺流程识别及开车检查。具体任务如下:

① 描述主要设备的名称或用途:塔、贮液槽、泵、风机;

② 描述主要仪表的名称或用途:压力计、温度计、液位计、流量计;

③ 按顺序描述吸收液从贫液槽到富液槽流经的设备和阀门;

④ 按顺序描述原料气从风机入口至吸收塔顶的流程;

⑤ 按工艺流程进行开车检查,检查各阀门的开关状态,并指出 3 处错误的阀门开关状态,挂红牌标示。

设备、阀门、仪表一览表见附录5。

(2)实施条件

表 3‑17‑1　T‑3‑17 实施条件

项　　目	基本实施条件
场　　地	化工单元操作实训中心
仪器设备	吸收解吸实训装置(UTS‑TX)2 套,1 工位/套
材料、工具、人员	标识牌 6 张
测评专家	每套装置配备 1 名考评员,考评员要求具备三年以上化工总控工的工作经历或实训指导经历

(3)考核时量

60 分钟。

(4)评价标准

表 3‑17‑2　T‑3‑17 评价标准

评价内容及配分		评分标准	得分
工艺流程识别(65分)	主要设备识别(15分)	描述主要设备的名称或用途:塔(T401)、贮液槽(V401,V402,V403,V404)、泵(P401)、风机(C401)(15分)	
	主要仪表识别(15分)	描述主要仪表的名称或用途:压力表、温度计、液位计、流量计、压力变送器、热电阻	
	工艺流程识别(35分)	1. 按顺序描述吸收液从贫液槽到富液槽流经的流程(15分) 2. 按顺序描述原料气从风机入口至吸收塔顶的流程(20分)	

续表

评价内容及配分		评分标准	得分
开车检查 (15分)	阀门标识 牌标示 (15分)	按工艺流程,检查各阀门的开关状态,并指出3处错误的阀门 开关状态,挂红牌标示	
职业素养 (20分)	安全生产 节约环保 (20分)	1. 着装符合职业要求(5分) 2. 正确操作设备、使用工具(5分) 3. 操作环境整洁、有序(5分) 4. 文明礼貌,服从安排(5分)	
总　　分			

18. 试题编号:T－3－18　解吸工艺流程识别及开车检查

考核技能点编号:J－3－8、J－3－9、J－3－10

(1)任务描述

某石化公司欲采用填料吸收塔从空气-二氧化碳混合气中回收二氧化碳,用水作吸收剂。已知入塔时混合气中二氧化碳的体积分数为5%,要求二氧化碳的回收率达到95%。请根据吸收解吸装置现场及设备、阀门、仪表一览表,在现场完成解吸的工艺流程识别及开车检查。

具体任务如下:

① 描述主要设备的名称或用途:塔、贮液槽、泵、风机;

② 描述主要仪表的名称或用途:压力计、温度计、液位计、流量计;

③ 按顺序描述吸收液从贫液槽到富液槽流经的流程;

④ 按顺序描述原料气从风机入口至吸收塔顶的流程;

⑤ 按工艺流程进行开车检查,检查各阀门的开关状态,并指出3处错误的阀门开关状态,挂红牌标示。

设备、阀门、仪表一览表见附录5。

(2)实施条件

表3－18－1　T－3－18实施条件

项　　目	基本实施条件	
场　　地	化工单元操作实训中心	
仪器设备	吸收解吸实训装置(UTS－TX)2套,1工位/套	
材料、工具、人员	标识牌6张	
测评专家	每套装置配备1名考评员,考评员要求具备三年以上化工总控工 的工作经历或实训指导经历	

(3)考核时量

60分钟。

(4)评价标准

评价内容	配分	评分标准	得分
工艺流程识别（65分）	主要设备识别（15分）	描述主要设备的名称或用途：塔（T402）、贮液槽（V403、V404、V405、V406）、泵（P402）、风机（C402）(15分)	
	主要仪表识别（15分）	描述主要仪表的名称或用途：压力表、温度计、液位计、流量计、压力变送器、热电阻(15分)	
	工艺流程识别（35分）	1. 按顺序描述吸收液从富液槽到贫液槽流经的流程。(15分) 2. 按顺序描述原料气从风机入口至解吸塔顶的流程。(20分)	
开车检查（15分）	阀门标识牌标示（15分）	按工艺流程，检查各阀门的开关状态，并指出3处错误的阀门开关状态，挂红牌标示。(15分)	
职业素养（20分）	安全生产节约环保（20分）	1. 着装符合职业要求。(5分) 2. 正确操作设备、使用工具。(5分) 3. 操作环境整洁、有序。(5分) 4. 文明礼貌，服从安排。(5分)	
总　　分			

试题编号：T-3-19　吸收解吸装置开车准备和液相开停车

考核技能点编号：J-3-3、J-3-5、J-3-6、J-3-7、J-3-9、J-3-10、J-3-14、J-3-16

(1)任务描述

某石化公司欲采用填料吸收塔从空气-二氧化碳混合气中回收二氧化碳，用水作吸收剂。已知入塔时混合气中二氧化碳的体积分数为5％，要求二氧化碳的回收率达到95％。本试题提供吸收解吸装置现场及设备、阀门、仪表一览表，要求在现场完成吸收解吸实训装置的开车准备和液相开停车两个工序，并填写操作记录单。

设备、阀门、仪表一览表见附录5。

(2)实施条件

表 3-19-1　T-3-19 实施条件

项　　目	基本实施条件	
场　　地	化工单元操作实训中心	
仪器设备	吸收解吸实训装置（UTS-TX）2套，1工位/套	
材料、工具、人员	操作记录单1张，笔1支，助手1人/套	
测评专家	每套装置配备1名考评员，考评员要求具备三年以上化工总控工的工作经历或实训指导经历	

(3)考核时量

60分钟。

(4)评价标准

表 3 - 19 - 2　T - 3 - 19 评价标准

评价内容及配分		评分标准				得分
操作规范 (65分)	开车准备 (20分)	1. 检查所有仪表、设备的状态,调整至准备开车状态(5分) 2. 试电:检查外部供电系统,开启总电源、空气电源、仪表电源(10分) 3. 进水:打开贫液槽、富液槽及吸收塔、解吸塔的放空阀,关闭各设备排污阀;往贫、富液槽内加入清水至液位1/2~2/3处。(5分)				
	液相 开停车 (45分)	1. 吸收塔液相进料:开启贫液泵,送吸收剂入吸收塔,调节出口流量为 1 m³/h,控制吸收塔(扩大段)液位稳定可见(10分) 2. 解析塔液相进料:开启富液泵,调节出口流量,全开解吸塔排液阀和液封槽排液阀,控制液位可见(10分) 3. 调节富液泵、贫液泵出口流量趋于相等,控制富液槽和贫液槽液位可见,调节整个系统液位、流量稳定(15分) 4. 停车:停贫液泵,停富液泵,进行塔内残液排污,检查停车后各设备、阀门、仪表状况,切断装置电源,做好操作记录,进行场地清理(10分)				
操作质量 (15分)	指标项 (15分)	贫液泵出口流量	吸收塔液位	解吸塔液位	贫液槽液位	富液槽液位
		0.5~1.5 m³/h	可见液位	可见液位	1/2~2/3液位	1/2~2/3液位
职业素养 (20分)	安全生产 节约环保 (20分)	1. 着装符合职业要求(5分) 2. 正确操作设备、使用工具(5分) 3. 操作环境整洁、有序(5分) 4. 文明礼貌,服从安排(5分)				
总　　分						

表 3 - 19 - 3　T - 3 - 19 操作记录单

序号	时间 (5分钟 /次)	贫液泵 出口流量 (m³/h)	富液泵 出口流量 (m³/h)	吸收塔 底液位 (cm)	解吸塔 底液位 (cm)	贫液槽 液位 (cm)	富液槽 液位 (cm)
1							
2							
3							
4							
5							

续表

序号	时间 (5分钟 /次)	贫液泵 出口流量 (m³/h)	富液泵 出口流量 (m³/h)	吸收塔 底液位 (cm)	解吸塔 底液位 (cm)	贫液槽 液位 (cm)	富液槽 液位 (cm)
6							
操作记事							
异常情况记录							
记录人		学　校					

20. 试题编号:T‐3‐20　吸收装置开车准备和气液联动开停车

考核技能点编号：J‐3‐3、J‐3‐5、J‐3‐6、J‐3‐7、J‐3‐9、J‐3‐10、J‐3‐14、J‐3‐15、J‐3‐16

(1)任务描述

某石化公司欲采用填料吸收塔从空气‐二氧化碳混合气中回收二氧化碳,用水作吸收剂。已知入塔时混合气中二氧化碳的体积分数为5%,要求二氧化碳的回收率达到95%。本试题提供吸收解吸装置现场及设备、阀门、仪表一览表,要求学生在现场完成吸收实训装置的开车准备和气液联动开停车两个工序,并填写操作记录单。

设备、阀门、仪表一览表见附录5。

(2)实施条件

表 3‐20‐1　T‐3‐20实施条件

项　　目	基本实施条件
场　　地	化工单元操作实训中心
仪器设备	吸收解吸实训装置(UTS‐TX)2套,1工位/套
材料、工具、人员	操作记录单1张,笔1支,助手1人/套
测评专家	每套装置配备1名考评员,考评员要求具备三年以上化工总控工的工作经历或实训指导经历

(3)考核时量

60分钟。

(4)评价标准

表 3‐20‐2　T‐3‐20评价标准

评价内容及配分		评分标准	得分
操作规范 (65分)	开车准备 (20分)	1. 检查所有仪表、设备的状态,调整至准备开车状态(5分) 2. 试电:检查外部供电系统,开启总电源、空气电源、仪表电源(10分) 3. 进水:打开贫液槽、富液槽及吸收塔、解吸塔的放空阀,关闭各设备排污阀;往贫、富液槽内加入清水至液位1/2~2/3处(5分)	

续表

评价内容及配分		评分标准	得分
操作规范 (65分)	吸收塔 气液相 开停车 (45分)	1. 吸收塔液相进料：开启贫液泵,送吸收剂入吸收塔,调节出口流量为1m³/h,控制吸收塔(扩大段)液位稳定可见(10分) 2. 解析塔液相进料：开启富液泵,全开吸塔排液阀和液封槽排液阀,调节富液泵、贫液泵出口流量,使系统处于液位、流量稳定状态(10分) 3. 吸收塔气相进料：启动吸收塔风机向吸收塔供气,逐渐调整出口风量为2m³/h,调节吸收塔顶放空阀,控制塔内压力在0～7.0kPa,根据实验选定的操作压力,选择相应的吸收塔排液阀,稳定吸收塔液位在可视范围内(15分) 4. 停车：停风机,停贫液泵,停富液泵,进行塔内残液排污,检查停车后各设备、阀门、仪表状况,切断装置电源,做好操作记录,进行场地清理(10分)	

操作质量 (15分)	指标项 (15分)	贫液泵 出口流量	吸收塔 液位	解析塔 液位	贫液槽 液位	富液槽 液位	吸收塔 内压力	风机Ⅰ 出口流量
		0.5～1.5 m³/h	可见 液位	可见 液位	可见 液位	可见 液位	0～7 kPa	1.0～3.0 m³/h

职业素养 (20分)	安全生产 节约环保 (20分)	1. 着装符合职业要求(5分) 2. 正确操作设备、使用工具(5分) 3. 操作环境整洁、有序(5分) 4. 文明礼貌、服从安排(5分)

总　　分	

表 3-20-3　T-3-20 操作记录单

序号	时间 (5分钟 /次)	贫液泵 出口流量 (m³/h)	富液泵 出口流量 (m³/h)	风机出 口流量 (m³/h)	吸收塔 底液位 (cm)	解吸塔 底液位 (cm)	贫液槽 液位 (cm)	富液槽 液位 (cm)	吸收塔 底压力 (kPa)	吸收塔 顶压力 (kPa)
1										
2										
3										
4										
5										
6										
操作记事										
异常情况 记录										
记录人				学　校						

21. 试题编号:T-3-21 萃取工艺流程识别及开车检查1

考核技能点编号:J-3-3、J-3-5、J-3-6、J-3-7、J-3-8、J-3-10、J-3-14、J-3-15、J-3-16

(1)任务描述

某化工厂的萃取车间,采用填料萃取塔,以自来水作萃取剂分离苯甲酸-煤油溶液。请根据现场萃取装置及设备、阀门、仪表一览表,在现场完成萃取工艺流程识别及开车检查。

①指出主要设备并说明其用途:萃取塔 T201、萃取相储槽 V202、轻相储槽 V203、萃余分相罐 V206、轻相泵 P201;

②指出主要仪表并说明其用途:压力表、液位计、流量计、差压变送器、热电阻;

③按顺序描述萃取剂水的流程;

④按顺序描述空气的流程;

⑤按工艺流程,检查各阀门的开关状态,并指出 3 处错误的阀门开关状态,挂红牌标示。

设备、阀门、仪表一览表见附录6。

(2)实施条件

表 3-21-1 T-3-21 实施条件

项 目	基本实施条件	
场 地	化工单元操作实训中心	
仪器设备	萃取实训装置(UTS-CQ)2 套,1 工位/套	
材料、工具、人员	标识牌 6 张	
测评专家	每套装置配备 1 名考评员,考评员要求具备三年以上化工总控工的工作经历或实训指导经历	

(3)考核时量

60 分钟。

(4)评价标准

表 3-21-2 T-3-21 评价标准

评价内容及配分		评分标准	得分
工艺流程识别 (65 分)	主要设备识别 (15 分)	指出主要设备并说明其用途:萃取塔 T201、萃取相储槽 V202、轻相储槽 V203、萃余分相罐 V206、轻相泵 P201	
	主要仪表识别 (15 分)	指出主要仪表并说明其用途:压力表、液位计、流量计、差压变送器、热电阻	
	工艺流程识别 (35 分)	1. 按顺序描述萃取剂水的流程(23 分) 2. 按顺序描述空气的流程(12 分)	
开车检查 (15 分)	阀门标识牌标示 (15 分)	按工艺流程,检查各阀门的开关状态,并指出 3 处明显错误的阀门开关状态,挂红牌标示	

续表

评价内容及配分		评分标准	得分
职业素养 (20分)	安全生产 节约环保 (20分)	1. 着装符合职业要求(5分) 2. 正确操作设备、使用工具(5分) 3. 操作环境整洁、有序(5分) 4. 文明礼貌,服从安排(5分)	
总 分			

22. 试题编号:T-3-22 萃取工艺流程识别及开车检查2

考核技能点编号:J-3-3、J-3-5、J-3-6、J-3-7、J-3-8、J-3-10、J-3-14、J-3-15、J-3-16

(1)任务描述

某化工厂的萃取车间,采用填料萃取塔,以自来水作萃取剂分离苯甲酸-煤油溶液。请根据现场萃取装置及设备、阀门、仪表一览表,在现场完成萃取工艺流程识别及开车检查。

①指出主要设备并说明其用途:萃取塔T201、空气缓冲罐V201、萃余相储槽V204、重相储槽V205、重相泵P202;

②指出主要仪表并说明其用途:压力表、液位计、流量计、差压变送器、热电阻;

③按顺序描述苯甲酸的流程;

④按顺序描述煤油的流程;

⑤按工艺流程,检查各阀门的开关状态,并指出3处错误的阀门开关状态,挂红牌标示。

设备、阀门、仪表一览表见附录6。

(2)实施条件

表3-22-1 T-3-22实施条件

项 目	基本实施条件
场 地	化工单元操作实训中心
仪器设备	萃取实训装置(UTS-CQ)2套,1工位/套
材料、工具、人员	标识牌6张
测评专家	每套装置配备1名考评员,考评员要求具备三年以上化工总控工的工作经历或实训指导经历

(3)考核时量

60分钟。

(4)评价标准

表3-22-2 T-3-22评价标准

评价内容及配分		评分标准	得分
工艺流程 识别 (65分)	主要设备 识别 (15分)	指出主要设备并说明其用途:萃取塔T201、空气缓冲罐V201、萃余相储槽V204、重相储槽V205、重相泵P202	

续表

评价内容及配分		评分标准	得分
工艺流程识别（65分）	主要仪表识别（15分）	指出主要仪表并说明其用途：压力表、液位计、流量计、差压变送器、热电阻	
	工艺流程识别（35分）	1. 按顺序描述苯甲酸的流程（23分） 2. 按顺序描述煤油的流程（12分）	
开车检查（15分）	阀门标识牌标示（15分）	按工艺流程，检查各阀门的开关状态，并指出3处明显错误的阀门开关状态，挂红牌标示	
职业素养（20分）	安全生产节约环保（20分）	1. 着装符合职业要求（5分） 2. 正确操作设备、使用工具（5分） 3. 操作环境整洁、有序（5分） 4. 文明礼貌，服从安排（5分）	
总　　分			

23. 试题编号：T－3－23　萃取装置的联调试车

考核技能点编号：J－3－3、J－3－4、J－3－5、J－3－6、J－3－8、J－3－9、J－3－10、J－3－14、J－3－15、J－3－16

（1）任务描述

某化工厂的萃取车间，采用填料萃取塔，以自来水作萃取剂分离苯甲酸-煤油溶液。因本次萃取操作是初次开车，请根据现场萃取装置及设备、阀门、仪表一览表，在现场完成萃取装置中轻相泵、重相泵和气泵的联调试车。

设备、阀门、仪表一览表见附录6。

（2）实施条件

表 3－23－1　T－3－23 实施条件

项　　目	基本实施条件
场　　地	化工单元操作实训中心
仪器设备	萃取实训装置（UTS-CQ）2套，1工位/套
材料、工具、人员	助手1人/套
测评专家	每套装置配备1名考评员，考评员要求具备三年以上化工总控工的工作经历或实训指导经历

（3）考核时量

60分钟。

（4）评价标准

表 3-23-2　T-3-23 评价标准

评价内容及配分		评分标准	得分
操作规范 (65分)	试车准备 (20分)	水、电等公用工程检查	
	轻相泵 试车 (20分)	1. 在轻相储槽内充满清水(5分) 2. 开启轻相泵进、出口阀(V16、V18)，启动轻相泵，向萃取塔内送入清水，检查轻相泵运行是否正常(15分)	
	重相泵 试车 (20分)	1. 在重相储槽内充满清水(5分) 2. 开启重相泵进出口阀(V25、V27)，启动重相泵，向萃取塔内送入清水，检查重相泵运行是否正常(15分)	
	气泵试车 (20分)	1. 检查气泵电机电路，开启气泵出口阀(V02)，关闭空气缓冲罐气体出口阀、放空阀(V04、V05)，启动气泵(15分) 2. 检查气泵运行是否正常：输出气体在10min内将空气缓冲罐充压至0.1MPa，则视为气泵合格(5分)	
职业素养 (20分)	安全生产 节约环保 (20分)	1. 着装符合职业要求(5分) 2. 正确操作设备、使用工具(5分) 3. 操作环境整洁、有序(5分) 4. 文明礼貌，服从安排(5分)	
总　　分			

24. 试题编号:T-3-24　萃取装置的开车 1

考核技能点编号：J-3-3、J-3-4、J-3-5、J-3-6、J-3-8、J-3-9、J-3-10、J-3-14、J-3-15、J-3-16

(1)任务描述

某化工厂的萃取车间，采用填料萃取塔，以自来水作萃取剂分离苯甲酸-煤油溶液。请根据现场萃取装置及设备、阀门、仪表一览表，在现场完成萃取操作的开车工艺，要求控制萃取塔塔顶(玻璃视镜段)液位在 1/3-2/3 位置并维持稳定 20 分钟，并填写操作记录单。

设备、阀门、仪表一览表见附录6。

(2)实施条件

表 3-24-1　T-3-24 实施条件

项　　目	基本实施条件
场　　地	化工单元操作实训中心
仪器设备	萃取实训装置(UTS-CQ)2套，1工位/套
材料、工具、人员	操作记录单1张，笔1支，助手1人/套
测评专家	每套装置配备1名考评员，考评员要求具备三年以上化工总控工的工作经历或实训指导经历

(3)考核时量

60分钟。

（4）评价标准

表 3-24- T-3-24 评价标准

评价内容及配分		评分标准			得分
操作规范 （65分）	开车准备（20分）	1. 开车前的动、静设备检查（10分） 2. 原料、水、电等公用工程检查（10分）			
	正常开车 （45分）	1. 关闭萃取塔排污阀（V19）、萃取相储槽排污阀（V23）、萃取塔液相出口及旁路阀（V33,V21,V22）（10分） 2. 启动重相泵（P202），向萃取塔内加入清水（10分） 3. 打开萃取塔重相出口阀（V21,V22），调节重相出口调节阀（V33），控制萃取塔顶液位稳定（15分） 4. 在萃取塔液位稳定基础上，调节重相泵出口流量和萃取塔重相出口流量至24L/h（5分） 5. 按时填写操作记录单（5分）			
操作质量 （15分）	指标项 （15分）	萃取塔 塔顶液位	萃取塔顶液位 稳定时间	萃取塔重 出口流量	
		1/3～2/3	5～20 min	18～30 L/h	
职业素养 （20分）	安全生产 节约环保 （20分）	1. 着装符合职业要求（5分） 2. 正确操作设备、使用工具（5分） 3. 操作环境整洁、有序（5分） 4. 文明礼貌，服从安排（5分）			
总　　分					

表 3-24-3 T-3-24 操作记录单

序号	时间 （5分钟/次）	重相储槽液位 （mm）	重相流量 （L/h）	分相器液位 （mm）	萃取相流量 （L/h）	萃取塔液位 （mm）
1						
2						
3						
4						
5						
6						
操作记事						
异常现象记录						
记录人			学　校			

25. 试题编号:T‑3‑25　萃取装置的开车2

考核技能点编号:J‑3‑3、J‑3‑4、J‑3‑5、J‑3‑6、J‑3‑8、J‑3‑9、J‑3‑10、J‑3‑14、J‑3‑15、J‑3‑16

（1）任务描述

某化工厂的萃取车间,采用填料萃取塔,以自来水作萃取剂分离苯甲酸‑煤油溶液。请根据现场萃取装置及设备、阀门、仪表一览表,在已经操作稳定的萃取剂循环基础上,启动气泵、输送原料液以完成开车工艺,要求控制萃取塔塔顶（玻璃视镜段）液位在1/3～2/3位置并维持稳定20分钟,并填写操作记录单。

设备、阀门、仪表一览表见附录6。

（2）实施条件

表3‑25‑1　T‑3‑25实施条件

项　　　目	基本实施条件
场　　地	化工单元操作实训中心
仪器设备	萃取实训装置（UTS‑CQ）2套,1工位/套
材料、工具、人员	操作记录单1张,笔1支,助手1人/套
测评专家	每套装置配备1名考评员,考评员要求具备三年以上化工总控工的工作经历或实训指导经历

（3）考核时量

90分钟。

（4）评价标准

表3‑25‑2　T‑3‑25评价标准

评价内容及配分		评分标准			得分
工艺流程识别（65分）	启动气泵（20分）	1. 启动气泵,调节适当空气流量,保证一定鼓泡数量（10分） 2. 观察萃取塔内气液运行情况,调节萃取塔出口流量,维持萃取塔塔顶液位在玻璃视镜段1/3处位置（10分）			
	正常运行（45分）	1. 启动轻相泵,向系统内加入苯甲酸‑煤油饱和溶液,观察塔内油‑水接触情况,控制油‑水界面稳定在玻璃视镜段1/3处位置（20分） 2. 适时放出萃余分相罐内的重相至萃取相罐,控制萃余分相罐内重相高度不得高于罐底封头5 cm（10分） 3. 当稳定操作,维持萃取系统稳定运行20 min（10分） 4. 按时填写操作记录单（5分）			
操作质量（15分）	指标项（15分）	萃取塔塔顶液位	萃取塔顶液位稳定时间	萃余分相罐内重相高度	
		1/3～2/3	5～20 min	≤罐底封头5cm	

续表

评价内容及配分		评分标准	得分
职业素养 (20分)	安全生产 节约环保 (20分)	1. 着装符合职业要求(5分) 2. 正确操作设备、使用工具(5分) 3. 操作环境整洁、有序(5分) 4. 文明礼貌，服从安排(5分)	
总　　分			

表 3-25-3　T-3-25 操作记录单

序号	时间 (5分钟/次)	重相储槽液位 (mm)	轻相储槽液位 (mm)	重相流量 (L/h)	轻相流量 (L/h)	缓冲罐压力 (MPa)	分相器液位 (mm)	空气流量 (m³/h)	萃取相流量 (L/h)	萃余相流量 (L/h)
1										
2										
3										
4										
5										
6										
操作记事										
异常现象记录										
记录人			学　校							

26. 试题编号：T-3-26　蒸发工艺流程识别及开车检查 1

考核技能点编号：J-3-1、J-3-2、J-3-3、J-3-5、J-3-6、J-3-7、J-3-8、J-3-12、J-3-14、J-3-16

(1)任务描述

某化工厂采用升膜式蒸发器，将电解法制备的稀烧碱溶液浓缩为符合工艺要求的浓烧碱溶液。请根据蒸发装置现场及设备、阀门、仪表一览表，在现场完成蒸发工艺流程识别及开车检查：

①指出主要设备并说明其用途：蒸发器 F1001、加热器 E1001、真空缓冲罐 V1006、油罐 V1007、油泵 P1002；

②指出主要仪表并说明其用途：压力表、液位计、流量计、差压变送器、热电阻；

③按顺序描述导热油的流程；

④按顺序描述原料液的流程；

⑤按工艺流程，检查各阀门的开关状态，并指出 3 处错误的阀门开关状态，挂红牌标示。

设备、阀门、仪表一览表见附录 7。

(2)实施条件

表 3-26-1　T-3-26 实施条件

项　目	基本实施条件
场　地	化工单元操作实训中心
仪器设备	蒸发实训装置(UTS-CQ)2 套,1 工位/套
材料、工具、人员	标识牌 6 张
测评专家	每套装置配备 1 名考评员,考评员要求具备三年以上化工总控工的工作经历或实训指导经历

(3)考核时量

60 分钟。

(4)评价标准

表 3-26-2　T-3-26 评价标准

评价内容	配分	评分标准	得分
工艺流程识别(65 分)	主要设备识别(15 分)	指出主要设备并说明其用途:蒸发器 F1001、加热器 E1001、真空缓冲罐 V1006、油罐 V1007、油泵 P1002(15 分)	
	主要仪表识别(15 分)	指出主要仪表并说明其用途:压力表、液位计、流量计、差压变送器、热电阻	
	工艺流程识别(35 分)	1. 按顺序描述导热油的流程(20 分) 2. 按顺序描述原料液的流程(15 分)	
开车检查(15 分)	阀门标识牌标示(15 分)	按工艺流程,检查各阀门的开关状态,并指出 3 处错误的阀门开关状态,挂红牌标示(15 分)	
职业素养(20 分)	安全生产节约环保(20 分)	1. 着装符合职业要求(5 分) 2. 正确操作设备、使用工具(5 分) 3. 操作环境整洁、有序(5 分) 4. 文明礼貌,服从安排(5 分)	
总　　分			

27. 试题编号:T-3-27　蒸发工艺流程识别及开车检查 2

考核技能点编号:J-3-1、J-3-2、J-3-3、J-3-5、J-3-6、J-3-7、J-3-8、J-3-12、J-3-14、J-3-16

(1)任务描述

某化工厂采用升膜式蒸发器,将电解法制备的稀烧碱溶液浓缩为符合工艺要求的浓烧碱溶液。请根据蒸发装置现场及设备、阀门、仪表一览表,在现场完成蒸发工艺流程识别及开车检查:

①指出主要设备并说明其用途:蒸发器 F1001、预热器 E1002、产品罐 V1003、汽水分离器 V1004、进料泵 P1001;

②指出主要仪表并说明其用途:压力表、液位计、流量计、差压变送器、热电阻;

③按顺序描述导热油的流程;

④按顺序描述原料液的流程;

⑤按工艺流程,检查各阀门的开关状态,并指出 3 处错误的阀门开关状态,挂红牌标示。
设备、阀门、仪表一览表见附录 7。

(2)实施条件

表 3-27-1　T-3-27 实施条件

项　　目	基本实施条件
场　　地	化工单元操作实训中心
仪器设备	蒸发实训装置(UTS-CQ)2 套,1 工位/套
材料、工具、人员	标识牌 6 张
测评专家	每套装置配备 1 名考评员,考评员要求具备三年以上化工总控工的工作经历或实训指导经历

(3)考核时量

60 分钟。

(4)评价标准

表 3-27-2　T-3-27 评价标准

评价内容及配分		评分标准	得分
工艺流程识别 (65 分)	主要设备识别 (15 分)	指出主要设备并说明其用途:蒸发器 F1001、预热器 E1002、产品罐 V1003、汽水分离器 V1004、进料泵 P1001	
	主要仪表识别 (15 分)	指出主要仪表并说明其用途:压力表、液位计、流量计、差压变送器、热电阻	
	工艺流程识别 (35 分)	1. 按顺序描述导热油的流程(20 分) 2. 按顺序描述原料液的流程(15 分)	
开车检查 (15 分)	阀门标识牌标示 (15 分)	按工艺流程,检查各阀门的开关状态,并指出 3 处错误的阀门开关状态,挂红牌标示	
职业素养 (20 分)	安全生产节约环保 (20 分)	1. 着装符合职业要求(5 分) 2. 正确操作设备、使用工具(5 分) 3. 操作环境整洁、有序(5 分) 4. 文明礼貌,服从安排(5 分)	
总　　分			

28. 试题编号:T-3-28　蒸发操作装置的联调试车

考核技能点编号:J-3-1、J-3-2、J-3-3、J-3-5、J-3-6、J-3-7、J-3-8、J-3-9、J-3-12、J-3-14、J-3-16

(1)任务描述

某化工厂采用升膜式蒸发器,将电解法制备的稀烧碱溶液浓缩为符合工艺要求的浓烧碱溶液。本次蒸发操作是初次开车,请根据蒸发装置现场及设备、阀门、仪表一览表,在现场完成蒸发装置的常压联调试车。

设备、阀门、仪表一览表见附录7。

(2)实施条件

表3-28-1　T-3-28 实施条件

项　　目	基本实施条件
场　　地	化工单元操作实训中心
仪器设备	蒸发实训装置(UTS-CQ)2套,1工位/套
材料、工具、人员	塑料桶,助手1人/套
测评专家	每套装置配备1名考评员,考评员要求具备三年以上化工总控工的工作经历或实训指导经历

(3)考核时量

60分钟。

(4)评价标准

表3-28-2　T-3-28 评价标准

评价内容及配分		评分标准	得分
操作规范 (65分)	试车准备 (20分)	水、电等公用工程检查	
	常压试车 (60分)	1. 关闭所有储罐的排污阀(10分) 2. 打开阀门 VA33、VA02,分别向油罐、原料罐内加水(5分) 3. 开启油泵进料阀 VA36、油泵出料阀 VA37、疏通导热油流程;开启进料泵进口阀 VA05、出口阀 VA07、分离器出料阀 VA12、汽水分离器放空阀 VA15,疏通丰物料流程(20分) 4. 启动油泵 P1002,当加热器充满油液(观察蒸发器顶有导热油流下)后,启动加热器电加热系统,用调压模块调节加热功率,系统缓慢升温,观测整个加热系统运行状况(15分) 5. 启动进料泵 P1001,向系统进料,观察系统运行情况,正常则停止加热,排尽系统内的水(10分)	
职业素养 (20分)	安全生产 节约环保 (20分)	1. 着装符合职业要求(5分) 2. 正确操作设备、使用工具(5分) 3. 操作环境整洁、有序(5分) 4. 文明礼貌,服从安排(5分)	
总　　分			

29. 试题编号:T-3-29 蒸发操作装置的开车

考核技能点编号:J-3-1、J-3-2、J-3-3、J-3-5、J-3-6、J-3-7、J-3-8、J-3-9、J-3-12、J-3-14、J-3-16

(1)任务描述

某化工厂采用升膜式蒸发器,将电解法制备的稀烧碱溶液浓缩为符合工艺要求的浓烧碱溶液。请根据蒸发装置现场及设备、阀门、仪表一览表,在现场完成蒸发装置的开车准备和常压开车两个工序,并填写操作记录单。

设备、阀门、仪表一览表见附录7。

(2)实施条件

表 3-29-1 T-3-29 实施条件

项 目	基本实施条件
场 地	化工单元操作实训中心
仪器设备	蒸发实训装置(UTS-CQ)2套,1工位/套
材料、工具、人员	操作记录单1张,笔1支,塑料桶,电子秤,助手1人/套
测评专家	每套装置配备1名考评员,考评员要求具备三年以上化工总控工的工作经历或实训指导经历

(3)考核时量

90分钟。

(4)评价标准

表 3-29-2 T-3-29 评价标准

评价内容及配分		评分标准	得分
操作规范 (65分)	开车准备(20分)	1. 开车前的动、静设备检查(10分) 2. 原料、水、电等公用工程检查(10分)	
	常压开车 (45分)	1. 检查油罐 V1007 内液位是否正常,并保持其正常液位(5分) 2. 启动油泵 P1002,向系统内进导热油。待油罐液位稳定后,开启加热器 E1001 加热系统(首先在 C3000A 上手动控制加热功率大小,待温度缓慢升高到实验值时,调为自动),使导热油打循环(10分) 3. 当加热器出口导热油温度基本稳定在 140℃～150℃时,启动进料泵 P1001,向系统内进料液,当预热器出口料液温度高于 50℃,开启冷凝器的冷却水进水阀 VA17(10分) 4. 当分离器 V1002 液位达到 1/3 时,开产品罐进料阀 VA12;当汽水分离器 V1004 内液位达到 1/3 时,开启冷凝液罐 V1005 进料阀 VA25。当系统压力偏高时可通过汽水分离器放空阀 VA19,适当排放不凝性气体(10分) 5. 调整系统各工艺参数稳定,建立平衡体系(5分) 6. 按时做好操作记录(5分)	

续表

评价内容及配分		评分标准				得分
操作质量 (15分)	指标项 (15分)	油罐液位	原料罐 液位	导热油 出口温度	塔顶二次 蒸汽温度	
		100～270 mm	100～320 mm	140 ℃～150 ℃	90 ℃～110 ℃	
职业素养 (20分)	安全生产 节约环保 (20分)	1. 着装符合职业要求(5分) 2. 正确操作设备、使用工具(5分) 3. 操作环境整洁、有序(5分) 4. 文明礼貌,服从安排(5分)				
总　　分						

表 3-29-3　T-3-29 操作记录单

序号	时间 (10分 钟/次)	导热油系统				物料系统							
		油罐液位 (mm)	加热器出口温度 (℃)	蒸发器出口温度 (℃)	预热器出口温度 (℃)	原料罐液位 (mm)	进料流量 (L/h)	预热器进口温度 (℃)	蒸发器进口温度 (℃)	二次蒸汽温度 (℃)	蒸发器进口压力 (MPa)	分离器液位 (mm)	冷凝液罐液位 (mm)
1													
2													
3													
4													
5													
6													
操作记事													
异常情况记录													
记录人				学　校									

30. 试题编号:T-3-30　过滤工艺流程识别及开车检查 1

考核技能点编号:J-3-3、J-3-8、J-3-12、J-3-14、J-3-15、J-3-16

(1)任务描述

某化工厂氧化锌生产车间,要通过板框过滤机将制得的粗的 $CaCO_3$ 溶液,去除液相杂质得到固体 $CaCO_3$。请根据过滤装置现场及设备、阀门、仪表一览表,在现场完成过滤装置的工艺流程识别及开车检查。

①指出主要设备并说明其用途:搅拌罐 V901、洗涤罐 V902、原料罐 V903、过滤机 X901、空气压缩机 C901;

②指出主要仪表并说明其用途:压力表、液位计、热电阻;

③按顺序描述滤液从搅拌罐经原料罐到过滤机流经的设备和阀门;

④按工艺流程,检查各阀门的开关状态,并指出 3 处错误的阀门开关状态,挂红牌标示;

⑤按顺序描述气体从空压机经原料罐到过滤机的设备和阀门。

设备、阀门、仪表一览表见附录 8。

(2)实施条件

表 3-30-1　T-3-30 实施条件

项　目	基本实施条件	
场　地	化工单元操作实训中心	
仪器设备	过滤装置(UTS-GL)2 套,1 工位/套	
材料、工具、人员	标识牌 6 张	
测评专家	每套装置配备 1 名考评员,考评员要求具备三年以上化工总控工的工作经历或实训指导经历	

(3)考核时量

60 分钟。

(4)评价标准

表 3-30-2　T-3-30 评价标准

评价内容及配分		评分标准	得分
工艺流程识别(65 分)	主要设备识别(15 分)	指出主要设备并说明其用途:搅拌罐 V901、洗涤罐 V902、原料罐 V903、过滤机 X901、空气压缩机 C901	
	主要仪表识别(15 分)	指出主要仪表并说明其用途:压力表、液位计、压力变送器、热电阻、流量计	
	工艺流程识别(35 分)	1. 按顺序描述滤液从搅拌罐经原料罐过滤机流经的设备和阀门(20分) 2. 按顺序描述气体从空压机经原料罐到过滤机的设备和阀门(15分)	
开车检查(15 分)	阀门标识牌标示(15 分)	按工艺流程,检查各阀门的开关状态,并指出 3 处错误的阀门开关状态,并挂红牌标示	
职业素养(20 分)	安全生产节约环保(20 分)	1. 着装符合职业要求(5分) 2. 正确操作设备、使用工具(5分) 3. 操作环境整洁、有序(5分) 4. 文明礼貌,服从安排(5分)	
总　分			

31. 试题编号:T-3-31 过滤工艺流程识别及开车检查 2

考核技能点编号:J-3-3、J-3-8、J-3-12、J-3-14、J-3-15、J-3-16

(1)任务描述

某化工厂氧化锌生产车间,要通过板框过滤机将制得的粗的 $CaCO_3$ 溶液,去除液相杂质得到固体 $CaCO_3$。请根据过滤装置现场及设备、阀门、仪表一览表,在现场完成过滤装置的工艺流程识别及开车检查。

①指出主要设备并说明其用途:搅拌罐 V901、洗涤罐 V902、滤液收集罐 V904、过滤机 X901、空气压缩机 C901;

②指出主要仪表并说明其用途:压力表、液位计、热电阻;

③按顺序描述滤液从搅拌罐直接到过滤机流经的设备和阀门;

④按工艺流程,检查各阀门的开关状态,并指出 3 处错误的阀门开关状态,挂红牌标示;

⑤按顺序描述气体从空压机经原料罐到过滤机的设备和阀门。

设备、阀门、仪表一览表见附录 8。

(2)实施条件

表 3-31-1 T-3-31 实施条件

项　　目	基本实施条件	
场　　地	化工单元操作实训中心	
仪器设备	过滤装置(UTS-GL)2 套,1 工位/套	
材料、工具、人员	标识牌 6 张	
测评专家	每套装置配备 1 名考评员,考评员要求具备三年以上化工总控工的工作经历或实训指导经历	

(3)考核时量

60 分钟。

(4)评价标准

表 3-31-2 T-3-31 评价标准

评价内容及配分		评分标准	得分
工艺流程识别 (65 分)	主要设备识别 (15 分)	指出主要设备并说明其用途:搅拌罐 V901、洗涤罐 V902、滤液收集罐 V904、过滤机 X901、空气压缩机 C901	
	主要仪表识别 (15 分)	指出主要仪表并说明其用途:压力表、液位计、压力变送器、热电阻、流量计	
	工艺流程识别 (35 分)	1. 按顺序描述滤液从搅拌罐直接到过滤机流经的设备和阀门(20 分) 2. 按顺序描述气体从空压机经原料罐到过滤机的设备和阀门(15 分)	
开车检查 (15 分)	阀门标示牌标识 (15 分)	按工艺流程,检查各阀门的开关状态,并指出 3 处错误的阀门开关状态,挂红牌标示	

续表

评价内容及配分		评分标准	得分
职业素养 (20分)	安全生产 节约环保 (20分)	1. 着装符合职业要求(5分) 2. 正确操作设备、使用工具(5分) 3. 操作环境整洁、有序(5分) 4. 文明礼貌,服从安排(5分)	
总　　分			

32. 试题编号:T-3-32　过滤操作装置的开车[恒压过滤压力为 0.1MPa(表压)]和停车操作

考核技能点编号:J-3-1、J-3-5、J-3-6、J-3-9、J-3-12、J-3-15、J-3-16

(1)任务描述

某化工厂氧化锌生产车间,要通过板框过滤机将制得的粗的 $CaCO_3$ 溶液,去除液相杂质得到固体 $CaCO_3$。请根据过滤装置现场及设备、阀门、仪表一览表,在现场完成过滤装置的开车[恒压过滤压力为 0.1MPa(表压)]和停车两个工序。并填写操作记录单。

设备、阀门、仪表一览表见附录8。

(2)实施条件

GE 3-32-1　T-3-32 实施条件

项　　目	基本实施条件
场　　地	化工单元操作实训中心
仪器设备	过滤装置(UTS-GL)2 套,1 工位/套
材料、工具、人员	操作记录单1张,笔1支,铁桶,电子秤,助手1人/套
测评专家	每套装置配备1名考评员,考评员要求具备三年以上化工总控工的工作经历或实训指导经历

(3)评价标准

90 分钟。

(4)评价标准

表 3-32-2　T-3-32 评价标准

评价内容及配分		评分标准	得分
操作规范 (65分)	开车准备 (20分)	1. 开车前的动、静设备检查(10分) 2. 原料、水、电等公用工程检查(10分)	
	开车操作 (35分)	1. 正确装好滤板、滤框及滤布(5分) 2. 配料:在配料罐内配制含 $CaCO_3$ 10%～30%(wt. %)的水悬浮液(5分) 3. 灌料:料浆在压力作用下由配料桶流入压力罐至其视镜1/2～2/3处,关闭进料阀门(5分) 4. 鼓泡:通压缩空气至压力罐,使容器内料浆不断搅拌。压力料槽的排气阀应不断排气,但又不能喷浆(5分)	

续表

评价内容及配分		评分标准				得分
操作规范 (65分)	开车操作 (35分)	5. 过滤:浆料混合均匀后,开启相关阀门,使压力表(PI905)为0.1MPa,开启阀门(VA07)进行恒压过滤。记录一定时间内滤液收集罐滤液体积。原料罐原料不足时停止试验(5分) 6. 洗涤:过滤结束后,通过控制阀门(VA17)、(VA21)、(VA22)和(VA26),进行洗涤试验,可通过观察滤液的混浊变化判断结束(5分) 7. 结束后,停止空压机,开启滤液收集罐出口阀(VA08),放空滤液。待系统稳定后,记录相关数据(5分)				
	停车操作 (10分)	1. 关闭浆料泵,将搅拌罐剩余浆料通过排污阀门直接排掉,关闭排污阀(VA02),开启进水阀(VA01),清洗搅拌罐(1分) 2. 用清水洗净浆料泵,原料罐(2分) 3. 卸开过滤机,回收滤饼,以备下次实验时使用(2分) 4. 冲洗滤框、滤板,刷洗滤布,滤布不要打折(1分) 5. 清原料罐、滤液收集罐(2分) 6. 进行现场清理,保持各设备、管路洁净(1分) 7. 切断控制台、仪表盘电源(1分)				
操作质量 (15分)	指标项 (15分)	搅拌罐液位	原料罐液位	洗涤罐液位	压力表(PI905)	
		1/3~1/2	1/2~2/3	1/2~2/3	0.095~0.105MPa	
职业素养 (20分)	文明规范操作 (20分)	1. 着装符合职业要求(5分) 2. 正确操作设备、使用工具(5分) 3. 操作环境整洁、有序(5分) 4. 文明礼貌,服从安排(5分)				
总　　分						

表 3-32-3　T-3-32 操作记录单

序号	时间(10分钟/次)	压力调节阀压力 MPa	原料罐压力 MPa	压滤机进口压力 MPa	压滤机进口温度℃	滤液收集槽液位高度 mm
1						
2						
3						
4						
5						
6						
操作记事						
异常情况						
记录人			学校			

33. 试题编号：T‑3‑33　过滤操作装置的开车[恒压过滤压力为 0.2MPa(表压)]和停车操作

考核技能点编号：J‑3‑1、J‑3‑5、J‑3‑6、J‑3‑9、J‑3‑12、J‑3‑15、J‑3‑16

(1)任务描述

某化工厂氧化锌生产车间，要通过板框过滤机将制得的粗的 $CaCO_3$ 溶液，去除液相杂质得到固体 $CaCO_3$。请根据过滤装置现场及设备、阀门、仪表一览表，在现场完成过滤装置的开车[恒压过滤压力为 0.2MPa(表压)]和停车两个工序。并填写操作记录单。

设备、阀门、仪表一览表见附录 8。

(2)实施条件

表 3‑33‑1　T‑3‑33 实施条件

项　目	基本实施条件
场　地	化工单元操作实训中心
仪器设备	过滤装置(UTS‑GL)2 套，1 工位/套
材料、工具、人员	操作记录单 1 张，笔 1 支，铁桶，电子秤，助手 1 人/套
测评专家	每套装置配备 1 名考评员，考评员要求具备三年以上化工总控工的工作经历或实训指导经历

(3)考核时量

90 分钟。

(4)评价标准

表 3‑33‑2　T‑3‑33 评价标准

评价内容	配分	评分标准	得分
操作规范 (65 分)	开车准备 (20 分)	1. 开车前的动、静设备检查(10 分) 2. 原料、水、电等公用工程检查(10 分)	
	开车操作 (35 分)	1. 正确装好滤板、滤框及滤布(5 分) 2. 配料：在配料罐内配制含 $CaCO_3$ 10%～30%(wt. %)的水悬浮液(5 分) 3. 灌料：料浆在压力作用下由配料桶流入压力罐至其视镜 1/2～2/3 处，关闭进料阀门(5 分) 4. 鼓泡：通压缩空气至压力罐，使容器内料浆不断搅拌。压力料槽的排气阀应不断排气，但又不能喷浆(5 分) 5. 过滤：浆料混合均匀后，开启相关阀门，使压力表(PI905)为 0.2MPa，开启阀门(VA07)进行恒压过滤。记录一定时间内滤液收集罐滤液体积。原料罐原料不足时停止试验(5 分) 6. 洗涤：过滤结束后，通过控制阀门(VA17)、(VA21)、(VA22)和(VA26)，进行洗涤试验，可通过观察滤液的混浊变化判断结束(5 分) 7. 结束后，停止空压机，开启滤液收集罐出口阀(VA08)，放空滤液。待系统稳定后，记录相关数据(5 分)	

续表

评价内容	配分	评分标准				得分
操作规范 (65分)	停车操作 (10分)	1. 关闭浆料泵,将搅拌罐剩余浆料通过排污阀门直接排掉,关闭排污阀(VA02),开启进水阀(VA01),清洗搅拌罐(1分) 2. 用清水洗净浆料泵,原料罐(2分) 3. 卸开过滤机,回收滤饼,以备下次实验时使用(2分) 4. 冲洗滤框、滤板,刷洗滤布,滤布不要打折(1分) 5. 清原料罐、滤液收集罐(2分) 6. 进行现场清理,保持各设备、管路洁净(1分) 7. 切断控制台、仪表盘电源(1分)				
操作质量 (15分)	指标项 (15分)	搅拌罐液位	原料罐液位	洗涤罐液位	压力表(PI905)	
		1/3~1/2	1/2~2/3	1/2~2/3	0.195~0.205MPa	
职业素养 (20分)	文明规范 操作 (20分)	1. 着装符合职业要求(5分) 2. 正确操作设备、使用工具(5分) 3. 操作环境整洁、有序(5分) 4. 文明礼貌,服从安排(5分)				
总　　分						

表 3-33-3　T-3-33 操作记录单

序号	时间(10分钟一次)	压力调节阀压力(MPa)	原料罐压力(MPa)	压滤机进口压力(MPa)	压滤机进口温度(℃)	滤液收集槽液位高度(mm)
1						
2						
3						
4						
5						
6						
操作记事						
异常情况						
记录人			学校			

34. 试题编号:T-3-34　过滤操作装置的开车[恒压过滤压力为 0.3MPa(表压)]和停车操作

考核技能点编号:J-3-1、J-3-5、J-3-6、J-3-9、J-3-12、J-3-15、J-3-16

(1)任务描述

某化工厂氧化锌生产车间,要通过板框过滤机将制得的粗的 $CaCO_3$ 溶液,去除液相杂质得到固体 $CaCO_3$。请根据过滤装置现场及设备、阀门、仪表一览表,在现场完成过滤装置的开车[恒压过滤压力为 0.3MPa(表压)]和停车两个工序。并填写操作记录单。

设备、阀门、仪表一览表见附录 8。

(2)实施条件

表 3-34-1 T-3-34 实施条件

项 目	基本实施条件
场 地	化工单元操作实训中心
仪器设备	过滤装置(UTS-GL)2 套,1 工位/套
材料、工具、人员	操作记录单 1 张,笔 1 支,铁桶,电子秤,助手 1 人/套
测评专家	每套装置配备 1 名考评员,考评员要求具备三年以上化工总控工的工作经历或实训指导经历

(3)考核时量

90 分钟。

(4)评价标准

表 3-34-2 T-3-34 评价标准

评价内容及配分		评分标准	得分
操作规范 (65 分)	开车准备 (20 分)	1. 开车前的动、静设备检查(10 分) 2. 原料、水、电等公用工程检查(10 分)	
	开车操作 (35 分)	1. 正确装好滤板、滤框及滤布(5 分) 2. 配料:在配料罐内配制含 $CaCO_3$ 10%~30% 的水悬浮液(5 分) 3. 灌料:料浆在压力作用下由配料桶流入压力罐至其视镜 1/2~2/3 处,关闭进料阀门(5 分) 4. 鼓泡:通压缩空气至压力罐,使容器内料浆不断搅拌。压力料槽的排气阀应不断排气,但又不能喷浆(5 分) 5. 过滤:浆料混合均匀后,开启相关阀门,使压力表 PI905 为 0.3MPa,开启阀门 VA07 进行恒压过滤。记录一定时间内滤液收集罐滤液体积。原料罐原料不足时停止试验(5 分) 6. 洗涤:过滤结束后,通过控制阀门 VA17,VA21,VA22 和 VA26,进行洗涤试验,可通过观察滤液的混浊变化判断结束(5 分) 7. 结束后,停止空压机,开启滤液收集罐出口阀 VA08,放空滤液。待系统稳定后,记录相关数据(5 分)	
	停车操作 (10 分)	1. 关闭浆料泵,将搅拌罐剩余浆料通过排污阀门直接排掉,关闭排污阀 VA02,开启进水阀 VA01,清洗搅拌罐(1 分) 2. 用清水洗净浆料泵,原料罐(2 分) 3. 卸开过滤机,回收滤饼,以备下次实验时使用(2 分) 4. 冲洗滤框、滤板,刷洗滤布,滤布不要打折(1 分) 5. 清原料罐、滤液收集罐(2 分) 6. 进行现场清理,保持各设备、管路洁净(1 分) 7. 切断控制台、仪表盘电源(1 分)	

续表

评价内容及配分		评分标准				得分
操作质量 (15分)	指标项 (15分)	搅拌罐液位	原料罐液位	洗涤罐液位	压力表(PI905)	
		1/3~1/2	1/2~2/3	1/2~2/3	0.295~0.305MPa	
职业素养 (20分)	文明规范 操作 (20分)	1. 着装符合职业要求(5分) 2. 正确操作设备、使用工具(5分) 3. 操作环境整洁、有序(5分) 4. 文明礼貌,服从安排(5分)				
总　　分						

表 3-34-3　T-3-34 操作记录单

序号	时间(10分 钟/次)	压力调节阀 压力 MPa	原料罐压力 MPa	压滤机进口 压力 MPa	压滤机进口 温度℃	滤液收集槽液 位高度 mm
1						
2						
3						
4						
5						
6						
操作记事						
异常情况						
记录人				学校		

35. 试题编号:T-3-35　干燥工艺流程识别及开车检查

考核技能点编号:J-3-3、J-3-8、J-3-13、J-3-15、J-3-16

(1)任务描述

某食品生产车间,要干燥湿小米,去除小米中的多余水分。请根据干燥装置现场及设备、阀门、仪表一览表,在现场完成干燥工艺流程识别及开车检查。

①指出主要设备并说明其用途:电加热炉 E501、干燥出料槽 V501、旋风分离器 F501、鼓风机 C501、卧式流化床 T501;

②指出主要仪表并说明其用途:压力表、压力变送器、热电阻、流量计;

③按顺序描述空气从鼓风机到卧式流化床流经的设备和阀门;

④按顺序描述物料从星型下料器到干燥出料槽流经的设备和阀门;

⑤按工艺流程,检查各阀门的开关状态,并指出 3 处错误的阀门开关状态,挂红牌标示。

设备、阀门、仪表一览表见附录 9。

(2)实施条件

表3-35-1　T-3-35实施条件

项　目	基本实施条件
场　地	化工单元操作实训中心
仪器设备	干燥装置(UTS-GZ)2套,1工位/套
材料、工具、人员	标识牌6张
测评专家	每套装置配备1名考评员,考评员要求具备三年以上化工总控工的工作经历或实训指导经历

(3)考核时量

60分钟。

(4)评价标准

表3-35-2　T-3-35评价标准

评价内容及配分		评分标准	得分
工艺流程识别 (65分)	主要设备识别 (15分)	指出主要设备并说明其用途:电加热炉E501、干燥出料槽V501、旋风分离器F501、鼓风机C501、卧式流化床T501	
	主要仪表识别 (15分)	指出主要仪表并说明其用途:压力表、压力变送器、热电阻、流量计	
	工艺流程识别 (35分)	1. 按顺序描述空气从鼓风机到卧式流化床流经的设备和阀门(20分) 2. 按顺序描述物料从星型下料器到干燥出料槽流经的设备和阀门(15分)	
开车检查 (15分)	阀门标识牌标示	按工艺流程,检查各阀门的开关状态,并指出3处错误的阀门开关状态,挂红牌标示	
职业素养 (20分)	安全生产节约环保 (20分)	1. 着装符合职业要求(5分) 2. 正确操作设备、使用工具(5分) 3. 操作环境整洁、有序(5分) 4. 文明礼貌,服从安排(5分)	
总　　分			

36. 试题编号:T-3-36　干燥操作装置的开车和停车操作

考核技能点编号:J-3-1、J-3-2、J-3-5、J-3-7、J-3-13、J-3-15、J-3-16

(1)任务描述

某食品生产车间,要干燥湿小米,去除小米中的多余水分。请根据干燥装置现场及设备、阀门、仪表一览表,在现场完成干燥装置的开车准备和开车两个工序。并填写操作记录单。

设备、阀门、仪表一览表见附录9。

(2)实施条件

表 3 - 36 - 1　T - 3 - 36 实施条件

项　　目	基本实施条件
场　　地	化工单元操作实训中心
仪器设备	干燥装置(UTS - GZ)2 套,1 工位/套
材料、工具、人员	操作记录单 1 张,笔 1 支,铁桶,投料铲,助手 1 人/套
测评专家	每套装置配备 1 名考评员,考评员要求具备三年以上化工总控工的工作经历或实训指导经历

(3)考核时量

90 分钟。

(4)评价标准

表 3 - 36 - 2　T - 3 - 36 评价标准

评价内容及配分		评分标准	得分
操作规范 (65 分)	开车准备 (20 分)	1. 开车前的动、静设备检查(10 分) 2. 原料、水、电等公用工程检查(10 分)	
	开车操作 (35 分)	1. 依次打开卧式流化床 T501 各床层进气阀 VA02、VA03、VA04 和放空阀 VA05(4 分) 2. 启动鼓风机 C501,通过鼓风机出口放空阀 VA01 手动调节其流量为 80～120 m³/h(4 分) 3. 启动电加热炉 E501 加热系统,并调节加热功率使空气温度缓慢上升至 60℃～80℃,并趋于稳定(4 分) 4. 微开放空阀 VA05,打开循环风机进气阀 VA06、循环风机出口阀 VA08、循环流量调节阀 VA12,打通循环回路(4 分) 5. 启动循环风机 C502,开循环风机出口压力调节阀 VA10,通过循环风机出口压力电动调节阀 VA11 控制循环风机出口压力为 3～6kPa(4 分) 6. 待电加热炉出口气体温度稳定、循环气体的流量稳定后,开始进料(4 分) 7. 将配制好的物料加入下料斗,启动星型下料器 E502,加料,并且注意观察流化床床层物料状态和其厚度(4 分) 8. 物料进流化床体初期应根据物料被干燥状况控制出料,此时可以将物料物料布袋封起,物料循环干燥,带物料流动顺畅时,可以连续出料(4 分) 9. 调节流化床各床层进气阀 VA02,VA03,VA04 的开度和循环风机出口压力 PIC501(3 分)	
	停车操作 (10 分)	1. 关闭星型下料器 E502,停止向流化床 T501 内进料(2 分) 2. 当流化床体内物料排净后,关闭电加热炉 E501 的加热系统(2 分) 3. 打开放空阀 VA05,关闭循环风机进口阀 VA06、出口阀 VA08,停循环风机 C502(3 分)	

续表

评价内容及配分		评分标准	得分
操作规范 (65分)	停车操作 (10分)	4. 当电加热炉 E501 出口温度降到 50℃以下时,关闭流化床各床层进气阀 VA02,VA03,VA04,停鼓风机 C501(3分) 5. 清理干净卧式流化床、粉尘接收器内的残留物(2分) 6. 依次关闭直流电源开关、仪表电源开关、报警电源开关以及空气开关(2分) 7. 关闭控制柜空气开关(2分) 8. 切断总电源(2分) 9. 场地清理(2分)	

操作质量 (15分)	指标项 (15分)	鼓风机出口流量	空气温度	循环风机出口压力	
		80~120m³/h	60℃~80℃	3~6kPa	

职业素养 (20分)	文明规范操作 (20分)	1. 着装符合职业要求(5分) 2. 正确操作设备、使用工具(5分) 3. 操作环境整洁、有序(5分) 4. 文明礼貌,服从安排(5分)	

总　　分	

表 3－36－3　T－3－36 操作记录单

序号	时间(10分钟/次)	鼓风机出口流量(m³/h)	流化床进口气体温度(远传)(℃)	第一床层温度(℃)	第二床层温度(℃)	第三床层温度(℃)	流化床出口温度(℃)	流化床床层压差(kPa)	循环气体流量(m³/h)	循环风机出口压力(kPa)	循环气路管道压力(kPa)
1											
2											
3											
4											
5											
6											
操作记事											
异常情况											
记录人				学校							

37. 试题编号:T‑3‑37　反应物料预热工艺流程识别及开车检查

考核技能点编号:J‑3‑3、J‑3‑4、J‑3‑5、J‑3‑8、J‑3‑11、J‑3‑16

(1)任务描述

某化工厂需要将一批物料送入反应器中,待反应釜中的物料加热到50℃后再进行反应操作,请采用现场间歇反应釜装置完成反应物料预热工艺流程识别及开车检查。

　①指出主要设备并说明其用途:反应釜 R801、热水槽 V801、冷水槽 V803、中和釜 R802、循环水泵 P803;

　②指出主要仪表并说明其用途:压力表、液位计、压力变送器、热电阻、流量计;

　③按顺序描述水经循环水泵 P803 输送到反应釜 R801、中和釜 R802 夹套的流程;

　④按顺序描述反应釜 R801 夹套出水的流程;

　⑤按工艺流程,检查各阀门的开关状态,并指出 3 处错误的阀门开关状态,挂红牌标示。

设备、阀门、仪表一览表见附录10。

(2)实施条件

表 3‑37‑1　T‑3‑37 实施条件

项　　目	基本实施条件
场　　地	化工单元操作实训中心
仪器设备	反应釜操作实训装置(UTS‑CR)2 套,1 工位/套
材料、工具、人员	标识牌 6 张
测评专家	每套装置配备 1 名考评员,考评员要求具备三年以上化工总控工的工作经历或实训指导经历

(3)考核时量

60 分钟。

(4)评价标准

表 3‑37‑2　T‑3‑37 评价标准

评价内容及配分		评分标准	得分
工艺流程识别（65 分）	主要设备识别（15 分）	指出主要设备并说明其用途:反应釜 R801、热水槽 V801、冷水槽 V803、中和釜 R802、循环水泵 P803(15 分)	
	主要仪表识别（15 分）	指出主要仪表并说明其用途:压力表、液位计、压力变送器、热电阻、流量计(15 分)	
	工艺流程识别（35 分）	1. 按顺序描述水经循环水泵 P803 输送到反应釜 R801、中和釜 R802 夹套的流程(20 分)　2. 按顺序描述反应釜 R801 夹套出水流程(15 分)	
开车检查（15 分）	阀门标识牌标示（15 分）	按工艺流程,检查各阀门的开关状态,并指出 3 处错误的阀门开关状态,并挂红牌标示(15 分)	

续表

评价内容及配分		评分标准	得分
职业素养 (20分)	安全生产 节约环保 (20分)	1. 着装符合职业要求(5分) 2. 正确操作设备、使用工具(5分) 3. 操作环境整洁、有序(5分) 4. 文明礼貌,服从安排(5分)	
总　　分			

38. 试题编号:T-3-38　反应釜正常出料工艺流程识别及开车检查

考核技能点编号:J-3-3、J-3-4、J-3-5、J-3-8、J-3-11、J-3-16

(1)任务描述

某化工厂需要将一批物料送入反应器中,待反应釜中的物料加热到50℃后再进行反应操作,请采用现场间歇反应釜装置完成反应物料出料工艺流程识别及开车检查。

①指出主要设备并说明其用途:反应釜 R801、原料槽 V802、中和液槽 V805、蒸馏储槽 V804、冷凝器 E801;

②指出主要仪表并说明其用途:压力表、液位计、压力变送器、热电阻、流量计;

③按顺序描述反应物料从反应釜至中和釜的流程;

④按顺序描述反应物料从冷凝液槽到中和釜的流程;

⑤按工艺流程,检查各阀门开关状态,并指出 3 处错误的阀门开关状态,并挂红牌标示。

设备、阀门、仪表一览表见附录10。

(2)实施条件

表 3-38-1　T-3-38 实施条件

项　　目	基本实施条件
场　地	化工单元操作实训中心
仪器设备	反应釜操作实训装置(UTS-CR)2 套,1 工位/套
材料、工具、人员	标识牌 6 张
测评专家	每套装置配备 1 名考评员,考评员要求具备三年以上化工总控工的工作经历或实训指导经历

(3)考核时量

60 分钟。

(4)评价标准

表 3-38-2　T-3-38 评价标准

评价内容及配分		评分标准	得分
工艺流程 识别 (65分)	主要设备识别 (15分)	指出主要设备并说明其用途:反应釜 R801、原料槽 V802、中和液槽 V805、蒸馏储槽 V804、冷凝器 E801(15分)	
	主要仪表识别 (15分)	指出主要仪表并说明其用途:压力表、液位计、压力变送器、热电阻、流量计(15分)	

续表

评价内容及配分		评分标准	得分
工艺流程 识别 (65分)	工艺流程识别 (35分)	1. 按顺序描述反应物料从反应釜至中和釜的流程(20分) 2. 按顺序描述反应物料从冷凝液槽到中和釜的流程(15分)	
开车检查 (15分)	阀门标识 牌标示 (15分)	按工艺流程,检查各阀门的开关状态,并指出3处错误的阀门 开关状态,挂红牌标示(15分)	
职业素养 (20分)	安全生产 节约环保 (20分)	1. 着装符合职业要求(5分) 2. 正确操作设备、使用工具(5分) 3. 操作环境整洁、有序(5分) 4. 文明礼貌,服从安排(5分)	
总　　分			

39. 试题编号:T-3-39　间歇釜中反应物料工艺流程识别及开车检查

考核技能点编号:J-3-3、J-3-4、J-3-5、J-3-8、J-3-11、J-3-16

(1)任务描述

某化工厂需要将一批物料送入反应器中,待反应釜中的物料加热到50℃后再进行反应操作,请采用现场间歇反应釜装置完成反应物料反应工艺流程识别及开车检查。

①指出主要设备并说明其用途:反应釜R801、蒸馏储槽V804、冷凝器E801、中和釜R802、中和液槽V805;

②指出主要仪表并说明其用途:压力表、液位计、压力变送器、热电阻、流量计;

③按顺序描述反应釜R801的操作流程;

④按顺序描述反应物料经冷凝器的流程;

⑤按工艺流程,检查各阀门的开关状态,并指出3处错误的阀门开关状态,挂红牌标示。

设备、阀门、仪表一览表见附录10。

(2)实施条件

表3-39-1　T-3-39实施条件

项　　目	基本实施条件	
场　　地	化工单元操作实训中心	
仪器设备	反应釜操作实训装置(UTS-CR)2套,1工位/套	
材料、工具、人员	标识牌6张	
测评专家	每套装置配备1名考评员,考评员要求具备三年以上化工总控工 的工作经历或实训指导经历	

(3)考核时量

60分钟。

(4)评价标准

表 3 - 39 - 2　T - 3 - 39 评价标准

评价内容	配分	评分标准	得分
工艺流程识别 (65分)	主要设备识别 (15分)	指出主要设备并说明其用途:反应釜 R801、蒸馏储槽 V804、冷凝器 E801、中和釜 R802、中和液槽 V805(15分)	
	主要仪表识别 (15分)	指出主要仪表并说明其用途:压力表、液位计、压力变送器、热电阻、流量计(15分)	
	工艺流程识别 (35分)	1. 按顺序描述反应釜 R801 的操作流程(20分) 2. 按顺序描述反应物料经冷凝器的流程(15分)	
开车检查 (15分)	阀门标识牌标示 (15分)	按工艺流程,检查各阀门的开关状态,并指出 3 处错误的阀门开关状态,挂红牌标示(15分)	
职业素养 (20分)	安全生产节约环保 (20分)	1. 着装符合职业要求(5分) 2. 正确操作设备、使用工具(5分) 3. 操作环境整洁、有序(5分) 4. 文明礼貌,服从安排(5分)	
总　　分			

40. 试题编号:T - 3 - 40　反应物料预热

考核技能点编号:J - 3 - 1、J - 3 - 2、J - 3 - 3、J - 3 - 5、J - 3 - 7、J - 3 - 11、J - 3 - 16

(1)任务描述

某化工厂需要将一批物料送入反应器中,待反应釜中的物料加热到50℃后再进行反应操作,请采用间歇反应釜完成此任务。

设备、阀门、仪表一览表见附录10。

(2)实施条件

表 3 - 40 - 1　T - 3 - 40 实施条件

项　　目	基本实施条件
场　　地	化工单元操作实训中心
仪器设备	反应釜操作实训装置(UTS-CR)2 套,1 工位/套
材料、工具、人员	原料液,操作记录单 1 张,笔 1 支,产品桶 2 个,助手 1 人/套
测评专家	每套装置配备 1 名考评员,考评员要求具备三年以上化工总控工的工作经历或实训指导经历

(3)考核时量

90分钟。

（4）评价标准

表 3－40－2　T－3－40 评价标准

评价内容及配分		评分标准			得分
操作规范 （65 分）	开车准备 （20 分）	1. 开车前的动、静设备检查（10 分） 2. 原料、水、电等公用工程检查（10 分）			
	开车操作 （30 分）	1. 打开放空阀、原料泵 P801、P802 进、出口阀，开启原料泵 P801、P802，调节流量表 FI801、FI802 流量，加料约至 1/2 液位时，停原料泵，关闭出口阀（10 分） 2. 打开热水槽进、出口电磁阀、冷水槽进口阀、循环泵进、出口阀、循环泵电磁阀，启动循环泵，向反应釜夹套内通入热水，预热原料（10 分） 3. 当原料温度为 TI803 的示数为 45℃左右时，正确关闭热水槽出口阀、热水槽加热电源开关，打开冷水槽出口阀，将循环水切换至冷水（10 分）			
	停车操作 （15 分）	1. 当温度表示数降至室温时，关闭自来水进口阀（3 分） 2. 关闭冷水槽出口阀，停止反应釜夹套的循环水（3 分） 3. 开启冷、热水槽排污阀，排放冷、热水槽中水（3 分） 4. 关闭产品储槽放空阀，产物待进一步处理（2 分） 5. 正确切断控制台、仪表盘电源（2 分） 6. 清理现场，搞好设备、管道、阀门维护工作（2 分）			
操作质量 （15 分）	操作指标项与质量 （15 分）	原料储槽液位	热水槽温度	反应釜温度	
		1/2～2/3	60℃～95℃	50℃～80℃	
职业素养 （20 分）	文明规范操作 （20 分）	1. 着装符合职业要求（5 分） 2. 正确操作设备、使用工具（5 分） 3. 操作环境整洁、有序（5 分） 4. 文明礼貌，服从安排（5 分）			
总　　分					

表 3－40－3　T－3－40 操作记录单

序号	时间（10 分钟/次）	原料 a 流量（m³/h）	原料 b 流量（m³/h）	冷却器冷却流量（m³/h）	蒸馏储槽液位（mm）	冷水槽液位（mm）	热水槽液位（mm）	反应釜冷却水进口温度（℃）	反应釜夹套温度（℃）	中和釜温度（℃）	热水槽温度（℃）	蒸馏储槽压力（kPa）	中和釜（kPa）
1													
2													
3													

续表

序号	时间(10分钟/次)	原料a流量(m³/h)	原料b流量(m³/h)	冷却器冷却流量(m³/h)	蒸馏储槽液位(mm)	冷水槽液位(mm)	热水槽液位(mm)	反应釜冷却水进口温度(℃)	反应釜夹套温度(℃)	中和釜温度(℃)	热水槽温度(℃)	蒸馏储槽压力(kPa)	中和釜(kPa)
4													
5													
6													
操作记事													
异常情况													
记录人					学校								

41.试题编号:T-3-41 反应釜正常出料

考核技能点编号:J-3-1、J-3-2、J-3-3、J-3-5、J-3-6、J-3-7、J-3-11、J-3-16

(1)任务描述

某化工厂需要将一批已反应完成的物料从反应器中卸出,请模拟生产实际,采用间歇反应釜完成反应釜正常出料任务。

设备、阀门、仪表一览表见附录10。

(2)实施条件

表3-41-1 T-3-41实施条件

项目	基本实施条件
场地	化工单元操作实训中心
仪器设备	反应釜操作实训装置(UTS-CR)2套,1工位/套
材料、工具、人员	原料液,操作记录单1张,笔1支,产品桶2个,助手1人/套
测评专家	每套装置配备1名考评员,考评员要求具备三年以上化工总控工的工作经历或实训指导经历

(3)考核时量

90分钟。

(4)评价标准

表 3 - 41 - 2 T - 3 - 41 评价标准

评价内容及配分		评分标准			得分
操作规范 (65分)	开车准备 (20分)	1. 开车前的动、静设备检查(10分) 2. 原料、水、电等公用工程检查(10分)			
	开车操作 (30分)	1. 将冷凝储槽内的液体,部分回流到反应釜,部分作为反应产物排到中和釜(10分) 2. 关闭中和釜排料阀,打开反应釜排料阀,将反应产物排放到中和釜,关闭反应釜内加热装置及搅拌器,打开中和液进料阀,中和反应产物(10分) 3. 中和反应结束后,正确关闭产品储槽和排污阀,打开放空阀,开启中和釜排料阀,放空阀,排放中和后产物到产品储槽,关闭中和釜电机(10分)			
	停车操作 (15分)	1. 当所有温度表示数降低至室温时,关闭自来水进口阀(3分) 2. 关闭冷水槽的出口阀(3分) 3. 开启冷、热水槽的排污阀,排放冷、热水槽中的水(3分) 4. 关闭产品储槽放空阀,产品储槽内的产物待进一步处理(2分) 5. 正确切断控制台、仪表盘电源(2分) 6. 清理现场,搞好设备、管道、阀门维护工作(2分)			
操作质量 (15分)	操作指标项与质量 (15分)	冷凝液槽液位	中和釜搅拌转速	中和槽温度	
		1/3~1/2	80~100 r/min	30℃~60℃	
职业素养 (20分)	文明规范操作 (20分)	1. 着装符合职业要求(5分) 2. 正确操作设备、使用工具(5分) 3. 操作环境整洁、有序(5分) 4. 文明礼貌,服从安排(5分)			
总　　分					

表 3 - 41 - 3 T - 3 - 41 操作记录单

序号	时间(10分钟/次)	原料a流量(m³/h)	原料b流量(m³/h)	冷却器冷却流量(m³/h)	蒸馏储槽液位(mm)	冷水槽液位(mm)	热水槽液位(mm)	反应釜冷却水进口温度(℃)	反应釜夹套温度(℃)	中和釜温度(℃)	热水槽温度(℃)	蒸馏储槽压力(kPa)	中和釜(kPa)
1													
2													
3													

续表

序号	时间(10分钟/次)	原料a流量(m³/h)	原料b流量(m³/h)	冷却器冷却流量(m³/h)	蒸馏储槽液位(mm)	冷水槽液位(mm)	热水槽液位(mm)	反应釜冷却水进口温度(℃)	反应釜夹套温度(℃)	中和釜温度(℃)	热水槽温度(℃)	蒸馏储槽压力(kPa)	中和釜(kPa)
4													
5													
6													
操作记事													
异常情况													
记录人				学校									

42. 试题编号：T－3－42　间歇釜反应操作

考核技能点编号：J－3－1、J－3－2、J－3－3、J－3－5、J－3－6、J－3－7、J－3－11、J－3－16

(1)任务描述

某化工厂需要将反应釜中的物料加热到50℃后再进行反应操作(热源采用热循环水提供)，请采用间歇反应釜完成间歇釜反应操作任务。

设备、阀门、仪表一览表见附录10。

(2)实施条件

表3－42－1　T－2－42实施条件

项　目	基本实施条件
场　地	化工单元操作实训中心
仪器设备	反应釜操作实训装置(UTS-CR)2套,1工位/套
材料、工具、人员	原料液,操作记录单1张,笔1支,助手1人/套
测评专家	每套装置配备1名考评员,考评员要求具备三年以上化工总控工的工作经历或实训指导经历

(3)考核时量

90分钟。

(4)评价标准

表 3 - 42 - 2   T - 3 - 42 评价标准

评价内容及配分		评分标准	得分
操作规范 (65 分)	开车准备 (20 分)	1. 开车前的动、静设备检查(10 分) 2. 原料、水、电等公用工程检查(10 分)	
	开车操作 (30 分)	1. 打开反应釜放空阀原料泵 P801、P802 的进、出口阀,开启原料泵 P801、P802,调节流量,向反应釜内加料,加料至 1/2 左右液位时,停止原料泵,关闭原料泵出口阀(10 分) 2. 打开热水槽进、出口电磁阀、冷水槽进口阀、循环泵进、出口阀、循环泵电磁阀,启动循环泵,向反应釜夹套内通入热水,预热原料(10 分) 3. 当原料温度为 TI803 的示数在 50℃~60℃时,正确关闭热水槽出口阀、热水槽加热电源开关,打开冷水槽出口阀,将循环水切换至冷水(10 分)	
	停车操作 (15 分)	1. 当所有温度表示数降低至室温时,关闭自来水进口阀(3 分) 2. 关闭冷水槽的出口阀(3 分) 3. 开启冷、热水槽的排污阀,排放冷、热水槽中的水(3 分) 4. 关闭产品储槽放空阀,产品储槽内的产物待进一步处理(2 分) 5. 正确切断控制台、仪表盘电源(2 分) 6. 清理现场,搞好设备、管道、阀门维护工作(2 分)	
操作质量 (15 分)	操作指标项与质量 (15 分)	反应釜液位 原料温度 热水槽温度 1/2~ 2/3 50℃~60℃ 60℃~90℃	
职业素养 (20 分)	文明规范操作 (20 分)	1. 着装符合职业要求(5 分) 2. 正确操作设备、使用工具(5 分) 3. 操作环境整洁、有序(5 分) 4. 文明礼貌,服从安排(5 分)	
总 分			

表 3 - 42 - 3   T - 3 - 42 操作记录单

序号	时间 (10分钟/次)	原料 a 流量 (m³/h)	原料 b 流量 (m³/h)	冷却器冷却流量 (m³/h)	蒸馏储槽液位 (mm)	冷水槽液位 (mm)	热水槽液位 (mm)	反应釜冷却水进口温度 (℃)	反应釜夹套温度 (℃)	中和釜温度 (℃)	热水槽温度 (℃)	蒸馏储槽压力 (kPa)	中和釜(kPa)
1													
2													

续表

序号	时间(10分钟/次)	原料a流量(m³/h)	原料b流量(m³/h)	冷却器冷却流量(m³/h)	蒸馏储槽液位(mm)	冷水槽液位(mm)	热水槽液位(mm)	反应釜冷却水进口温度(℃)	反应釜夹套温度(℃)	中和釜温度(℃)	热水槽温度(℃)	蒸馏储槽压力(kPa)	中和釜(kPa)
3													
4													
5													
6													
操作记事													
异常情况													
记录人				学校									

43. 试题编号：T‐3‐43　精馏工艺流程识别及开车检查1

考核技能点编号：J‐3‐2、J‐3‐3、J‐3‐5、J‐3‐6、J‐3‐7、J‐3‐8、J‐3‐10、J‐3‐12、J‐3‐14、J‐3‐15、J‐3‐16

(1)任务描述

某公司乙醇回收车间，要从15％(质量分数，下同)的乙醇‐水溶液中回收乙醇，要求获得塔顶馏出液乙醇浓度大于85％，塔底釜液乙醇浓度小于5％的合格产品。请根据精馏装置现场及设备、阀门、仪表一览表，在现场完成精馏工艺流程识别及开车检查。

①指出主要设备并说明其用途：精馏塔 T701、塔顶冷凝器 E702、塔顶产品槽 V702、产品泵 P702、回流泵 P704；

②指出主要仪表并说明其用途：压力表、液位计、流量计、差压变送器、热电阻；

③按顺序描述冷凝水的流程；

④按顺序描述轻组分的流程；

⑤按工艺流程，检查各阀门开关状态，并指出 3 处错误的阀门开关状态，并挂红牌标示。

设备、阀门、仪表一览表见附录11。

(2)实施条件

表 3‐43‐1　T‐3‐43 实施条件

项　　目	基本实施条件
场　　地	化工单元操作实训中心
仪器设备	精馏装置(UTS‐JL‐2J)1套,1工位/套

续表

项　　目	基本实施条件
材料、工具、人员	标识牌 3 张
测评专家	每套装置配备 1 名考评员,考评员要求具备三年以上化工总控工的工作经历或实训指导经历

(3)考核时量

60 分钟。

(4)评价标准

表 3‑43‑2　T‑3‑43 评价标准

评价内容及配分		评分标准	得分
工艺流程识别 (65 分)	主要设备识别 (15 分)	指出主要设备并说明其用途:精馏塔 T701、塔顶冷凝器 E702、塔顶产品槽 V702、产品泵 P702、回流泵 P704(15 分)	
	主要仪表识别 (15 分)	指出主要仪表并说明其用途:压力表、液位计、流量计、差压变送器、热电阻(15 分)	
	工艺流程识别 (35 分)	按顺序描述轻组分的流程(35 分)	
开车检查 (15 分)	阀门标识牌标示 (15 分)	按工艺流程,检查各阀门的开关状态,并指出 3 处错误的阀门开关状态,挂红牌标示(15 分)	
职业素养 (20 分)	安全生产节约环保 (20 分)	1. 着装符合职业要求(5 分) 2. 正确操作设备、使用工具(5 分) 3. 操作环境整洁、有序(5 分) 4. 文明礼貌,服从安排(5 分)	
总　　分			

44. 试题编号:T‑3‑44　精馏工艺流程识别及开车检查 2

考核技能点编号:J‑3‑2、J‑3‑3、J‑3‑5、J‑3‑6、J‑3‑7、J‑3‑8、J‑3‑10、J‑3‑12、J‑3‑14、J‑3‑15、J‑3‑16

(1)任务描述

某公司乙醇回收车间,要从 15%(质量分数,下同)的乙醇‑水溶液中回收乙醇,要求获得塔顶馏出液乙醇浓度大于 85%,塔底釜液乙醇浓度小于 5%的合格产品。请根据精馏装置现场及设备、阀门、仪表一览表,在现场完成精馏工艺流程识别及开车检查。

①指出主要设备并说明其用途:精馏塔 T701、原料预热器 E701、再沸器 E704、残夜槽 V701、原料泵 P701;

②指出主要仪表并说明其用途:压力表、液位计、流量计、差压变送器、热电阻;

③按顺序描述冷凝水的流程；

④按顺序描述轻组分的流程；

⑤按工艺流程,检查各阀门开关状态,并指出 3 处错误的阀门开关状态,并挂红牌标示。

设备、阀门、仪表一览表见附录11。

(2)实施条件

表 3-44-1　T-3-44 实施条件

项　　目	基本实施条件
场　　地	化工单元操作实训中心
仪器设备	精馏装置(UTS-JL-2J)1 套,1 工位/套
材料、工具、人员	标识牌 3 张
测评专家	每套装置配备 1 名考评员,考评员要求具备三年以上化工总控工的工作经历或实训指导经历

(3)考核时量

60 分钟。

(4)评价标准

表 3-44-2　T-3-44 评价标准

评价内容及配分		评分标准	得分
工艺流程识别(65 分)	主要设备识别(15 分)	指出主要设备并说明其用途:精馏塔 T701、原料预热器 E701、再沸器 E704、残夜槽 V701、原料泵 P701(15 分)	
	主要仪表识别(15 分)	指出主要仪表并说明其用途:压力表、液位计、流量计、差压变送器、热电阻(15 分)	
	工艺流程识别(35 分)	按顺序描述冷凝水的流程(35 分)	
开车检查(15 分)	阀门标识牌标示(15 分)	按工艺流程,检查各阀门的开关状态,并指出 3 处错误的阀门开关状态,挂红牌标示(15 分)	
职业素养(20 分)	安全生产节约环保(20 分)	1. 着装符合职业要求(5 分) 2. 正确操作设备、使用工具(5 分) 3. 操作环境整洁、有序(5 分) 4. 文明礼貌,服从安排(5 分)	
总　　分			

45. 试题编号:T-3-45　精馏操作装置的联调试车

考核技能点编号:J-3-1、J-3-2、J-3-3、J-3-5、J-3-6、J-3-7、J-3-8、J-3-10、J-3-12、J-3-14、J-3-15、J-3-16

(1)任务描述

某公司乙醇回收车间,要从 15%(质量分数,下同)的乙醇-水溶液中回收乙醇,要求获得塔顶馏出液乙醇浓度大于 85% ,塔底釜液乙醇浓度小于 5% 的合格产品。本次精馏操作是初次开车,请根据精馏装置现场及设备、阀门、仪表一览表,在现场完成精馏操作装置的常压联调试车。

设备、阀门、仪表一览表见附录11。

（2）实施条件

表 3 - 45 - 1 T - 3 - 45 实施条件

项 目	基本实施条件
场 地	化工单元操作实训中心
仪器设备	精馏装置(UTS - JL - 2J)1 套,1 工位/套
材料、工具、人员	不锈钢桶,助手 1 人/套
测评专家	每套装置配备 1 名考评员,考评员要求具备三年以上化工总控工的工作经历或实训指导经历

（3）考核时量

60 分钟。

（4）评价标准

表 3 - 45 - 2 T - 3 - 45 评价标准

评价内容及配分		评分标准	得分
操作规范 (65 分)	试车准备 (20 分)	1. 水、电等公用工程检查(20 分) 2. 原料、水、电等公用工程检查(10 分)	
	常压试车 (60 分)	1. 开启原料泵进口阀（VA06）、出口阀（VA08）、精馏塔原料液进口阀（VA09，VA11）、塔顶冷凝液槽放空阀（VA25）(10 分) 2. 关闭精馏塔排污阀（VA15）、原料加热器排污阀（VA13）、再沸器至塔底换热器连接阀门（VA14）、冷凝液槽出口阀（VA29）(10 分) 3. 启动原料泵（P702）,当原料加热器充满原料液(观察原料加热器顶的视盅有料液)后,打开精馏塔进料阀（VA11）,往再沸器内加入原料液,调节再沸器液位至正常(20 分) 4. 分别启动原料加热器、再沸器加热系统,用调压模块调节加热功率,系统缓慢升温,观测整个加热系统运行状况,系统运行正常则停止加热,排放完系统内的水(20 分)	
职业素养 (20 分)	安全生产 节约环保 (20 分)	1. 着装符合职业要求(5 分) 2. 正确操作设备、使用工具(5 分) 3. 操作环境整洁、有序(5 分) 4. 文明礼貌,服从安排(5 分)	
总　　分			

46. 试题编号：T-3-46 精馏操作装置的开车

考核技能点编号：J-3-1、J-3-2、J-3-3、J-3-5、J-3-6、J-3-7、J-3-8、J-3-10、J-3-12、J-3-14、J-3-15、J-3-16

(1)任务描述

某公司乙醇回收车间，要从15%（质量分数，下同）的乙醇-水溶液中回收乙醇，要求获得塔顶馏出液乙醇浓度大于85%，塔底釜液乙醇浓度小于5%的合格产品。请根据精馏装置现场及设备、阀门、仪表一览表，在现场完成精馏装置的开车，并填写操作记录单。

设备、阀门、仪表一览表见附录11。

(2)实施条件

表3-46-1 T-3-46实施条件

项　　目	基本实施条件
场　　地	化工单元操作实训中心
仪器设备	精馏装置(UTS-JL-2J)1套，1工位/套
材料、工具、人员	操作记录单1张，笔1支，不锈钢桶，电子秤，比重计，助手1人/套
测评专家	每套装置配备1名考评员，考评员要求具备三年以上化工总控工的工作经历或实训指导经历

(3)考核时量

90分钟。

(4)评价标准

表3-46-2 T-3-46评价标准

评价内容及配分		评分标准	得分
操作规范 (65分)	开车准备 (20分)	1. 开车前的动、静设备检查(10分) 2. 原料、水、电等公用工程检查(10分)	
	常压开车 (45分)	1. 启动进料泵将原料加入再沸器至合适液位，点击评分表中的"确认""清零""复位"键并至"复位"键变成绿色后，切换至DCS控制界面并点击"考核开始"(10分) 2. 启动精馏塔再沸器加热系统，升温(5分) 3. 开启冷却水上水总阀及精馏塔顶冷凝器冷却水进口阀，调节冷却水流量(5分) 4. 规范操作采出泵(齿轮泵)，并通过回流转子流量计进行全回流操作。注意泵的操作方式，单泵操作还是双泵操作，单泵操作回流量主要靠楼上副操调节。双泵操作由主操通过齿轮泵频率调节回流量。控制回流罐液位及回流量，控制系统稳定性(10分) 5. 适时打开系统放空，排放不凝性气体，并维持塔顶压力稳定(10分) 6. 按时填写操作记录单(5分)	

续表

评价内容及配分		评分标准				得分
操作质量 (15分)	指标项 (15分)	原料槽液位	塔釜液位	塔顶压力	塔压差	
		150～600 mm	70～100 mm	≤1.2 kPa	≤4.5 kPa	
职业素养 (20分)	安全生产 节约环保 (20分)	1. 着装符合职业要求(5分) 2. 正确操作设备、使用工具(5分) 3. 操作环境整洁、有序(5分) 4. 文明礼貌,服从安排(5分)				
总　　分						

表 3-46-3　T-3-46 操作记录单

序号	时间 (10分 钟/次)	原料槽 液位 (mm)	塔釜液位 (mm)	再沸器 温度 (℃)	塔底压力 (kPa)	塔顶压力 (kPa)	塔顶蒸汽 温度 (℃)	冷却水 流量 (L/h)	塔顶 温度 (℃)	回流流量 (L/h)
1										
2										
3										
4										
5										
6										
7										
8										
9										
操作记事										
异常现象记录										
记录人					学　校					

附　　录

附录 1　化工 DCS 操作工艺流程图

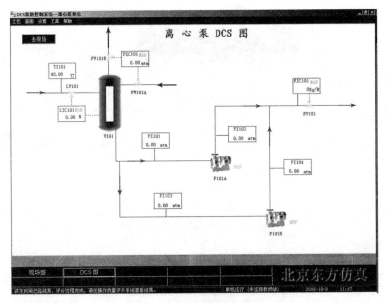

图 1-1　离心泵 DCS 图

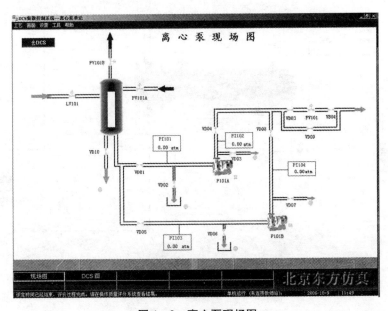

图 1-2　离心泵现场图

列管换热器DCS图

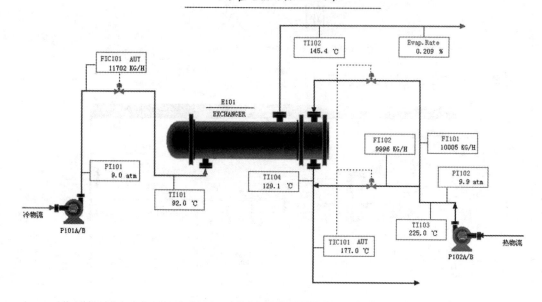

图 1-3　列管换热器 DCS 图

列管换热器现场图

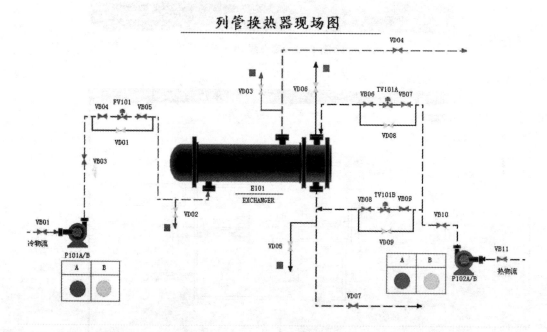

图 1-4　列管换热器现场图

精馏塔DCS图

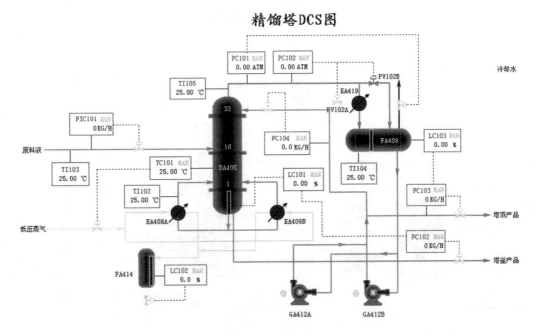

图 1-5　精馏塔 DCS 图

精馏塔现场图

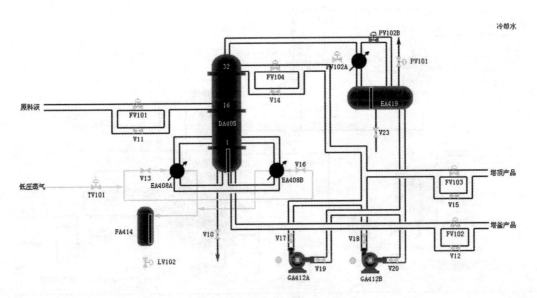

图 1-6　精馏塔现场图

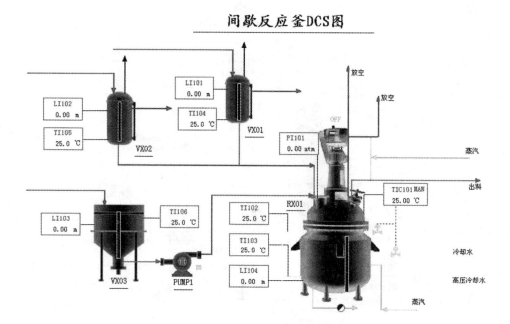

图 1-7　间歇反应釜 DCS 图

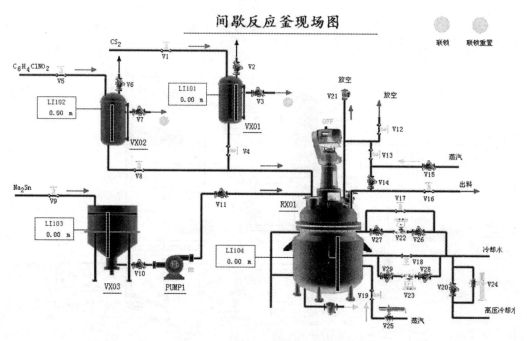

图 1-8　间歇反应釜现场图

固定床 DCS 图

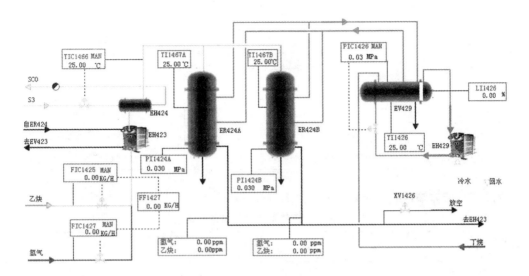

图 1-9　固定床 DCS 图

固定床现场图

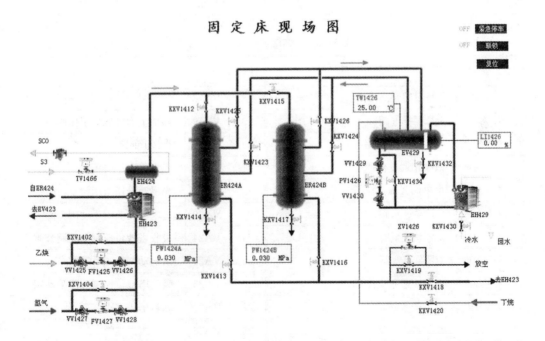

图 1-10　固定床现场图

附录 2　化工 DCS 操作计算机推荐配置表

表 2-1　化工 DCS 操作计算机推荐配置表

项目	教师机	学员站
CPU	酷睿 1.6 及更强 CPU	酷睿 1.6 及更强 CPU
内存	2G 及以上	1G 及以上
显卡和显示器	分辨率 1024×768 以上	分辨率 1024×768 以上
硬盘空间	120G 及以上	120G 及以上
操作系统	Windows XP(SP2 及以上)	Windows XP(SP2 及以上)
网络要求	网络必须稳定通畅(统一激活)	网络必须稳定通畅(统一激活)

附录 3　流体输送装置参数

表 3-1　流体输送操作设备一览表

序号	编号	名　称	序号	编号	名　称
1	V101	原料槽	4	T101	合成器
2	V102	高位槽	5	P101	A 泵
3	V103	缓冲罐	6	P102	B 泵

表 3-2　流体输送操作阀门一览表

序号	编号	名　称	序号	编号	名　称
1	VA01	1 号泵灌泵阀	18	VA18	局部阻力管高压引压阀
2	VA02	1 号泵排气阀	19	VA19	局部阻力管低压引压阀
3	VA03	并联 2 号泵支路阀	20	VA20	光滑管阀
4	VA04	双泵串联支路阀	21	VA21	光滑管高压引压阀
5	VA05	电磁阀故障点	22	VA22	光滑管低压引压阀
6	VA06	2 号泵进水阀	23	VA23	进电动调节阀手动阀
7	VA07	2 号泵灌泵阀	24	VA24	吸收塔液位控制电动调节阀
8	VA08	2 号泵排气阀	25	VA25	出电动调节阀手动阀
9	VA09	并联 1 号泵支路阀	26	VA26	吸收塔液位控制旁路手动阀
10	VA10	流量调节阀	27	VA27	原料槽排水阀
11	VA11	高位槽放空阀	28	VA28	空压机送气阀
12	VA12	高位槽溢流阀	29	VA29	缓冲罐排污阀
13	VA13	高位槽回流阀	30	VA30	缓冲罐放空阀
14	VA14	高位槽出口流量手动调节阀	31	VA31	吸收塔气体入口阀
15	VA15	高位槽出口流量电动调节阀	32	VA32	吸收塔放空阀
16	VA16	局部阻力管阀	33	VA33	抽真空阀
17	VA17	局部阻力阀			

表 3-3 流体输送操作控制面板对照表

序号	名 称	功 能
1	试验按钮	试音状态
2	闪光报警器	报警指示
3	消音按钮	消除报警声音
4	C3000 仪表调节仪(1A)	显示操作
5	C3000 仪表调节仪(2A)	显示操作
6	标签框	通道显示表
7	标签框	通道显示表
8	仪表开关(SA1)	仪表电源开关
9	报警开关(SA2)	报警电源开关
10	空气开关(2QF)	仪表总电源开关
11	电脑安装架	安装电脑
12	电压表(PV101)	空气开关电压监控
13	电压表(PV102)	空气开关电压监控
14	电压表(PV103)	1号离心泵电压监控
15	电压表(PV104)	1号离心泵电压监控
16	电压表(PV105)	2号离心泵电压监控
17	电压表(PV106)	2号离心泵电压监控
18	旋钮开关(1SA)	电磁流量计电源开关
19	电源指示灯(1HG)	电磁流量计通电指示
20	旋钮开关(2SA)	吸收塔液位调节阀电源开关
21	电源指示灯(2HG)	吸收塔液位调节阀通电指示
22	旋钮开关(3SA)	高位槽液位调节阀电源开关
23	电源指示灯(3HG)	高位槽液位调节阀通电指示
24	电源指示灯(4HG)	1号离心泵启动电源开关
25	电源指示灯(5HG)	1号离心泵停止电源开关
26	旋钮开关(4SA)	连锁开关
27	电源指示灯(6HG)	2号离心泵启动电源开关
28	电源指示灯(7HG)	2号离心泵停止电源开关
29	旋钮开关(4SA)	真空泵电源开关
30	黄色指示灯	空气开关通电指示
31	绿色指示灯	空气开关通电指示
32	红色指示灯	空气开关通电指示
33	空气开关(QF1)	电源总开关

表3-4 两台离心泵串联输送流体装置设备一览表

序号	编号	名　称	序号	编号	名　称
1	V701	残液槽	9	E704	再沸器
2	V702	塔顶产品槽	10	E705	产品换热器
3	V703	原料槽	11	T701	精馏塔
4	V704	真空缓冲罐	12	P701	原料泵
5	V705	冷凝液槽	13	P702	产品泵
6	E701	原料预热器	14	P703	真空泵
7	E702	塔顶冷凝器	15	P704	回流泵
8	E703	塔底换热器			

表3-5 两台离心泵串联输送流体装置阀门一览表

序号	编号	设备阀门功能	序号	编号	设备阀门功能
1	VA01	原料槽压力表联通阀	27	VA27	塔顶冷凝液槽取样减压阀
2	VA02	原料槽放空阀	28	VA28	塔顶冷凝液槽取样阀
3	VA03	原料槽抽真空阀	29	VA29	塔顶冷凝液槽出口阀
4	VA04	原料槽排污阀	30	VA30	回流泵出口阀
5	VA05	原料槽出料阀	31	VA31	塔顶冷凝器至精馏塔阀
6	VA06	原料泵进口阀	32	VA32	塔顶冷凝器至产品槽阀
7	VA07	原料进塔顶冷凝器阀	33	VA33	产品收集阀
8	VA08	原料泵出口阀	34	VA34	产品冷凝控制阀
9	VA09	原料出塔顶冷凝器阀	35	VA35	塔顶冷凝系统故障电磁阀
10	VA10	进料流量控制阀	36	VA36	塔顶冷凝器冷却水进水阀
11	VA11	第14块板进料阀	37	VA37	产品冷凝器冷却水进水阀
12	VA12	第12块板进料阀	38	VA38	真空系统故障电磁阀
13	VA13	预热器排污阀	39	VA39	产品槽放空阀
14	VA14	再沸器至塔底换热器阀门	40	VA40	产品槽抽真空阀
15	VA15	再沸器排污阀	41	VA41	产品槽排污阀
16	VA16	塔底换热器排污阀	42	VA42	产品槽取样减压阀
17	VA17	残液槽取样减压阀	43	VA43	产品槽取样阀
18	VA18	残液槽取样阀	44	VA44	产品槽至原料槽阀
19	VA19	残液流量控制阀	45	VA45	原料液循环阀
20	VA20	残液槽放空阀	46	VA46	产品液取样减压阀
21	VA21	残液槽抽真空阀	47	VA47	产品液取样阀
22	VA22	残液槽排污阀	48	VA48	真空调节阀
23	VA23	塔底换热器进冷却水流量阀	49	VA49	真空缓冲罐放空阀

续表

序号	编号	设备阀门功能	序号	编号	设备阀门功能
24	VA24	塔顶放空阀	50	VA50	真空缓冲罐进气阀
25	VA25	塔顶冷凝液放空阀	51	VA51	真空缓冲罐排污阀
26	VA26	冷凝液槽抽真空阀	52	VA52	真空缓冲罐抽真空阀

表 3-6　两台离心泵串联输送流体装置仪表一览表

序号	编号	名　称	序号	编号	名　称
1	FI701	残液流量计	14	LG705	产品槽液位计
2	FI702	塔顶冷凝液回流流量计	15	LG706	塔顶冷凝液槽液位计
3	FI703	塔顶冷凝液采出流量计	16	TI701	总进冷却水温度计
4	FI704	原料液进料流量计	17	TI702	塔底换热器出冷却水温度计
5	FI705	塔顶冷凝器冷却水进水流量计	18	TI710	塔顶冷凝回流液温度计
6	FI706	总进冷却水流量计	19	TI711	预热器温度计
7	FI707	塔底换热器进冷却水流量计	20	TI713	进料液温度计
8	PI701	塔顶压力表	21	TI715	塔顶蒸汽温度计
9	PI702	塔底压力表	22	TI716	塔顶冷凝器冷却水进水温度计
10	PI703	真空缓冲罐真空表	23	TI717	塔顶冷凝器冷却水出水温度计
11	PI704	原料槽压力表	24	TI718	残液温度计
12	LG703	原料槽液位计	25	TI719	产品温度计
13	LG704	残液槽液位计			

附录 4　传热装置参数

表 4-1　传热操作设备一览表

序号	编号	名　称	序号	编号	名　称
1	C601	冷风风机	5	E603	列管式换热器
2	C602	热风风机	6	E604	水冷却器
3	E601	套管式换热器	7	E605	热风加热器
4	E602	板式换热器	8	R601	蒸汽发生器

表 4-2　传热操作阀门一览表

序号	编号	名　称	序号	编号	名　称
1	VA01	水冷却器进水阀	16	VA16	列管式换热器热风出口阀(并流)

续表

序号	编号	名　称	序号	编号	名　称
2	VA02	水冷却器出水阀故障阀板	17	VA17	列管式换热器热风出口阀（逆流）
3	VA03	水冷却器出水阀	18	VA18	列管式换热器热风出口阀（并流）（列管式与板式串联时）
4	VA04	冷风风机出口阀	19	VA19	列管式换热器热风出口阀（列管式与板式串联）
5	VA05	热风风机出口阀	20	VA20	板式换热器热风进口阀
6	VA06	水冷却器空气出口旁路阀	21	VA21	套管式换热器蒸汽疏水旁路阀
7	VA07	水冷却器空气出口阀	22	VA22	套管式换热器排气阀
8	VA08	列管式换热器冷风进口阀	23	VA23	套管式换热器蒸汽疏水阀
9	VA09	板式换热器冷风进口阀	24	VA24	套管式换热器排液阀
10	VA10	套管式换热器冷风进口阀	25	VA25	蒸汽出口阀
11	VA11	列管式换热器冷风出口阀	26	VA26	蒸汽出口阀
12	VA12	列管式换热器冷风出口阀（列管式与板式串联时）	27	VA27	蒸汽发生器放空阀
13	VA13	列管式换热器热风进口阀（并流）	28	VA28	蒸汽发生器安全阀
14	VA14	列管式换热器热风进口阀（逆流）	29	VA29	蒸汽发生器进水阀
15	VA15	列管式换热器热风进口阀（逆流）故障阀	30	VA30	蒸汽发生器排污阀

表 4 - 3　传热操作仪表一览表

序号	编号	名　称	序号	编号	名　称
1	TI601	水冷却器进水温度	11	TI619	板式换热器冷风进口温度
2	TI602	水冷却器出水温度	12	TI620	板式换热器热风出口温度
3	TI603	冷风风机空气温度	13	PI601	水冷却器进水压力表
4	TI604	热风风机空气温度	14	PI602	冷风风机空气压力表
5	TI606	水冷却器空气出口温度	15	PI603	热风风机空气压力表
6	TI608	列管式换热器冷风进口温度	16	PI604	蒸汽发生器蒸汽压力表
7	TI610	板式换热器热风进口温度	17	PI606	进套管式换热器蒸汽压力表
8	TI611	板式换热器冷风出口温度	18	FI603	进列管式换热器冷风出口流量
9	TI612	套管式换热器冷风进口温度	19	FI604	进列管式换热器热风出口流量
10	TI613	套管式换热器热风出口温度			

附录5　吸收-解吸装置参数

表5-1　吸收-解吸操作设备一览表

序号	编号	名　称	序号	编号	名　称
1	V403	贫液槽	7	T401	吸收塔
2	V404	富液槽	8	T402	解吸塔
3	V402	稳压罐	9	C401	风机Ⅰ
4	V405	液封槽	10	C402	风机Ⅱ
5	V406	分离槽	11	P401	贫液泵
6	V401	二氧化碳钢瓶	12	P402	富液泵

表5-2　吸收-解吸操作阀门一览表

序号	编号	设备阀门功能	序号	编号	设备阀门功能
1	V01	风机Ⅰ出口阀	24	V24	吸收塔排液阀
2	V02	风机Ⅰ出口电磁阀	25	V25	吸收塔排液阀
3	V03	钢瓶出口阀	26	V26	吸收塔排液放空阀
4	V04	钢瓶减压阀	27	V27	富液槽进水阀
5	V05	二氧化碳流量计旁路电磁阀	28	V28	富液槽放空阀
6	V06	二氧化碳流量计阀门	29	V29	富液槽排污阀
7	V07	稳压罐放空阀	30	V30	富液泵进水阀
8	V08	稳压罐出口阀	31	V31	富液泵出口止回阀
9	V09	稳压罐排污阀	32	V32	富液泵出口阀
10	V10	吸收塔进塔气体取样阀	33	V33	解吸塔排液阀
11	V11	吸收塔出塔气体取样阀	34	V34	液封槽放空阀
12	V12	吸收塔放空阀	35	V35	液封槽排污阀
13	V13	贫液槽进水阀	36	V36	液封槽底部排液取样阀
14	V14	贫液槽放空阀	37	V37	液封槽排液阀
15	V15	贫液槽排污阀	38	V38	解吸液回流阀
16	V16	贫液泵进水阀	39	V39	解吸液管路故障电磁阀
17	V17	吸收液管路故障电磁阀	40	V40	解吸塔排污阀
18	V18	贫液泵出口止回阀	41	V41	调节阀切断阀
19	V19	贫液泵出口阀	42	V42	调节阀
20	V20	吸收塔排污阀	43	V43	调节阀切断阀
21	V21	吸收塔出口液体取样阀	44	V44	调节阀旁路阀
22	V22	吸收塔排液阀	45	V45	风机Ⅱ出口阀
23	V23	吸收塔排液阀	46	V46	风机Ⅱ出口取样阀

表 5-3　吸收-解吸操作仪表一览表

序号	编号	名　　称	序号	编号	名　　称
1	PI-405	吸收塔塔底压力	7	PI-407	解吸塔塔底压力
2	LI-401	吸收塔液位	8	LI-402	解吸塔液位
3	FIC-401	风机Ⅰ出口流量	9	FIC-406	风机Ⅱ出口流量
4	TI-402	吸收塔进塔液相温度	10	TI-404	解吸塔进塔液相温度
5	TI-403	吸收塔出塔液相温度	11	TI-405	解吸塔出塔液相温度
6	TI-401	吸收塔进塔气相温度	12	TI-406	解吸塔进气液相温度

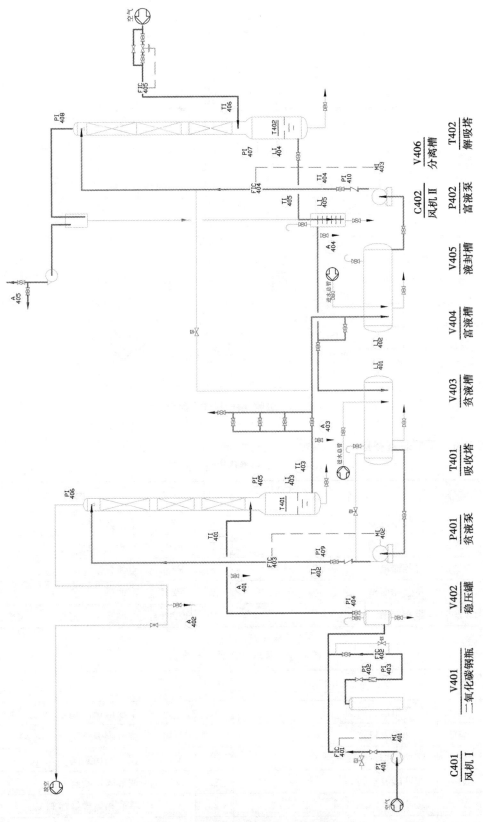

图 5-1 吸收-解吸操作工艺流程图

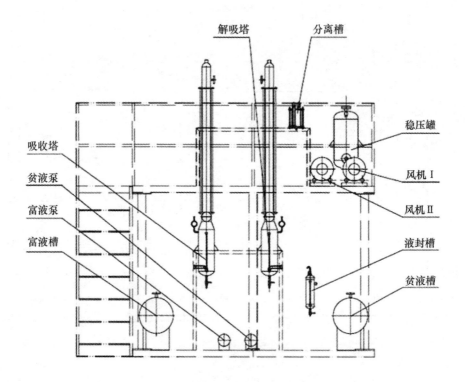

图 5‑2 吸收‑解吸操作立面图

附录 6 萃取装置参数

表 6‑1 萃取操作设备一览表

序号	编号	名　称	序号	编号	名　称
1	V201	空气缓冲罐	6	V206	萃余分相罐
2	V202	萃取相储槽	7	P201	轻相泵
3	V203	轻相储槽	8	P202	重相泵
4	V204	萃余相储槽	9	T201	萃取塔
5	V205	重相储槽	10	C201	气泵

表 6‑2 萃取操作阀门一览表

序号	编号	设备阀门功能	序号	编号	设备阀门功能
1	V01	气泵出口止回阀	19	V19	萃取塔排污阀
V2	V02	缓冲罐入口阀	20	V20	调节阀旁路阀
3	V03	缓冲罐排污阀	21	V21	调节阀切断阀
4	V04	缓冲罐放空阀	22	V22	调节阀切断阀
5	V05	缓冲罐气体出口阀	23	V23	萃取相储罐排污阀
6	V06	萃余相储罐排污阀	24	V24	重相储罐排污阀

续表

序号	编号	设备阀门功能	序号	编号	设备阀门功能
7	V07	萃余相储罐出口阀	25	V25	重相泵进口阀
8	V08	轻相储罐排污阀	26	V26	重相储罐回流阀
9	V09	轻相储罐出口阀	27	V27	重相泵出口阀
10	V10	轻相储罐回流阀	28	V28	总进水阀
11	V11	萃余分相罐轻相出口阀	29	V29	萃余相储罐放空阀
12	V12	萃余分相罐放空阀	30	V30	轻相储罐放空阀
13	V13	萃余分相罐底部出口阀	31	V31	萃取相储罐放空阀
14	V14	萃余分相罐底部出口阀	32	V32	重相储罐放空阀
15	V15	备用阀	33	V33	电动调节阀
16	V16	轻相泵进口阀	34	V34	重相泵回流电磁阀
17	V17	轻相泵排污阀	35	V35	轻相泵回流电磁阀
18	V18	轻相泵出口阀	36	V36	轻相泵出口止回阀

表 6-3 萃取操作仪表一览表

C3000 仪表（A）

输入通道

通道序号	通道显示	位号	单位	信号类型	量程
第一通道	轻相泵出口温度	TI201	℃	3-20mA	0～100 ℃
第二通道	萃取泵出口温度	TI202	℃	3-20mA	0～100 ℃
第三通道	空气管压力	PI203	MPa	3-20mA	0～0.1 MPa

C3000 仪表（B）

输入通道

通道序号	通道显示	位号	单位	信号类型	量程
第一通道	原料流量	FI202	m^3/h	3-20mA	0～60 m^3/h
第二通道	萃取剂流量	FI203	m^3/h	3-20mA	0～60 m^3/h
第三通道	水流量	FI204	m^3/h	3-20mA	0～60 m^3/h

输出通道

第一通道	原料流量控制	FIC202
第二通道	萃取剂流量控制	FIC203
第三通道	水流量控制	FIC204

附录7 蒸发装置参数

表7-1 蒸发装置设备一览表

序号	编号	名　　称	序号	编号	名　　称
1	V1001	原料罐	8	E1002	预热器
2	V1002	分离器	9	F1001	蒸发器
3	V1003	产品罐	10	E1003	冷凝器
4	V1004	汽水分离器	11	V1006	真空缓冲罐
5	V1005	冷凝液罐	12	P1002	油泵
6	V1007	油罐	13	P1001	进料泵
7	E1001	加热器	14	P1003	真空泵

表7-2 蒸发装置阀门一览表

序号	编号	设备阀门功能	序号	编号	设备阀门功能
1	VA01	原料罐放空阀	21	VA21	真空系统故障电磁阀
2	VA02	原料罐进料阀	22	VA22	冷凝液取样减压阀
3	VA03	原料罐抽真空阀	23	VA23	冷凝液取样阀
4	VA04	原料罐排污阀	24	VA24	冷凝液罐放空阀
5	VA05	原料罐出料阀	25	VA25	冷凝液罐进料阀
6	VA06	进料泵出口回流阀	26	VA26	冷凝液罐放空阀
7	VA07	进料泵出口阀	27	VA27	冷凝液回流阀
8	VA08	原料取样减压阀	28	VA28	冷凝液排污阀
9	VA09	原料取样阀	29	VA29	真空缓冲罐放空阀
10	VA10	产品取样减压阀	30	VA30	真空缓冲罐进料阀
11	VA11	产品取样阀	31	VA31	真空缓冲罐抽真空阀
12	VA12	产品罐进料阀	32	VA32	真空缓冲罐排污阀
13	VA13	产品罐放空阀	33	VA33	油罐进料阀
14	VA14	产品罐排污阀	34	VA34	油罐放空阀
15	VA15	产品回流阀	35	VA35	油罐排污阀
16	VA16	产品罐抽真空阀	36	VA36	油罐出料阀
17	VA17	冷凝器进冷却水流量调节阀	37	VA37	油泵出口阀
18	VA18	冷凝器进冷却水故障电磁阀	38	VA38	加热器排污阀
19	VA19	汽水分离器放空阀	39	VA39	蒸发器和预热器排污阀
20	VA20	汽水分离器抽真空阀			

表7-3 蒸发装置仪表一览表

序号	编号	名 称	序号	编号	名 称
1	TI1001	预热器原料进口温度	7	FI1002	冷却水进口流量
2	TI1002	预热器原料出口温度	8	PI1002	蒸发器进口压力
3	TI1003	二次汽温度	9	PI1003	蒸发器出口压力
4	TI1004	冷凝器出口冷凝液温度	10	LIA1002	原料罐液位
5	TIC1007	加热器出口导热油温度	11	LIA1007	油罐液位
6	TI1008	蒸发器出口导热油温度			

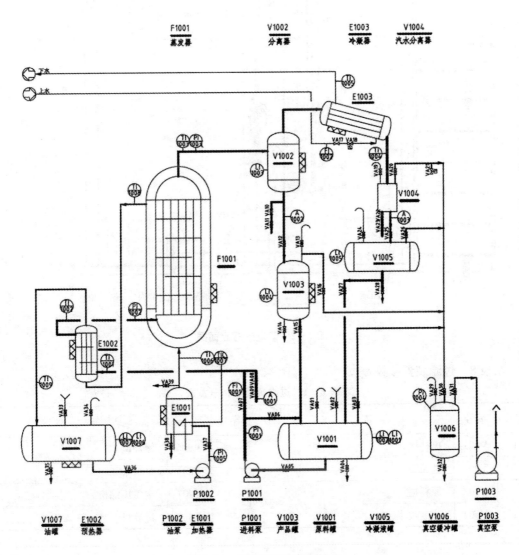

图7-1 蒸发装置工艺流程图

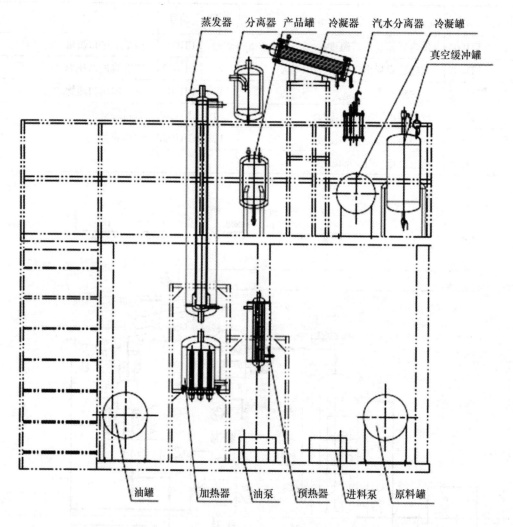

图 7‑2 蒸发装置立面图

附录8 过滤装置参数

表 8‑1 过滤装置设备一览表

序号	编号	名　　称	序号	编号	名　　称
1	V901	搅拌罐	5	V905	缓冲罐
2	V902	洗涤罐	6	P901	浆料泵
3	V903	原料罐	7	C901	空气压缩机
4	V904	滤液收集罐	8	X901	过滤机

表 8－2 过滤装置阀门一览表

序号	编号	名　称	序号	编号	名　称
1	VA01	搅拌罐进水阀	15	VA15	空压机压力阀门
2	VA02	搅拌罐排污阀	16	VA16	空压机调节阀门
3	VA03	原料罐进口阀门	17	VA17	空气进原料罐阀
4	VA04	浆料泵进口阀门	18	VA18	原料罐排气阀
5	VA05	浆料泵出口阀门	19	VA19	原料罐放空阀
6	VA06	板框进口阀	20	VA20	原料罐排污阀
7	VA07	板框进口旁路阀	21	VA21	原料出原料罐阀
8	VA08	滤液出口阀	22	VA22	空气进洗涤罐阀
9	VA09	滤液槽排污阀	23	VA23	洗涤罐放空阀
10	VA10	缓冲罐放空阀	24	VA24	洗涤罐排气阀
11	VA11	空压机压力阀门	25	VA25	洗涤罐排污阀
12	VA12	空压机调节阀门	26	VA26	洗涤液出洗涤罐阀
13	VA13	空压机压力阀门	27	VA27	洗涤罐的进口阀
14	VA14	空压机调节阀门			

表 8－3 过滤装置仪表一览表

序号	编号	名　称	序号	编号	名　称
1	PI901	洗涤罐压力表	6	PI906	空压机压力表
2	PI902	原料罐压力表	7	PI907	空压机压力表
3	PI903	板框进口压力表	8	TI901	板框进口温度
4	PI904	缓冲罐压力表	9	LI901	滤液收集罐流量计
5	PI905	空压机压力表			

附录 9 干燥装置参数

表 9－1 干燥装置设备一览表

序号	编号	名　称	序号	编号	名　称
1	E501	电加热炉	6	F501	旋风分离器
2	E502	星型下料器	7	F502	布袋分离器
3	V501	干燥出料槽	8	C501	鼓风机
4	V502	粉尘接收器	9	C502	循环风机
5	V503	粉尘接收器	10	T501	卧式流化床

表9-2　干燥装置阀门一览表

序号	编号	名　称	序号	编号	名　称
1	VA01	鼓风机出口放空阀	7	VA07	循环风机进新鲜空气阀
2	VA02	第一床层进气阀	8	VA08	循环风机出口阀
3	VA03	第二床层进气阀	9	VA09	循环风机出口放空阀
4	VA04	第三床层进气阀	10	VA10	循环风机出口压力调节阀
5	VA05	干燥后气体放空阀	11	VA11	循环风机出口压力电动调节阀
6	VA06	循环风机进气阀	12	VA12	循环气体流量调节阀

表9-3　干燥装置仪表一览表

序号	编号	名　称	序号	编号	名　称
1	TIC501	流化床进口温度	6	TI507	循环气体进口温度
2	TI503	第一室床层温度	7	PIC501	循环气体压力控制
3	TI504	第二室床层温度	8	PI502	循环气体压力表
4	TI505	第三室床层温度	9	FIC501	风机出口流量控制计
5	TI506	流化床出口气体温度	10	FI502	风机出口流量计

附录10　间歇釜装置参数

表10-1　间歇釜装置设备一览表

项目	名　称	规格型号	数量
工艺设备系统	反应釜	不锈钢反应釜,$V=50L$,常压,带冷却盘管、电加热管,带搅拌、搅拌电机、安全阀。	1
	中和釜	不锈钢反应釜,$V=50L$,常压,带搅拌、搅拌电机	1
	进料泵	增压泵,流量 $Q_{max}=1.2m^3/h$,$U=220V$	2
	真空泵	抽气量,4L/S,	1
	加热循环泵	不锈钢离心泵,流量 $Q_{max}=1m^3/h$	1
	原料罐	不锈钢,$\phi325\times630$ mm	2
	中和液槽	不锈钢,$\phi325\times630$ mm	1
	产品储罐	不锈钢,$\phi325\times760$ mm	1
	热水槽	不锈钢,$\phi426\times880$ mm	1
	冷水槽	不锈钢,$\phi325\times760$ mm	1
	蒸馏储槽	不锈钢,$\phi325\times760$ mm	1
	冷凝器	不锈钢,$\phi260\times780$ mm,$F=0.26$ m²	1
	N_2钢瓶及减压阀	工业 N_2	1

表 10 - 2　间歇釜装置阀门一览表

序号	编号	设备阀门功能	序号	编号	设备阀门功能
1	V01	氮气出口阀	23	V23	冷凝器冷却水进口阀
2	V02	冷却总水入口阀	24	V24	中和釜进口阀
3	V03	热水槽放空阀	25	V25	产品储槽进口阀
4	V04	冷水槽放空阀	26	V26	加热循环泵出口阀
5	V05	冷水槽排污阀	27	V27	加热循环泵进口阀
6	V06	反应釜反应产物出口阀	28	V28	中和釜进口阀
7	V07	反应釜加料阀	29	V29	产品储槽进口阀
8	V08	反应釜排空阀	30	V30	产品储槽放空阀
9	V09	反应釜冷却水进口阀	31	V31	中和釜出口阀
10	V10	反应釜出口阀	32	V32	中和釜进口阀
11	V11	原料槽 a 加料口阀	33	V33	中和釜放空阀
12	V12	原料槽 a 排空阀	34	V34	中和液槽出口阀
13	V13	原料槽 a 排污阀	35	V35	蒸馏储槽排空阀
14	V14	原料槽 a 出口阀	36	V36	真空泵入口阀
15	V15	原料槽 b 出口阀	1	MV01	热水槽出口电磁阀
16	V16	原料泵出口阀	2	MV02	冷水槽出口电磁阀
17	V17	原料泵出口阀	3	MV03	热水槽进口电磁阀
18	V18	原料 b 排污阀	4	MV04	冷水槽进口电磁阀
19	V19	原料槽 b 加料口阀	5	MV05	夹套出水冷水槽选择电磁阀
20	V20	原料槽 b 排空阀	6	MV06	夹套出水热水槽选择电磁阀
21	V21	蒸馏储罐出口阀	7	MV07	循环水电磁阀
22	V22	反应釜回流阀			

表 10 - 3　间歇釜装置仪表一览表

C3000 仪表(A)

输入通道

通道序号	通道显示	位号	单位	信号类型	量程
第一通道	热水槽温度	TI801	℃	4 - 20mA	90℃～3 100℃
第二通道	反应釜内温度	TI802	℃	4 - 20mA	70℃～3 900℃
第三通道	反应釜夹套温度	TI804	℃	4 - 20mA	90℃～3 100℃
第四通道	反应釜夹套出口温度	TI805	℃	4 - 20mA	80℃～3 100℃
第五通道	反应釜内压力	PI801	MPa	4 - 20mA	－0.1MPa～0.1MPa

续表

输出通道				
第一通道	热水槽温度温度控制	TIC801		
第二通道	备用			
第三通道	反应釜内温度控制	TIC802		
第四通道	反应釜夹套温度控制	TIC804		

C3000 仪表(B)

输入通道					
通道序号	通道显示	位号	单位	信号类型	量程
第一通道	反应釜搅拌桨转数	SI801	r/min	4－20mA	
第二通道	中和釜搅拌桨转数	SI802	r/min	4－20mA	
第三通道	热水槽液位	LI801	mm	4－20mA	0～300 mm
第四通道	冷水槽液位	LI803	mm	4－20mA	0～300 mm

输出通道		
第一通道	反应釜搅拌桨转数	PIC501
第二通道	备用	
第三通道	中和釜搅拌桨转数	SIC802

附录 11　精馏装置参数

表 11－1　精馏装置设备一览表

序号	编号	名　称	序号	编号	名　称
1	V701	残液槽	9	E704	再沸器
2	V702	塔顶产品槽	10	E705	产品换热器
3	V703	原料槽	11	T701	精馏塔
4	V704	真空缓冲罐	12	P701	原料泵
5	V705	冷凝液槽	13	P702	产品泵
6	E701	原料预热器	14	P703	真空泵
7	E702	塔顶冷凝器	15	P704	回流泵
8	E703	塔底换热器			

表 11－2　精馏装置阀门一览表

序号	编号	设备阀门功能	序号	编号	设备阀门功能
1	VA01	原料槽压力表联通阀	27	VA27	塔顶冷凝液槽取样减压阀
2	VA02	原料槽放空阀	28	VA28	塔顶冷凝液槽取样阀
3	VA03	原料槽抽真空阀	29	VA29	塔顶冷凝液槽出口阀

续表

序号	编号	设备阀门功能	序号	编号	设备阀门功能
4	VA04	原料槽排污阀	30	VA30	回流泵出口阀
5	VA05	原料槽出料阀	31	VA31	塔顶冷凝器至精馏塔阀
6	VA06	原料泵进口阀	32	VA32	塔顶冷凝器至产品槽阀
7	VA07	原料进塔顶冷凝器阀	33	VA33	产品收集阀
8	VA08	原料泵出口阀	34	VA34	产品冷凝控制阀
9	VA09	原料出塔顶冷凝器阀	35	VA35	塔顶冷凝系统故障电磁阀
10	VA10	进料流量控制阀	36	VA36	塔顶冷凝器冷却水进水阀
11	VA11	第14块板进料阀	37	VA37	产品冷凝器冷却水进水阀
12	VA12	第12块板进料阀	38	VA38	真空系统故障电磁阀
13	VA13	预热器排污阀	39	VA39	产品槽放空阀
14	VA14	再沸器至塔底换热器阀门	40	VA40	产品槽抽真空阀
15	VA15	再沸器排污阀	41	VA41	产品槽排污阀
16	VA16	塔底换热器排污阀	42	VA42	产品槽取样减压阀
17	VA17	残液槽取样减压阀	43	VA43	产品槽取样阀
18	VA18	残液槽取样阀	44	VA44	产品槽至原料槽阀
19	VA19	残液流量控制阀	45	VA45	原料液循环阀
20	VA20	残液槽放空阀	46	VA46	产品液取样减压阀
21	VA21	残液槽抽真空阀	47	VA47	产品液取样阀
22	VA22	残液槽排污阀	48	VA48	真空调节阀
23	VA23	塔底换热器进冷却水流量调节阀	49	VA49	真空缓冲罐放空阀
24	VA24	塔顶放空阀	50	VA50	真空缓冲罐进气阀
25	VA25	塔顶冷凝液放空阀	51	VA51	真空缓冲罐排污阀
26	VA26	冷凝液槽抽真空阀	52	VA52	真空缓冲罐抽真空阀

表 11-3　精馏装置仪表一览表

序号	编号	名　称	序号	编号	名　称
1	FI701	残液流量计	14	LG705	产品槽液位计
2	FI702	塔顶冷凝液回流流量计	15	LG706	塔顶冷凝液槽液位计
3	FI703	塔顶冷凝液采出流量计	16	TI701	总进冷却水温度计
4	FI704	原料液进料流量计	17	TI702	塔底换热器出冷却水温度计
5	FI705	塔顶冷凝器冷却水进水流量计	18	TI710	塔顶冷凝回流液温度计
6	FI706	总进冷却水流量计	19	TI711	预热器温度计
7	FI707	塔底换热器进冷却水流量计	20	TI713	进料液温度计

续表

序号	编号	名　　称	序号	编号	名　　称
8	PI701	塔顶压力表	21	TI715	塔顶蒸汽温度计
9	PI702	塔底压力表	22	TI716	塔顶冷凝器冷却水进水温度计
10	PI703	真空缓冲罐真空表	23	TI717	塔顶冷凝器冷却水出水温度计
11	PI704	原料槽压力表	24	TI718	残液温度计
12	LG703	原料槽液位计	25	TI719	产品温度计
13	LG704	残液槽液位计			

后　　记

　　为完善职业院校人才培养水平和专业建设水平分级评价制度,全面提升我省高职院校人才培养水平,根据湖南省教育厅《关于推进高职院校学生专业技能抽查标准开发与完善工作的通知》(湘教通〔2014〕55号)有关标准开发的科学性、发展性、可行性、规范性、验证性和难易适度的原则,我们编著了《应用化工技术》一书。

　　在标准开发期间,参加编著的全体人员深入行业、企业和学校调研,了解兄弟院校应用化工技术专业的培养定位和实训条件,分析企业岗位工作任务、技能基本要求和职业素养要求,经过标准起草、论证和题库开发、试测等过程,最后确定了化工基础实验、化工DCS操作和化工现场操作3个技能抽查模块,27个技能点;并以抽查标准为依据,明确每个抽测项目的操作规范和素养要求,建立了150道试题组成的专业技能抽查题库,其中,模块一包含测试题39道,模块二包含测试题65道,模块三包含测试题46道。

　　主要参与抽查标准和题库编著的有:湖南化工职业技术学院童孟良、唐淑贞、江金龙、廖红光、刘小忠、赵志雄、刘绚艳、何灏彦、佘媛媛、李忠英、唐新军、陈朝辉、谭靖辉、侯德顺,湖南石油化工职业技术学院隗小山、廖有贵、陈卓、王伟、曾伟,岳阳职业技术学院邓兰青、陈浩。在编著过程中还得到了湖南省教育厅和职成教育处领导同志的大力支持;得到了湖南省教育科学研究院职成教育研究所领导,省内知名化工企业现场专家刘卫东、卢时述、李永战、李勇军等同志,宁波职业技术学院化工学院陈亚东教授等省外专家在论证修改完善方面的具体指导,得到了兄弟院校的大力支持和参与。在此对上述有关领导和相关单位,以及为本书出版付出辛勤劳动的湖南大学出版社一并表示衷心感谢!

　　由于时间和水平有限,书中存在的疏漏和不足在所难免,热忱期待专家、读者批评指正。

编　　者

2016年6月